［改訂新版］

プログラマのための 文字コード技術入門

Yano Keisuke
矢野啓介
［著］

技術評論社

■──はじめに

本書は、2010年に初版発行された『プログラマのための文字コード技術入門』の改訂版です。初版は幸いにも多くのご支持をいただき、6回の増刷を重ね、発行された年の東京の大型書店で発表された年間ランキングのコンピュータ書部門で第4位に入りました。

この改訂版では、初版の骨格はそのままに、この9年間の変化を反映して古くなった記述を改め、規格や文字政策、プログラミング言語・API等の最新版に追随するよう全面的に加筆修正しています。

この前書きに目を通している方には、初版を読み終えていて、改訂版を読むべきかを思案中の方もいるでしょう。文字コードの適用、仕様、原理原則の3つに分けて考えると、この9年間で、適用をめぐってはプログラミング言語など変更がありましたが、文字コードの仕様の基本的な部分には大きな修正はありません。原理原則はまったく変わりません。したがって、文字コードというものの概要を知ることが目的の場合は、初版の知識だけでも大体のところは問題ないでしょう。一方、新たに追加された仕様など、知識を最新版へとアップデートしたい方にはこの改訂版が役立つでしょう。

文字コードはしばしば論争の種となるテーマですが、本書は特定のコード系の使用を推奨したり否定したりするものではありません。代わりに、各コード系の特徴や適した用途等を、言語表記の記号としての文字を符号化する観点から根拠に基づいて説明しています。

本書初版に寄せられた感想で予想外に嬉しかったことは、「おもしろい」という感想が多かったことです。本書は技術書ですから第一義的には技術的に役に立つことが求められますし、実際、役に立ったという感想も少なからずいただきました。一方、おもしろいということには、物事への興味を引き出し、より深い理解へ導く力があると筆者は考えます。本書がおもしろいという評価をいただいているのが、文字の符号化という営みの本質的な側面を本書が彫り出し得たためであるならば、著者として望外の喜びです。この改訂版がより多くの方にお楽しみいただけることを期待します。

2018年12月　矢野 啓介

はじめに　※初版前書きより。

文字コードは、ソフトウェア技術者にとって必須の知識です。プログラミングをするうえでも、データフォーマットなどを設計するうえでも必要です。しかし、文字コードの知識を体系的に学ぶ機会というのは滅多にありません。断片的な手がかりを元にWebで検索するなどして調べるといった対応をすることが多いと思います。

本書は、ソフトウェア技術者をおもな対象として、文字コードの基礎知識をなるべく筋道立てて説明しようと試みたものです。前半の第1章から第4章までは、文字コードの基本的な概念から始めて、現在日本で使われているものを中心として各種の文字コードを紹介します。後半の第5章から第8章までは、いわば応用編として、コード変換や判別、インターネットでの扱い、プログラミング言語での扱い、そして典型的なトラブルについて説明します。

さまざまな文字コードを本書では取り上げますが、一概にどれを使うべきといった判断は本書は下しません。どの文字コードもそれなりの理由があって作られたものですから、自分のプロジェクトの置かれた状況に応じて有用なものを選んで使えば良いというのが本書のスタンスです。本書ではそれぞれの文字コードがどのような特徴を持っているか、どのような用途に向くかを説明します。また、本書では説明の根拠となる規格等への参照をできるだけ本文中に記すよう努めました。より詳しく知りたい方は、そうした規格等に直接あたって調べることができます。

本書の内容について、内田明氏、高橋征義氏、武者晶紀氏より有益なご助言をいただきました。深く感謝いたします。もちろん、本書の内容に誤りがあれば著者の責任であることはいうまでもありません。

本書の記述のうち意見にかかわるものは、筆者個人の見解であり、いかなる組織を代表するものでもないことをお断りしておきます。

本書が読者の文字コード理解の一助になれば幸いです。

2010年1月　矢野 啓介

第2版改訂における、おもな変更点

第2版改訂に伴い、おもに以下の内容の追加・更新を行いました。

- 2010年の改正常用漢字表に対応
- JIS X 0208とJIS X 0213の2012年改正に対応
- ISO/IEC 10646のUCS-4の変更に対応
- Unicodeに追加された変体仮名の説明
- Unicode 11に基づいた説明
- 本書初版では標準化作業中だったUnicode絵文字を、最新版に基づいた説明に変更
- Webブラウザの動作例を2018年時点で使用されているバージョンに更新
- 紹介するコマンドラインツールを最近よく使われるものに見直し
- HTML5の仕様を反映
- YAMLとJSONについて記述
- Javaの対象バージョンを初版の6から、2018年時点で使用の多い8に変更（一部、9にも対応。ただし、それ以降の版でも通用するでしょう）
- Ruby 1.9以降の説明を2.5に基づいて更新
- Javaのデフォルト文字コードの指定方法の説明を追加
- 文字化けのよくあるパターンを紹介
- Unicodeの標準化異体シーケンス（*Standardized Variation Sequence*）の説明を追加
- WebサイトやメールにおいてUTF-8の使用が増えたことを反映した修正

謝辞

今回の改訂にあたり、初版に引き続き、内田明氏、高橋征義氏、武者晶紀氏より再度有益なご助言をいただきました。心より感謝いたします。

はじめに……iii
はじめに（初版前書きより）……iv
第2版改訂における、おもな変更点……v

第1章
文字とコンピュータ……001

1.1 コンピュータで文字を扱う基本 003
文字コードとフォント……003
図形を交換するのでなく、符号を交換する……003
文字の形の細部は伝わらない……004

1.2 文字を符号化するということ 005
コンピュータで情報を扱う基礎……005
文字を符号化する例……006

1.3 文字集合と符号化文字集合 007
何文字必要か……007
文字の集合……008
文字の集合に符号を振る……009
符号化文字集合とは……009
実用的な符号化文字集合の例……010
一意な符号化　文字コードの原則……012
符号化文字集合を実装するとは……013
文字化け……014
外部コードと内部コード……015
規格における定義　符号化文字集合、符号……016

1.4 制御文字　文字ではない文字 017
文字コードにあるのは文字だけではない……017
おもな制御文字……017

1.5 文字コードはなぜ複雑になるのか 018
文字コードを複雑化させる二つの理由……018
過去の経緯の積み重ね……018
文字そのものの難しさ……019
文字コードの複雑さを理解するために……020

1.6 まとめ 020

第2章 文字コードの変遷

文字コードの変遷 021

2.1 **最もシンプルな文字コード** ASCII、ISO/IEC 646 023

7ビットの1バイトコードで文字を表すASCII 023

ASCIIの各国用の変種 各国語版ISO/IEC 646 023

ISO/IEC 646とJIS X 0201 025

2.2 **文字コードの構造と拡張方法を定める** ISO/IEC 2022 025

ISO/IEC 2022の登場 8ビットコード、2バイトコード 026

ASCIIを拡張する 026

8ビットの使用 ISO/IEC 2022の枠組み、CL/GL、CR/GR 027

符号化文字集合の呼び出しの概念 028

複数バイト文字集合 029

符号化文字集合の組み合わせ・切り替え 030

ISO/IEC 2022とエスケープシーケンス 030

2022≠エスケープシーケンスによる切り替え 031

ISO/IEC 2022と符号化方式 032

2.3 **2バイト符号化文字集合の実用化** JIS X 0208、各種符号化方式 033

JIS X 0208 漢字を扱う 033

各種「符号化方式」の成立 034

1バイトコードに2バイトコードを組み合わせたい 034

Shift_JISやEUC-JP、ISO-2022-JPの登場 035

東アジアでの普及 035

2.4 **1バイト符号化文字集合の広がり** ISO/IEC 8859、Latin-1 036

ヨーロッパ各地域向けの文字コード 036

ISO/IEC 8859、ISO/IEC 8859-1、Latin-1 036

1バイト文字集合の乱立 037

2.5 **国際符号化文字集合の模索と成立** Unicode、ISO/IEC 10646 038

世界中の文字を一つの表に収める 038

ISO/IEC 10646とUnicodeの誕生と統合 039

Unicodeの拡張と各種符号化方式の成立 UTF-16、UTF-8 040

国際符号化文字集合の現状 041

Unicodeの使用状況 OSの内部コードやWebページと、その他の状況 042

2.6 **まとめ** 042

Column 字形と字体 043

Column 常用漢字表の改正と文字コード 044

第3章
代表的な符号化文字集合

代表的な符号化文字集合 045

3.1 ASCIIとISO/IEC 646 最も基本的な1バイト文字集合 047
ASCIIとISO/IEC 646国際基準版 047
各国版のISO/IEC 646 048

3.2 JIS X 0201 ラテン文字と片仮名の1バイト文字集合 049
JIS X 0201の概要 049
ラテン文字集合 049
JIS X 0201の片仮名集合、濁点・半濁点 049
ASCIIとの違い 円記号とバックスラッシュ、オーバーラインとチルダ 051

3.3 JIS X 0208 日本の最も基本的な2バイト文字集合 052
JIS X 0208の概要 ISO/IEC 2022準拠 052
符号の構造 2バイトのビット組み合わせ 053
文字集合の特徴 054
記号類 055
ギリシャ文字 055
キリル文字 055
ラテン文字 056
平仮名・片仮名 056
漢字 第1水準、第2水準 057
過去の改正の概略 058
1983年改正 058
字体の変更(簡略化)と符号位置の入れ替え 059
1990年改正 060
1997年改正 包摂規準 061
包摂規準の明示 061
JIS X 0208(97JIS)の包摂規準の活用 062
JIS X 0208(97JIS)の包摂規準の生い立ち 063
漢字の包摂規準を理解する 064
漢字の典拠調査 幽霊漢字の退治 065
JIS X 0208:1997の符号化方式 065
外字・機種依存文字の問題 066

3.4 JIS X 0212 補助漢字 068
JIS X 0212の概要 068
文字集合の特徴 069
非漢字 069
Column 「Unicodeで(他の符号化文字集合を)実装」という表現の問題 070
漢字 070
JIS X 0212と符号化方式 Shift_JISで扱えない 071

3.5 JIS X 0213 漢字第3・第4水準への拡張 072

JIS X 0213の概要 072
漢字集合1面、漢字集合2面 073
文字集合の特徴 074
一般の印刷物でよく使われる記号類 075
13区の機種依存文字と互換の文字 076
ラテン文字・発音記号 077
日本語のローマ字表記に必要な文字 077
発音記号として使われる文字 077
その他のダイアクリティカルマーク付きの文字など 078
合成用のダイアクリティカルマーク 079
ASCIIとの互換性のための文字 079
アイヌ語表記用片仮名 080
鼻濁音表記用の平仮名・片仮名など 082
漢字（第3・第4水準） 083
地名や人名、学校教科書に使われる漢字 083
収録された文字の収集にあたって 084
岦問題の字体の新規追加による解決 085
199の包摂規準 085
人名用漢字のすべて　JIS X 0208で包摂されていた微小な差を分離したもの 085
1983年改正で字体が大きく変更された漢字29文字の変更前の字体 086
漢字のへんやつくりなどの字体記述要素 087
符号化方式 087
符号化方式をめぐる論議　規定か、参考か 088
2004年改正の影響　表外漢字字体表と例示字形 089
Unicodeとの対応関係　表外漢字UCS互換 089
ソフトウェアのJIS X 0213対応状況 091

3.6 ISO/IEC 8859シリーズ　欧米で広く使われる1バイト符号化文字集合 092
ISO/IEC 8859（シリーズ）の概要 092
Latin-1　ISO/IEC 8859-1 093
ノーブレークスペース（NBSP）とソフトハイフン（SHY） 094
Latin-2　ISO/IEC 8859-2 095
その他のパート 096

3.7 UnicodeとISO/IEC 10646　国際符号化文字集合 097
UnicodeおよびISO/IEC 10646（UCS）の概要 097
符号の構造　UCS-4、UCS-2、BMP 098
Unicodeの符号位置の表し方 099
基本多言語面（BMP） 100
その他の面 102
面01　SMP 102
変体仮名 102
面02　SIP 103
面0E 103
結合文字　1文字が1符号位置ではない 104
既存の符号化文字集合との関係 105
Unicodeにおける文字名の定義　各文字に一意な名前を与える 105

Column ちょっと気になるUnicodeの文字名 105
ISO/IEC 8859-1との関係 106
全角・半角形 106
漢字統合 CJK統合漢字 108
原規格分離規則 108
統合漢字の数 109
漢字統合と適切なフォントの選択 110
互換漢字 110
互換漢字の領域 111
互換漢字と正規化 112
JIS X 0213との関係 プログラムで処理する上での注意点 112
❶BMP以外の面の漢字の存在 113
❷結合文字の使用の必要 114
❸互換漢字の正規化の問題 116
絵文字 117
絵文字とは 117
符号位置概要 117
複数符号位置による装飾 118
国旗の特殊な符号化 120
絵文字の形の違い 121
絵文字に未来はあるか 122
Column UnicodeとUTF-8とUCS-2の関係 124
第4章
代表的な文字符号化方式 125
4.1 JIS X 0201の符号化方式 127
JIS X 0201の符号化方式の使い方 127
8ビット符号 127
7ビット符号 128
4.2 JIS X 0208の符号化方式 130
JIS X 0208で定められた符号化方式 130
漢字用7ビット符号 131
符号の構造 131
漢字用7ビット符号の特徴 132
適した用途 133
EUC-JP 133
符号の構造 133
国際基準版・漢字用8ビット符号との関係 135
EUC-JPの特徴と注意 136
重複符号化の問題 136
適した用途 137
ISO-2022-JP 137

符号の構造 ... 138
符号の性質 ... 140
適した用途 ... 140
Shift_JIS ... 140
符号の構造 ... 141
Shift_JISの計算方式 ... 142
Shift_JISの問題点 ... 143
重複符号化の問題 ... 143
適した用途 ... 144
機種依存文字付きの変種 ... 144

4.3 Unicodeの符号化方式 145

UTF概説 ... 145
UTF-16 ... 146
符号の構造 ... 146
サロゲートペア ... 147
UTF-16の計算方法 ... 147
UCS-2との関係 ... 148
UTF-16のバイト順の問題　ビッグエンディアンとリトルエンディアン ... 148
BOM（バイト順マーク） ... 149
適した用途 ... 150
UTF-32 ... 150
符号の構造 ... 150
UCS-4との関係 ... 151
UTF-32の特徴 ... 151
適した用途 ... 152
UTF-8 ... 152
符号の構造 ... 152
計算方法 ... 152
ASCIIとの互換性　UTF-8の特徴 ... 153
冗長性の問題 ... 154
BOM付きUTF-8の問題 ... 154
CESU-8とModified UTF-8 ... 155
適した用途 ... 155
Column　**機種依存文字における重複符号化** ... 156

第5章 文字コードの変換と判別 ... 157

5.1 コード変換とは 159

なぜ変換が必要か ... 159
変換のツール ... 159
iconv ... 160
変換できない場合 ... 161

nkf 162
変換の原則 162
異なる文字集合体系の間の変換の問題 163
コード変換と文字変換 166
5.2 変換の実際 変換における考え方 167
コード変換の処理方法 168
アルゴリズム的な変換 168
JIS X 0208の符号化方式の変換 168
ISO-2022-JPとEUC-JPの間の変換　エスケープシーケンスと0x80の足し引き 168
Shift_JISの関係する変換　区点番号を介した計算 170
JIS X 0201とASCIIの違いの問題　Shift_JISの0x5C、0x7E 170
文字コードの定義に忠実なコード変換とその問題 171
Unicodeの符号化方式の変換 172
UTF-8からの変換 172
UTF-16からの変換 173
テーブルによる変換 174
JIS X 0208とUnicodeの間の変換 174
JIS X 0208とASCII/JIS X 0201の間の変換 176
JIS X 0201ラテン文字集合の変換の例題 176
ハイフンマイナスの問題 177
JIS X 0201片仮名集合の場合 178
変換の必要性　使い勝手の向上のために 178
5.3 文字コードの自動判別 179
自動判別の例 179
判別のツール　nkf 180
なぜ自動判別できるか 180
BOMによる判別 180
エスケープシーケンスによる判別 181
バイト列の特徴を読む　EUC-JPとShift_JISの判別例 182
自動判別を助けるテクニック 183
自動判別の限界 185
5.4 まとめ 186
第6章 インターネットと文字コード 187
6.1 電子メールと文字コード 189
メールの基本はASCII　日本語は7ビットのISO-2022-JPで 189
MIME 190
メールを多言語に拡張する 190
charsetパラメータで文字コードを指定する 191
charsetパラメータの値 192

誤ったcharset指定 193

Column character setという用語 194

テキストをさらに符号化する 195
Content-Transfer-Encodingフィールド 195
quoted-printable 196
base64 197
base64による符号化のしくみ 197
ヘッダの符号化　B符号化とQ符号化 199
nkfによる復号 200
添付ファイル名の符号化 201
添付ファイル名のトラブルの原因 201
添付ファイル名の文字化けへの対処法 203
日本語メールの符号化の現在 203

6.2 Webと文字コード 204
HTML 204
HTMLで用いる文字 204
SGMLとしての背景 205
HTMLの文字参照 206
文字コードの指定方法　head要素の中のmeta要素 207
lang属性の影響 208
統合漢字を描画し分ける 208
言語情報は書体選択の役に立つか 210
CSS 211
文字コードの指定方法 211
Unicode文字の参照 212
XML 212
XMLで用いる文字 213
XMLの文字参照 214
文字コードの指定方法 214
XML宣言 214
XHTMLの場合 215
YAMLとJSON 215
URL 216
URL符号化 216
HTML·XMLの中のURL 217
HTTP 218
HTML文書内部の文字コード指定が抱える問題点 218
HTTPヘッダによる文字コードの指定 219
Webサーバにおける設定 220
HTTPヘッダの確認方法 221
HTMLフォーム（CGI） 222
フォームから入力されるテキストの文字コード 222
送信用の文字コードで符号化できない文字の扱い 224

6.3 まとめ 225

第7章 プログラミング言語と文字コード 227

7.1 Java 内部処理をUnicodeで行う 229

Javaにおける文字はすべてUnicode 229
Javaの文字列と文字 229
Stringクラスと Characterクラスと char型 229
ソースコードの中の文字 230
コンパイル時のコード変換 230
Unicodeエスケープ 231
JavaはUnicodeを知っている 232
文字の属性を調べる 233
大文字・小文字 Character.isLowerCase(char)メソッド、他 233
数字・文字 Character.isDigit(char)メソッド 234
Unicodeブロック Character.UnicodeBlockクラス 235
サロゲートペアにまつわる問題 char単位で文字を扱うメソッド 236
サロゲートペアへの対応 charからintへ 238
入出力における文字コード変換 240
Reader/Writerクラスによる変換 240
文字コードを指定した入出力 InputStreamReader/InputStreamWriterクラス 241
Javaで扱える文字コード 241
プラットフォームのデフォルトの文字コードを得る 243
デフォルトの文字コードを指定する 243
プロパティファイルの文字コード 244
native2ascii 244
プロパティエディタ プロパティファイル編集用のツール 245
XML形式のプロパティファイル 246
Propertiesクラス 246
リソースファイル プロパティファイルを国際化のために用いる 246
JSPと文字コード 247
pageディレクティブによる指定 247
Windowsの場合の問題 MS932変換表とSJIS変換表 248
よく問題になる例 ～(波ダッシュ) 249
3つの対処法 入力/出力におけるUnicode変換の食い違いを解消する 251
❶入力時の変換を、SJIS変換表に揃える 251
❷MS932変換表を使う 252
❸Javaプログラムで置換したうえでSJIS変換表で出力する 253
文字コード変換器の自作方法 253
ソートの問題 テキスト処理❶ 254
文字コードによるソート順 255
文字コード順以外によるソートの必要性 言語や国・地域を考慮する 257
Collatorクラスの使用 257
CollationKeyによる性能改善 259
自然な区切り位置の検出 テキスト処理❷ 259
何が問題か Javaのcharと、結合文字やサロゲートペア 260
BreakIteratorクラス 適切な区切り位置を検出する 261

7.2 **Ruby 1.8** シンプルな日本語化 262
バージョン1.8までのRubyは、ASCIIが基本 262
Ruby 1.8の文字列 263
文字列の長さ 263
バイト列としての操作 263
文字列の操作 264
文字列の比較とソート 264
jcodeによる複数バイト文字対応 266
文字コードの指定 266
指定方法 -Kオプション、$KCODE 267
正規表現のマッチング 文字コードの指定を適切に行う 268
$KCODEによる違い 268
正規表現ごとの文字コード指定 269
文字列を文字単位に切り分けるイディオム 270
文字コードの指定を間違うと何が起こるか 270
JIS X 0213を使う 272
コード変換ライブラリ 273
NKF 273
コード判別 273
Kconvクラス 274
Iconvクラス 275
7.3 **Ruby 1.9以降** CSI方式で多様な文字コードを処理 276
拡張されたRuby 1.9の文字関連処理 276
スクリプトの文字コードの指定 マジックコメント 276
Ruby 1.9の文字列 277
自分の符号化方式を知っている 277
文字列の連結 278
Unicodeエスケープ 279
文字単位の操作 279
文字列の長さ 281
Unicodeの結合文字やサロゲートの扱い 281
結合文字を含めた「1文字」をとる 282
入出力の符号化方式 IOクラス 283
入出力における文字コードの指定 283
Encodingクラス 285
Ruby 1.9のコード変換 285
String#encodeメソッド 286
挙動の制御 286
変換できない文字の扱い 挙動の制御❶ 286
XMLのメタ文字のエスケープ 挙動の制御❷ 287
Encoding::Converterクラス 287
7.4 **まとめ** 288

第8章 はまりやすい落とし穴とその対処 289

8.1 トラブル調査の必須工具 16進ダンプツール 291

データのバイト値を検査する 291

od 16進ダンプのツール 291

その他のツール hd、xxd 292

8.2 文字化け 292

文字化けのよくあるパターン 292

ラベルと本体の不一致による文字化け 294

機種依存文字に起因する文字化け 294

文字化け防止の原則 295

8.3 改行コード 297

改行コードに起因するトラブル 297

1つのファイル中の混在 297

想定外の改行コードの使用 298

改行コードの変換 298

nkfコマンドによる改行コードの変換 299

trコマンドによる対応 299

8.4 「全角・半角」問題 300

「全角・半角」で何が問題になるのか 300

問題の本質 301

区別のはじまり かつての機器のテキスト表示の制約条件 301

用語の本来の意味 印刷用語の全角・半角 302

文字コードは「全角・半角」を決めていない 1バイトの「A」、2バイトの「A」 302

「(いわゆる)全角・半角」の存在は便利なのか 303

「全角・半角」問題への対応 利用者に「全角・半角」を意識させない 304

求められる文字入力プログラム 文字コードにおける一意な符号化という原則 305

入力文字の検証 アプリケーション側の対処法❶ 306

重複符号化された文字の同一視 アプリケーション側の対処法❷ 306

8.5 円記号問題 307

円記号問題とは何か 307

ASCIIとJIS X 0201の違い 308

円記号問題の顕在化 308

Webブラウザ上の表示 309

Unicodeとの変換による問題 単なる表示上の問題では済まなくなる 310

対処のための注意点 312

EUC-JPの場合 312

文字入力の際の注意 313

チルダとオーバーラインについての注意 313

円記号問題は解決できるか 314

問題の本質　0x5Cの意味の違いを厳密に運用する 314
解決のための思考実験 314

8.6 波ダッシュ問題 316

波ダッシュ問題とは何か 316
現象の例 317
波ダッシュとは 317
チルダとは 318
問題の原因　WAVE DASHとFULLWIDTH TILDE 319
変換の妥当性を検証する　JISの1区33点とU+301Cの対応付け 320
Unicodeの例示字形 320
FULLWIDTH TILDEの存在 321
Windowsの実装 321
三つの対処案 322
❶Unicodeに変換しない 322
❷コード変換を揃える 322
❸Unicode間で変換する 323
波ダッシュ以外の文字　変換による問題が発生しがちな文字 324

8.7 まとめ 325

Appendix 327

A.1 ISO/IEC 2022のもう少しだけ詳しい説明 328

符号化文字集合のバッファ 328
指示と呼び出し 328
94文字集合と96文字集合 329
エスケープシーケンス 330
符号化方式の実際 330
EUC-JP 331
ISO-2022-JP 331

A.2 JIS X 0213の符号化方式 333

既存の資産を活かしつつJIS X 0213の利点を享受するために 333
漢字用8ビット符号 334
適した用途 335
EUC-JIS-2004 335
「国際基準版・漢字用8ビット符号」との関係 337
適した用途 337
ISO-2022-JP-2004 338
包摂規準の変更による旧規格使用の制限 339
適した用途 339
Shift_JIS-2004 340
適した用途 341

A.3 諸外国・地域の文字コード概説 342

中国　GB 2312とGB 18030 342
GB 2312 342
GB 18030 343
韓国　KS X 1001 343
北朝鮮　KPS 9566 344
台湾　Big5とCNS 11643 345
Big5 345
CNS 11643 346
香港　HKSCS 347
ロシア　KOI8-R 347

A.4 Unicodeの諸問題 349
正規化　いつのまにか別の文字に変わる? 349
問題 349
正規化 350
NFKC、NFKD 351
正規化によって別の文字に移される文字 352
日本語環境への影響 353
互換漢字の扱い 354
Javaにおける正規化 354
ファイル交換の際のトラブル 355
器問題　統合漢字と互換漢字の複雑な関係 355
拡張B　日本風、台湾風の器器 356
Webブラウザの表示例 357
異体字セレクタ　「正しい字体」への欲求 358
文字コードは文字の形を抽象化する 358
異体字を指定する 359
IVS 359
互換漢字の代替手段としての異体字セレクタ 360
プログラム上の対処 361
書字方向の制御によるファイル名の偽装 361
右から左に書く文字 362
ファイル名の偽装 362
偽装のしくみ 362
Windowsによる実験 363
Windowsにおける対策 364

A.5 Unicodeの文字データベース　UnicodeData.txtとUnihan Database 366
UnicodeData.txt 366
文字の種別の判別 366
Unihan Database 367

A.6 規格の入手・閲覧方法ならびに参考文献 368
参考文献 370

索引 372

第1章
文字とコンピュータ

1.1　コンピュータで文字を扱う基本……p.3
1.2　文字を符号化するということ……p.5
1.3　文字集合と符号化文字集合……p.7
1.4　制御文字　文字ではない文字……p.17
1.5　文字コードはなぜ複雑になるのか……p.18
1.6　まとめ……p.20

本章では、文字コードの基礎的な概念を説明します。コンピュータで文字データを扱うための基本的なアイディアから始めて、文字コードがどのようなものであるかについて、順を追って考えていきましょう。

そもそも文字コードとは何でしょうか。まずは直感的にとらえイメージを膨らませるべく、コンピュータで文字コードを使って文書をやり取りするときは文字の形そのものは伝わらないといった点を押さえます。

実際にコンピュータによって文字を処理するためには、0と1の組み合わせによって文字を符号化する方法が一般的です。簡単な例と実用的な文字コードの例を示し、どのようなしくみになっているかを概観します。あわせて、文字コードにおける「一意な符号化」という概念が登場します。後続の章でも重要な原則として出てきますので、理解しておいてください。

図1.Aは、文字コードがコンピュータの中のどのような場面でかかわるかを示した概念図です。図1.Aの中に16進数で示しているのが、文字コードの値です。プログラムの中に持っている5B57という値とフォントデータとによって「字」という文字が表示される、また、ファイルに格納したりネットワークで通信したりするときには別の値（それぞれE5AD97、3B7A）に変換して入出力される様子を示しています。

本章では、複雑な文字コードを理解する前に踏まえておきたい重要な概念や用語を取り上げます。それでは、さっそく一つ一つ見ていくことにしましょう。

図1.A　文字コードとコンピュータ

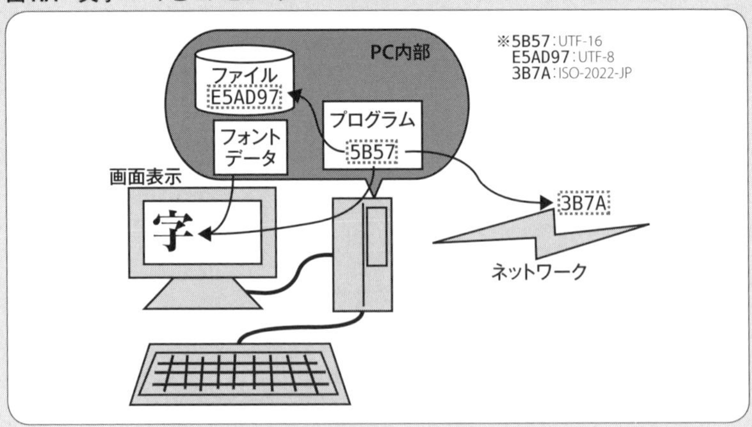

1.1 コンピュータで文字を扱う基本

まず、コンピュータにおいて文字がどのように扱われるかについて、基本的な概念や性質の確認から始めます。

文字コードとフォント

コンピュータでの文字の処理や描画に、文字コードやフォント(*font*)というものが関係しているということはよく知られています。

文字コードについての最も素朴な理解は、文字のそれぞれに番号が振られていて、コンピュータの内部ではその番号を処理しているのだというものでしょう。

また、フォントという活字のようなデータがあり、文字コードの番号に対応する文字の形がフォントデータを使って画面に描画される、また、フォントを変えれば文字の見栄えも変わる、ということもよく知られていると思います。英語のfontとは元々、同一の書体・大きさを持つ一揃(ひとそろ)いの活字のことを意味します。そこから転じて、コンピュータでは同一の書体で設計された文字の形のデータを指す意味で使われます。

図形を交換するのでなく、符号を交換する

そもそも文字とは何でしょうか。文字という概念の厳密な定義は本書ではしませんが、文字の大きな特徴として、視覚的に伝達されるものだということが挙げられます。

普段、文字を人に伝えるには、紙やホワイトボードなどに書いたものを見せます。文字とは視覚的な図形として表現され(書く)、認識され(見る)、蓄積され(紙の束をしまう)、伝達される(人に渡す)ものです。

しかし、コンピュータで文字を交換するときにはそうではありません。コンピュータを使った通信で伝達されるのは、「あ」という字の形ではなく、

「平仮名の『あ』という種類の文字」という情報です。たとえていえば、文字の書かれた紙をFAXして文面を送信することで伝達するのでなく、電話口で「平仮名の『あ』」と伝えて相手にその字を再現させるようなものです。

「平仮名の『あ』」というような、図形としての細部を抽象化した文字の種類をコンピュータで扱うための符号、それが**文字コード**です。

文字の形の細部は伝わらない

図形としての細部を抽象化した符号をやり取りしているのだから、伝達した際に目に見える図形としては違っていて当然のことです。これは、コンピュータで文字を処理する際の重要な特徴です。

たとえば、スマートフォンのメールに「あ」と打って誰かに送るとき、自分の目に見えている「あ」という字の図形そのものが送信されるわけではありません。メールの受け手は送り手とは異なる図形を見ることになります。使っているフォントやソフトウェアが同じならば表示される形も同じになるでしょうが、一般にそういうことは保証されません(**図1.1**)。

今は先に進んで、コンピュータで具体的に文字がどう扱われるかを見ていきましょう。

図1.1　交換される文字が図形としては異なる例

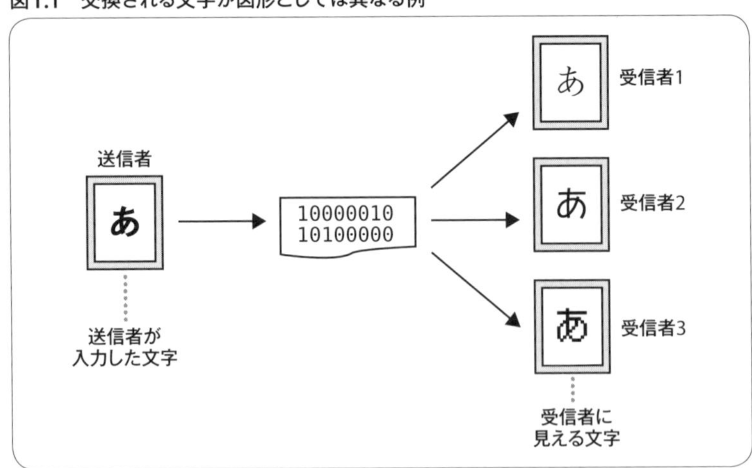

1.2
文字を符号化するということ

本節ではコンピュータで情報を扱う基本的な原理から始めて、文字を符号化するとはどういうことかを簡単な例を通じて説明します。

コンピュータで情報を扱う基礎

コンピュータは情報を処理する機械です。コンピュータにおいては、情報の最小単位はビット(*bit*)として表されます。1ビットは、相反する2つの情報のどちらかを表現できます。ビットの表現には、普通`0`(ゼロ)と`1`(イチ)を用います。

たとえば、コインを投げたときに表が出たか裏が出たかという情報は1ビットで表すことができます。「表=`0`、裏=`1`」というように符号を定めておけば、コイントスの結果をコンピュータで送信したり蓄積したりできます。事物を符号で表現することを**符号化**といいます。

1ビットでは2種類の情報しか扱えません。ビットをいくつか並べることで、より多くの情報を扱えるようになります。

たとえば、「晴れ、曇り、雨、雪」という4種類の天気情報を符号化するなら、2ビットあれば表現可能です。2の2乗が4だからです。「晴れ=`00`、曇り=`01`、雨=`10`、雪=`11`」といったビット組み合わせによる符号化が可能です。もし「みぞれや霧やひょうも付け加えたい」となれば、ビットの数をもっと増やす必要があります。

コンピュータではいくつかの決まった長さのビットの並び(ビットの各桁は、右から順に第1ビット、第2ビット、と呼ばれます)をバイト(*byte*)という単位にして処理します。普通は8ビットを1バイトとして扱います[注1]。厳密に8ビットの単位を表す意味で、バイトではなくオクテット(*octet*)という用語を使うこともあります。1バイト(1オクテット)では、最大で2の

注1　本来的には8ビットでなくてもよく、たとえば70ビットを1バイトとしてもかまいません。ですが、そのように作られたコンピュータを使う機会はまずないでしょう。

8乗、すなわち256種類の情報を符号化できます。本書では基本的に8ビットを1バイトとします。

文字を符号化する例

先述したコイントスの結果や天気の情報を符号化したのと同様のやり方によって、文字を符号化するとどうなるでしょうか。

ここでは例として、「A、B、C、D、E」という5種類の文字を符号化してみましょう。

5種類の文字ということは、3ビットあれば表現できます。2の3乗は8ですね。たとえば、次のような符号が設計できます。

文字↓　↓対応するビット組み合わせ

```
A = 001
B = 010
C = 011
D = 100
E = 101
```

これ以外のビット組み合わせ、つまり`000`、`110`、`111`の3種類はここでは未使用としています。

このように、文字とそれに対応するビット組み合わせを対応付ける規則を**文字コード**といいます。また、文字に対応するビット組み合わせ自体(Aに対応する`001`という値)も文字コードと呼ばれることがあります。どちらの意味か紛らわしいときには、後者の意味を表すのに**コード値**という言い方をすることもあります。

今定義した規則も、れっきとした文字コードです。マイ文字コードの誕生です。このマイ文字コードで、たとえば「ACE」という文字列を符号化しようとすれば、「`001 011 101`」となります。8ビットを1バイトとするコンピュータでは、上位5ビットを`0`で埋めて「`00000001 00000011 00000101`」のようなバイト列として表現するのが普通ということになるでしょう。

いちいち`0`と`1`を並べて書くのはあまりに煩わしいので、通常はビット組み合わせを2進数とみなして、それを16進法に変換した表記を用います。

なぜ16進法かというと、2進法の4桁が16進法の1桁にちょうど対応するので変換が容易だからです。たとえば、先述のマイ文字コードの文字「E」にあたる`00000101`ならば、`0x05`のようになります。本書では、基本的に16進表記は接頭辞`0x`を付けて表すことにします。ただし、省略しても紛れのないときには単に`05`のように記すこともあります。こうすると、先ほどのバイト列は`01 03 05`と短く書けます。

1.3 文字集合と符号化文字集合

前節の簡単な例を受けて、本節ではより実用的な文字コードとはどのようなものか例を挙げて説明し、文字コードという概念に実際的な定義を与えます。また、文字コード一般の基本的な性質もあわせて説明します。

何文字必要か

先ほど定義したマイ文字コードですが、5文字しかないのでは、いくら何でも実用には耐えません。文章を表現するのに必要なだけの文字を扱うには、もっと多くの文字を符号として定める必要があります。

このように、文字コードによって文字を扱うためには、どれだけの種類の文字をそのシステムで扱うか、事前に決めておく必要があります。

では、どれだけの文字が必要でしょうか、世界には一体何種類の文字があるのでしょうか。日本語を書くのに使われる文字だけでも、平仮名、片仮名、漢字、アルファベット、算用数字といったたくさんのタイプの文字が思い浮かびます。平仮名は50文字ぐらいのはずだとしても、漢字が何文字あるかなどは簡単に答えが出そうにありません。

文字コードを初期に設計した人々は、世界中の文字を符号化するという大きなことは後回しにして、当面自分たちの用に足るだけの文字を扱うことを考えました。コンピュータが最初に発達した米国では、英語を書くために必要な文字の符号化が試みられました[注2]。

英語ならば、ラテンアルファベット[注3]の大文字・小文字で52文字、数字が10文字。.(ピリオド)や,(カンマ)といった句読点、括弧などの記号類を入れても100文字を超えることはなさそうです。なお、文字という言葉は一般の用法では言語表記のための「ABC」や「あいうえお」といった種類のものだけを指しますが、本書では?や!といった記号類も含むことにします。

文字の集合

このように事前に文字の種類を定義する必要がありますが、文字を重複なく集めた集合を「文字集合」と呼ぶことがあります。たとえば、ラテンアルファベットの大文字・小文字を集めたものは一つの文字集合です。また、いろは歌のように平仮名を全部集めたものも文字集合といえます。漢字についていえば、常用漢字の2,136文字のように、何らかの方針によって収集したものが文字集合といえます(**図1.2**)。

文字コードを決める際には、文字集合を定めることが必須となります。これによって、そのシステムで扱える文字の種類が決定されます。たとえば先のマイ文字コードの例では、「A、B、C、D、E」という5種類の文字からなる文字集合を定義したことになります。

ここで「集合」という言葉は、数学の用語になぞらえて使用されています。数学において、集合とは互いに区別できる要素の集まりを指します。同様の意味合いで、文字の集まりを「文字集合」と呼ぶわけです。

注2　厳密にいうと、文字コードはコンピュータで使われるものだけでなく電信のためのモールス符号なども含みますが、本書では割愛します。

注3　日本の学校教育では単に「アルファベット」として習うことが多いと思いますが、英語などの表記に使われるABC……の文字のことを「ラテン文字」といいます。「アルファベット」という言葉はラテン文字についてだけ使われるものではなく、たとえば「ギリシャ文字のアルファベット」のような用法もあります。

文字の集合に符号を振る

ここで、文字コードとは何か、という定義について考えます。文字コードは、先述した文字集合という概念の上に成り立っています。

▪——符号化文字集合とは

文字集合を定義し、その集合の各文字に対応するビット組み合わせを一意に定めたものが**文字コード**です。**符号化文字集合**(*coded character set*)ともいいます。先に提示したマイ文字コードも符号化文字集合です。

「文字コード」と「符号化文字集合」は、ほぼ同じ意味だと思って差し支えありません。文字コードのほうが、少々広い意味で(いうなれば曖昧に)使われます。文字コードは、後の章で述べる「文字符号化方式」と同じ意味を指すこともあります。

また、「符号化」文字集合である、すなわち各文字にビット組み合わせが対応付いていることが文脈から明らかである場合には、「符号化」を省いて単に「文字集合」という言葉で符号化文字集合を指すことがあります。たとえば、2バイト文字集合というときには、2バイトで符号化されるというこ

図1.2　文字集合の例

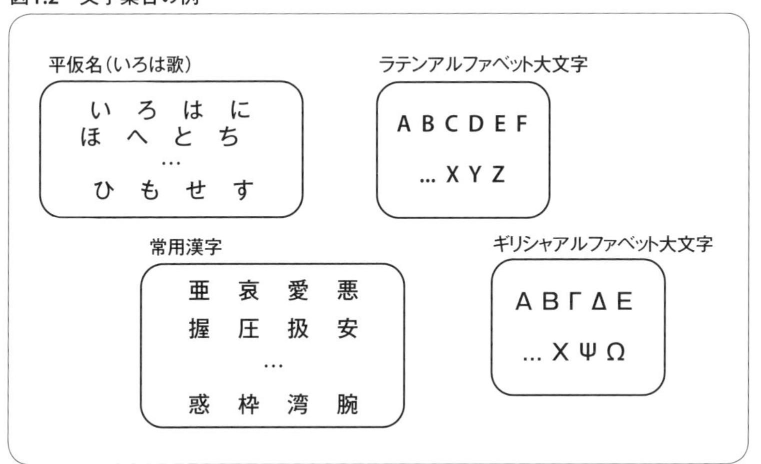

とがわかりますから、「符号化」という修飾語がなくとも意味に紛れがありません。

符号化文字集合の例を**図1.3**に示します。これらの符号化文字集合は架空の例ですが、文字の集合を定めてビット組み合わせを割り当てたものだという概念を図にしたものです。

■──実用的な符号化文字集合の例

英語を書くのに必要なのは、記号類を含めてもせいぜい100文字程度と先に述べました。100文字程度ならば、7ビットあれば表現できます。2の7乗は128です。

英語を書くのに使用できる7ビットの符号化文字集合の実例を**図1.4**に示します。これは「ISO/IEC 646国際基準版」という、ISO（国際標準化機構）とIEC（国際電気標準会議）によって標準化されている符号化文字集合です。ASCIIという文字コードをご存じの読者が多いと思いますが、それと同じものです。

図1.4の文字コード表は、縦の列が上位3ビット、横の行が下位4ビットを表します。表の各マスはビット組み合わせに対応しています。

図1.4の表からはたとえば、7列めの10行めすなわち7/10という位置に小文字の「z」が対応することが読み取れます。7/10は、ビット組み合わせとしては`1111010`が対応します。16進表記では`0x7A`です。7/10という表記は文字コード表の中の位置を表します。文字コード表の中の位置のことを**符号位置**（*code position*）[注4]という言い方もします。

注4　コードポイント（*code point*）とも呼ばれます。

図1.3　符号化文字集合の例

この符号化文字集合によって、たとえば「Hello World」という文字列を符号化するなら、`48 65 6C 6C 6F 20 57 6F 72 6C 64`という11バイトのバイト列になります。適当なテキストエディタで「Hello World」とタイプしてASCII形式として保存したとき、ファイルの内容として生成されるのはまさにこの11バイトのバイト列ということになります。

文字コード表をよく見ると、AからZまでの大文字と小文字は、列だけが2つ異なる平行した位置にあることがわかります。任意の大文字のビット組み合わせの第6ビットを1にセットすると、対応する小文字になることが見て取れます。

別の言い方をすれば、大文字のビット組み合わせを2進数として解釈した整数値に`0x20`を足すと小文字になるということです。このようにビット組み合わせを整数値とみなして算術演算を施すことは、プログラム上頻繁に行われます。

また、AからZまでのアルファベットや0から9までの数字は、符号位置のビット組み合わせを2進数として解釈したときに値が連続する位置に並

図1.4　ISO/IEC 646国際基準版の文字コード表（文字表）

				b7	0	0	0	0	1	1	1	1
上位3ビット➡				b6	0	0	1	1	0	0	1	1
下位4ビット⬇				b5	0	1	0	1	0	1	0	1
b4	b3	b2	b1		0	1	2	3	4	5	6	7
0	0	0	0	0			SP	0	@	P	`	p
0	0	0	1	1			!	1	A	Q	a	q
0	0	1	0	2			"	2	B	R	b	r
0	0	1	1	3			#	3	C	S	c	s
0	1	0	0	4			$	4	D	T	d	t
0	1	0	1	5			%	5	E	U	e	u
0	1	1	0	6			&	6	F	V	f	v
0	1	1	1	7			'	7	G	W	g	w
1	0	0	0	8			(	8	H	X	h	x
1	0	0	1	9			)	9	I	Y	i	y
1	0	1	0	10			*	:	J	Z	j	z
1	0	1	1	11			+	;	K	[	k	{
1	1	0	0	12			,	<	L	\	l	|
1	1	0	1	13			-	=	M	]	m	}
1	1	1	0	14			.	>	N	^	n	~
1	1	1	1	15			/	?	O	_	o	DEL

※ISO/IEC 646:1991に基づいて筆者作成。

んでいます。これにより、コード値の大小比較によって文字の自然な順番でのソートが可能になっています。

符号化文字集合はISOやJISといった標準規格として多くの種類が策定されています。世の中にどのような符号化文字集合があるか、またなぜ多くの符号化文字集合が作られていったかという事情は、後続の章で詳しく見ていきます。

■——一意な符号化　文字コードの原則

先ほどの図1.4を見ると、文字とビット組み合わせとは一対一に対応していることがわかります。つまり、ある文字に対応するビット組み合わせはただ一通りであるし、ある7ビットのビット組み合わせが与えられれば文字が一つだけ特定されるということです。文字「A」に対応するビット組み合わせが2種類存在したり、2Aというビット組み合わせが:(コロン)なのか;(セミコロン)なのか判断がつかなかったり、ということはありません。

このように、文字は一意に符号化されるということが文字コードの原則です。

ただし、一意とはいっても、似た形であって区別の難しい文字が同一の表の中に存在することはあり得ます。たとえば、符号位置4/9にある大文字のアイ(I)、6/12にある小文字のエル(l)、それから7/12にある縦線の記号(|)は、書体設計によってはどれも単なる縦線にしか見えずに区別が困難なことがあります(**図1.5**)。すると、符号化したい文書の中に単なる縦線に見える文字があったときに、どのビット組み合わせを対応付ければよいかわからないのではないか、という考えもあり得ます。

視覚的な区別が困難なときには、文字の並びの文脈から「この場合はアイ

図1.5　見分けのつきにくい文字

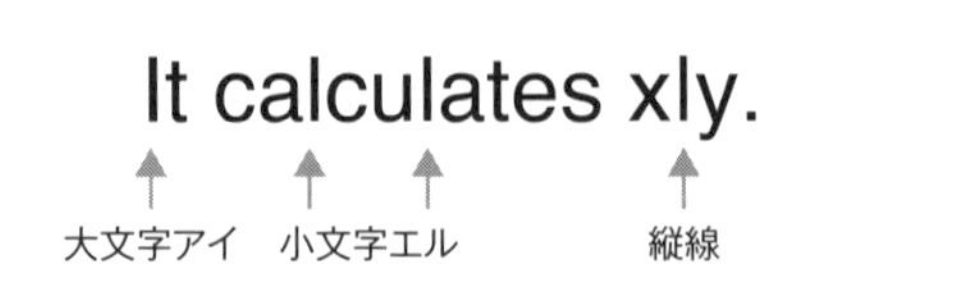

ではなくエルに違いない」といった判別が大概は可能です。人が文字を認識するには、ただ形だけを見ているのではなく文脈も合わせて判断しています。

文字コードによって一意に符号化されるのは、使われる文脈や社会的な常識も加味した総合的な判断によって識別された文字なのであって、単なるインクの染みではありません。ある符号位置に対応する文字が何なのかを理解するためには、文字コード表に印刷された図形を形として知るだけでは不十分で、その文字がどのような用法や文脈で使われるものであるかを知る必要があります。用法や文脈からの判断によって、文字のとり得る形の範囲も変わってきます。たとえば、小文字エルや大文字アイは書体によっては線の両端に装飾(セリフ)が付くけれども、7/12の縦線にはそういうことがない、という区別ができるわけです。

こうしたことは小規模な符号化文字集合ではあまり問題になりませんが、形の似た文字や記号を多く含んでいる大規模な符号化文字集合を使いこなす上で、とくにコード変換(第5章)などを検討する際には重要な考え方となります。

符号化文字集合を実装するとは

あるコンピュータシステムが前述したISO/IEC 646国際基準版という符号化文字集合(文字コード)を実装する、とはどういうことでしょうか。

符号化された文字はコンピュータによって入力や出力、交換されます。たとえば、[A]というキーが押されたら、「A」に対応するビット組み合わせ(`0x41`)をメモリ上に発生させます。表示装置は発生したビット組み合わせに応じたフォントデータをフォントファイルから取り出し、画面に描画します。また、キーから入力されるだけでなく、ネットワークを通じて符号化文字列を受け取り、同様にして画面に文字を描画したりします。

このとき入出力される文字が、符号化文字集合によって決められるビット組み合わせにきちんと対応していれば、システムは該当する符号化文字集合を正しく実装しているといえます。たとえば、[A]キーに対して`0x41`が発生し、`0x41`というデータに対して「A」という文字が描画されるなら、ISO/IEC 646国際基準版の正しい実装といえます。`0x41`というデータを受け取ったのに「B」という文字が出てくるとしたら、正しく実装しているとはいえません。

■――文字化け

`0x41`なのに「A」でない文字が出てくるような現象を通常「文字化け」といいます。文字化けが発生する原因としては、異なる文字コードで符号化されたデータを解釈しようとすることが挙げられます。

たとえば、ISO/IEC 646国際基準版のAからZまでが逆順に並んだ文字コードが仮にあったとします。この仮想文字コードによって「ABC」という文字列を符号化すると、「`5A 59 58`」というバイト列が生成されます。一方、このバイト列をISO/IEC 646国際基準版に従って解釈すると、「ZYX」という文字列になります。

つまり、元の仮想文字コードを用いるシステムでなら「ABC」と表示されるデータをISO/IEC 646国際基準版のシステムにそのまま持っていくと、「ZYX」という別の文字列になってしまうということです。これが文字化けのメカニズムです。

一方、図形として完全に一致しなくても「文字化け」ではないというケースもあります。たとえば、`0x51`というバイト値で表される「Q」という文字を描画する際には、「一般にいうラテンアルファベットのQ」であることがわかりさえすれば良く、細部の形は問いません。「Q」の形のバリエーションの例を**図1.6**に示します。送信元と送信先とで図1.6のような形の違いがあったとしても、文字化けとはいいません。

別の言い方をすれば、フォントの字形は文字コードを定義する文字コード表に掲載されている文字の形と隅々までまったく同じでなければならないわけではないということです。

図1.6 「Q」の形のバリエーションの例

Q　Q　Q

■——外部コードと内部コード

一般に、システム内部で処理用に使われる内部コードと、入出力に使われる外部コードとは、同じである必要はありません。ネットワークやファイルから「A」を表す0x41という値を受け取った後で、自分に都合の良い内部コードに変換したうえで処理してもかまいません。処理した後で再度ネットワークやファイルに出力するときに外部コードに戻す処理を行えば、辻褄(つじつま)は合います。外部から見た振る舞いが規格に合ってさえいれば、内部コードは何であってもかまわないわけです[注5]。外部コードは情報交換用コード、内部コードは処理用コードとも呼ばれます。

図1.7に、外部コードと内部コードの概念図を示します。システムの外部では41(0x41)として扱われている「A」という文字が、内部では2341(0x2341)という値で処理されていることを示します。システムの境界で、外部コードと内部コードの変換を行っています。

現在のPC用のオペレーティングシステム(OS)は、内部コードとしてUnicode(第3章で説明)を採用するものが多く使われています。そうしたシステムは、入出力の際に内部コード(すなわち、Unicode)との間で変換を行うことでさまざまな文字コードに対応しています。文字コードの変換については第5章で詳しく取り上げます。

注5　規格が内部処理をどう行うべきかについてまで規定するものであるならこの限りではありませんが、現在日本で広く使われている文字コード規格にそうしたものはありません。

図1.7　外部コードと内部コード

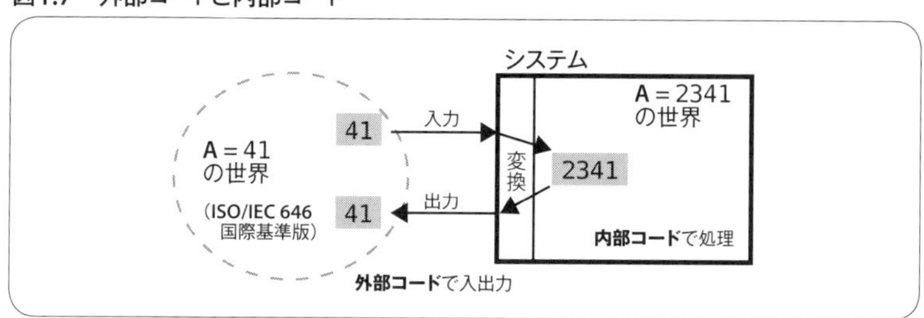

規格における定義 符号化文字集合、符号

以上、文字コードの主要な概念を紹介してきました。ここまでに述べた概念や用語は一般的なものですが、実際の規格がどのように定義しているかを少々確認しておきましょう。細かいことにこだわらない読者は、本項はとばしてもかまいません。

符号化文字集合という用語は、以下のように定義されています。これは、第3章で説明するJIS X 0201-1997という符号化文字集合規格にある定義です。

> 符号化文字集合(coded character set)、符号(code)　文字集合を定め、かつ、その集合内の文字とビット組み合わせとを1対1に対応付ける、あいまいでない規則の集合。
>
> ※　JIS X 0201-1997規格票のp.2より引用。

JISの他の文字コード規格でも同じ定義がなされています。この定義は、ISOの国際標準で用いられているものと合致します。先に例として出したISO/IEC 646の1991年版でも、同様の定義が英語で記されています。

上記引用文にあるように、**符号**(*code*、コード)という用語も「符号化文字集合」と同じ意味であることになっています。これにより、一般にいう**文字コード**という言葉を「符号化文字集合」と対応付けることができます。

また、文字コードの実装が規格に合致する(専門用語で「適合する」という用語を使います)かどうかの条件は、各規格の「適合性」(*conformance*)という節で定義されています。先の節ではごく一般的な説明をしましたが、ある実装が本当に規格に適合するかどうかを確認したい場合には、各規格にあたって適合性の要件を確認してください。

1.4
制御文字
文字ではない文字

ここまでは一般的な意味での文字の符号化について述べてきましたが、文字コードには制御文字と呼ばれる特殊な符号も含まれます。本節では、制御文字の概要をごく簡単に触れておきます。

文字コードにあるのは文字だけではない

先に図1.4に掲げた文字コード表のうち、0/0から1/15までの符号位置には、普通にいう意味の文字は割り当てられていません。**制御文字**(*control character*)という、特殊なコードのための領域として定義されています。

制御文字というのは、たとえば改行のように、文字の出力を制御するなどの役割を与えられたコードです。制御文字に対して、画面に表示できるような一般の文字のことをとくに**図形文字**(*graphic character*)ということがあります。

おもな制御文字

表1.1に、よく使われる制御文字の例を示します。制御文字は目に見えないので、便宜的に示すための文字列が決められています。

制御文字にも規格がありますが、本書では詳しく触れません。

先に掲げたISO/IEC 646国際基準版の文字コード表では、`0x20`は「SP」、`0x7F`は「DEL」となっています。前者はSPACEの略で、スペースを意味する表現です。後者はDELETEの略で、削除の制御文字を意味する表現です。スペースは、空白を表す図形文字とも、何も表示せずに位置だけを進める制御文字とも、両方の解釈が可能ですが、現行の規格では図形文字の扱いになっています。

表1.1　よく使われる制御文字

制御文字	説明
ベル	ベル(ビープ音)を鳴らす。文字列BELで表し、ビット組み合わせは0x07
水平タブ	テキストを表形式に整えるのに使用する。文字列HTで表し、ビット組み合わせは0x09である。データフォーマットの中で項目の区切りとして使われることもある。「垂直タブ」も別の制御文字としてあるが(VT、0x0B)、単に「タブ」といえば通常水平タブを指す
改行	行を送り、文字位置を行の先頭に戻す。改行を表すには、復帰(CR、0x0D)と改行(LF、0x0A)を組み合わせるか、そのいずれかのみを用いるかの3通りの流儀がある
エスケープ	後続の文字列と合わせることで特別な意味を表す。文字列ESCで表し、ビット組み合わせは0x1Bである。エスケープから始まる文字列を「エスケープシーケンス」と呼ぶ。文字集合の切り替えに使われる(後述)

1.5 文字コードはなぜ複雑になるのか

文字コードの基本的な性質は、以上で一通り説明しました。本章で述べたことはとくに難しくも複雑でもありません。それなのに、なぜ現実の文字コードの問題は難しかったり複雑だったりするのでしょうか。

文字コードを複雑化させる二つの理由

ここでは二つの理由を挙げて、文字コードが複雑になることの説明を試みることにします。一つは過去の経緯の積み重ね、もう一つは文字そのものの難しさです。

▪——過去の経緯の積み重ね

一つめの理由、過去の経緯の積み重ねとはどういうことでしょうか。

文字データというものは極めて頻繁に使われる基礎的なものであるが故に、過去の資産(プログラムやデータ)を無視することができず、文字コードの改訂や新規作成のたびに過去の資産との互換性や連続性を考慮する必要に迫られます。過去の版の文字コードに直したい欠点があったとしても、互換性のためにはおいそれと変更するわけにはいかず、欠点ごと新しい版に引き継がれます。そのため、年を経るにつれて過去の影響が澱（おり）のように積み重なり、複雑さが増していってしまいます。何十年も前の文字コードが現役で使われていたり、新しい文字コードに影響を与えていたりということは珍しくありません。

正常な拡張や改訂だけならまだしも、規格に沿わない独自実装が広く使われるとその影響も被ることになりいっそう複雑さが増します。Web開発者であればHTMLやCSSを独自に拡張したり解釈したりする実装の存在に悩まされたことのある方も少なくないと思いますが、それと同様の事情が文字コードにも存在するわけです。

したがって、現在の文字コードの難しさや複雑さを理解するためには、過去にさかのぼって経緯を知る必要があります。

■――文字そのものの難しさ

次に、文字コードが複雑になる二つめの理由として、文字そのものの難しさが文字コードに影響することを挙げます。

文字そのものの難しさとはたとえば、漢字という文字体系であれば、数が多くて網羅することができないとか、微小な字体差をどの程度区別するのが適切か判断が難しいといった問題のことです。

漢字以外の世界の文字体系にもそれぞれ別の難しさがあります。インド系の文字であれば構成要素を合成して表現する必要がありますし、アラビア文字のように1つの文字が語中の文脈に応じて形を変えたり、右から左に向かって文字を並べるといった書字方向の制御を行う必要があったりというケースもあります。

本書ではインド系文字やアラビア文字を扱いませんのでそれらの文字の特性は当面忘れておくことができますが、漢字の難しさというのは漢字を収録した文字コード（つまり、私たちが普段利用している文字コード）に影響を与えており、無関係ではいられません。

▪――文字コードの複雑さを理解するために

過去の経緯の積み重ねや文字そのものの難しさが文字コードにどう影響しているかについては、第2章と第3章の中で実例を通して触れることになります。文字コードを複雑にしているそれらの要因を具体的に知ることは、文字コードを(とりわけ、トラブルになりがちな部分を)理解する助けとなるでしょう。

1.6 まとめ

本章では、コンピュータで文字を扱う基本から始めて、文字コードの基本的な概念を説明しました。コンピュータで文字を扱う上では、文字コードとフォントが大きな役割を果たします。文字コードによって文字をやり取りすると文字の形の細部は伝わらないことは、重要な性質です。

コンピュータで文字を扱うためには、文字の集合を定める必要があり、文字集合の各文字にビット組み合わせを対応付けたものが符号化文字集合(文字コード)です。実用的な符号化文字集合としてISO/IEC 646国際基準版(ASCIIと同等)を紹介し、これを例として文字コードの性質にスポットを当てました。文字コードの重要な原則として、一意な符号化ということを挙げました。ある文字コードにおいて、文字に対応するビット組み合わせ(符号化表現)は一意に決められるべきということです。この原則は後の章でも何度か出てくることになります。一意に符号化されていないことが、文字コードの運用上のトラブルの元になるためです。

最後に、現実の文字コードが複雑になる要因を二つ挙げました。一つは過去の経緯の積み重ねであり、もう一つは文字そのものの難しさです。別の言い方をするならば、複雑な文字コードを理解するためには、過去の経緯も、文字そのものについても知っておく必要が出てきます。

ここから第2章～第4章にわたり、その二点を紐解(ひもと)きながら文字コードの基礎となる部分を見ていくことにしましょう。

第2章 文字コードの変遷

2.1 最もシンプルな文字コード ASCII、ISO/IEC 646 ..... p.23
2.2 文字コードの構造と拡張方法を定める ISO/IEC 2022 ..... p.25
2.3 2バイト符号化文字集合の実用化 JIS X 0208、各種符号化方式 p.33
2.4 1バイト符号化文字集合の広がり ISO/IEC 8859、Latin-1 ..... p.36
2.5 国際符号化文字集合の模索と成立 Unicode、ISO/IEC 10646 ..... p.38
2.6 まとめ p.42

現在の文字コードのありようには、過去の経緯の積み重ねが大きく影響しています。本章では、現在の文字コードの姿を理解するために必要なだけの歴史を概観することにし、細々とした年代や馴染みの薄い規格などは思い切って省きました。技術動向の大きな流れを把握することを目的としましょう。

文字コードの歴史は、それだけで独立した本になるほどの深い内容を持っています。詳しく知りたい読者は、下記2冊の優れた研究にあたってください。

- 三上 喜貴『文字符号の歴史　アジア編』（共立出版、2002）
- 安岡 孝一、安岡 素子『文字符号の歴史　欧米と日本編』（共立出版、2006）

本章では、歴史を知る上で重要な以下の文字コードを順に取り上げます。

- ASCII、ISO/IEC 646
- ISO/IEC 2022
- JIS X 0208（＋各種の文字符号化方式）
- ISO/IEC 8859、Latin-1
- Unicode、ISO/IEC 10646

本章に登場する符号化文字集合は第3章で、文字符号化方式は第4章で、それぞれ詳しく説明します。

なお、本章以降、文中でさまざまな規格に言及する機会がありますが、本書では規格番号を記す際は原則的に最新の番号を用います。制定された後で番号が変わった規格もありますが、煩雑さを避けるため、古い番号については基本的に記さないことをお断りしておきます。たとえば、現在のJIS X 0201という規格はかつてはJIS C 6220という規格番号でしたが、本書では一貫してJIS X 0201という最新の番号を使って呼びます。

2.1 最もシンプルな文字コード ASCII、ISO/IEC 646

現在の文字コードのルーツといえるASCIIを取り上げ、またASCIIを各国・地域の都合に合わせてカスタマイズした変種を紹介します。

7ビットの1バイトコードで文字を表すASCII

最も基本的な文字コードは、1960年代にアメリカの規格として開発されたASCIIです[注1]。ASCIIという名称はAmerican Standard Code for Information Interchangeの略です。

ASCIIは7ビットの1バイトコードです。すなわち、全部で128の符号位置があります。ただし、ASCIIはこれら全部を文字に割り当てるのでなく、`0x00`から`0x1F`までの位置は制御文字に割り当てています。

ASCIIは第1章で例として取り上げたISO/IEC 646国際基準版(1991年版)と同等の符号化文字集合ですので、文字とビット組み合わせの対応付けは第1章の図1.4を参照してください。

ASCIIはアメリカで開発されただけあって、英語を表現するのに必要なだけの文字を収録しています。また、通貨記号として`$`(ドル記号)を含んでいます。

ASCIIの各国用の変種　各国語版ISO/IEC 646

ASCIIをそのまま使うのでは、アメリカ以外の国・地域では何かと不都合があります。たとえば、通貨記号としてドルしかないのは不便なので、自国の通貨記号を入れたくなるのはもっともなことです。また、ヨーロッパの国々から見れば、アクセント記号などの付いたアルファベットがない

注1　ASCIIとは異なる系統の文字コードとして、メインフレームで使用されるEBCDIC(エビシディック)やその拡張もありますが、本書では扱いません。

ため、自国語がまともに表現できないという不便もあります。

そこで、ASCIIの一部の文字や記号を別のものに取り替えて、各国用の文字コードを作るということが行われました。

各国版のための基本的な枠組みは、ISO/IEC 646という国際規格において用意されました。ISO/IEC 646はASCIIをベースにして、各国の都合に応じて文字を変更してもよい符号位置がどことどこであるかを定めています。**図2.1**に、各国版で自由に定義できる符号位置を示した表を掲げます。図2.1の表を基本符号表(*Basic Code Table*)といいます。基本符号表において、文字の埋まっている符号位置は指定された文字そのものを用い、★で示した部分には各国版で文字を定めることが可能とされています。ただし、符号位置2/3は#(番号記号)か£(ポンド)のいずれか、2/4は¤(不特定通貨記号)[注2]か$(ドル記号)のいずれかを選ぶことになっています。

注2　通貨を意味する汎用の記号。

図2.1　ISO/IEC 646基本符号表

				b7	0	0	0	0	1	1	1	1
				b6	0	0	1	1	0	0	1	1
				b5	0	1	0	1	0	1	0	1
b4	**b3**	**b2**	**b1**		0	1	2	3	4	5	6	7
0	0	0	0	0			SP	0	★	P	★	p
0	0	0	1	1			!	1	A	Q	a	q
0	0	1	0	2			″	2	B	R	b	r
0	0	1	1	3			#／£	3	C	S	c	s
0	1	0	0	4			¤／$	4	D	T	d	t
0	1	0	1	5			%	5	E	U	e	u
0	1	1	0	6			&	6	F	V	f	v
0	1	1	1	7			'	7	G	W	g	w
1	0	0	0	8			(	8	H	X	h	x
1	0	0	1	9			)	9	I	Y	i	y
1	0	1	0	10			*	:	J	Z	j	z
1	0	1	1	11			+	;	K	★	k	★
1	1	0	0	12			,	<	L	★	l	★
1	1	0	1	13			-	=	M	★	m	★
1	1	1	0	14			.	>	N	★	n	★
1	1	1	1	15			/	?	O	_	o	DEL

※ISO/IEC 646:1991に基づいて筆者作成。

ISO/IEC 646とJIS X 0201

この枠組みに従って、各国版のISO/IEC 646が作られることになりました。各国版のISO/IEC 646はそれぞれの国の標準化団体によって規格化され、イギリス、フランス、ドイツ、スウェーデン等、さまざまな国で開発されています。

日本でも開発され、日本版のISO/IEC 646は日本工業規格のJIS X 0201として標準化されました。この符号化文字集合(JIS X 0201)には、ASCIIと比べて以下の2ヵ所に違いがあります。

- 符号位置5/12(16進で`0x5C`):ASCIIでは\(バックスラッシュ)なのが、¥(通貨の円記号)に
- 符号位置7/14(16進で`0x7E`):ASCIIでは~(チルダ、スペイン語などでアルファベットの上に付ける波形の記号)なのが、‾(オーバーライン、上付きの直線)に

また、ISO/IEC 646には国際基準版(*International Reference Version*)という、どこの国でもないバージョンが作られました。現在(1991年版)では図1.4に示した形、すなわちASCIIと同じものになっていますが、規格化当初は2/4の位置(`0x24`)が$(ドル記号)でなく¤(不特定通貨記号)になっていました。

ISO/IEC 646の各国版ができると、国の中ではその国用にカスタマイズされたISO/IEC 646を使えばいいのですが、複数の言語を混在させたいときに困ることになりました。ドイツにはドイツ語に対応した、フランスにはフランス語に対応したバージョンのISO/IEC 646がありますが、ドイツ語とフランス語を混在させることはこのままではできないのです。この後、いかにして多国語を同時に扱うかという技法が発展していくことになります。

2.2 文字コードの構造と拡張方法を定める ISO/IEC 2022

各国語版のISO/IEC 646で、複数の言語を同時に扱えないという問題が顕在化しました。それを解決する新たな枠組みとして、ISO/IEC 2022が登

場します。ISO/IEC 2022は、さまざまな文字コードの基礎を提供する重要な役割を果たします。

ISO/IEC 2022の登場　8ビットコード、2バイトコード

7ビットのASCIIに始まった文字コードを拡張するための枠組みとして確立されたのが、**ISO/IEC 2022**です。これにより8ビットコードや2バイトコードが可能になり、また複数の符号化文字集合を組み合わせて用いることが可能となっています。

8ビットコードは第8ビットも用いる文字コードであり、**2バイトコード**は2つのバイトで1文字を表す文字コードです。

ISO/IEC 2022は、世界のさまざまな文字コードに基礎を提供する重要な役割を果たすようになりました。本書で取り上げるJISやISOの文字コード規格は、ISO/IEC 10646を除いてすべてISO/IEC 2022に準拠しています。

ASCIIを拡張する

ASCIIを基本形としてできた、さまざまな文字コードを拡張して取り扱うための方式がISO/IEC 2022として開発されました。この国際規格は、文字コードの一般的な構造と拡張法とを定めるものです。この規格を用いると、先に例として挙げたドイツ語とフランス語を混在させる、あるいは日本語と中国語を混在させるといったことが可能になります。各国の符号化文字集合は、この規格に整合的に設計されています。文字コードを理解するうえで重要なので、ここでISO/IEC 2022の概要に触れておきます。

ISO/IEC 2022は数度の改訂を経ており、元々の姿は今のものとは幾分違うものでしたが、本書では最新版に基づいて説明します。

また、本章では、第3章と第4章の内容を理解するのに必要な基本概念だけの説明にとどめます。ISO/IEC 2022にはもっと複雑な機構や制約もあり、全貌を把握するのは容易ではない一方、一般の開発者がすべてを知る必要性は高くありません。もう少しだけ詳しい説明をAppendixに記していますので、興味のある方は参考にしてください。

8ビットの使用　ISO/IEC 2022の枠組み、CL/GL、CR/GR

ASCIIは7ビットで文字を表しますが、ISO/IEC 2022の枠組みに則った符号は、8ビットを使うこともできます。

8ビットの符号表は、ASCIIのような7ビットの符号を横に2つ並べた格好をしています(**図2.2**)。表の各マス目にはビット組み合わせが対応します。たとえば、列10の行1(10/1のように略記します)という位置には`10100001`、すなわち16進表記で`0xA1`というビット組み合わせが対応します。列0から列7までが、ASCIIで使用している範囲です。

0/0から1/15の位置(16進では`0x00`から`0x1F`)に制御文字が配置されているのと同じく、8/0から9/15(`0x80`から`0x9F`)までは制御文字の領域となっています。10/0から15/15(`0xA0`から`0xFF`)までが図形文字の領域です。

図2.2の左半分(すなわち第8ビットが`0`のコード範囲)のうち、制御文字の入る領域は**CL**、図形文字の領域は**GL**と呼びます。Cはcontrolの、Gはgraphicの頭文字です。Lはleftを意味します。同様に、右半分(第8ビット

図2.2　8ビット符号表

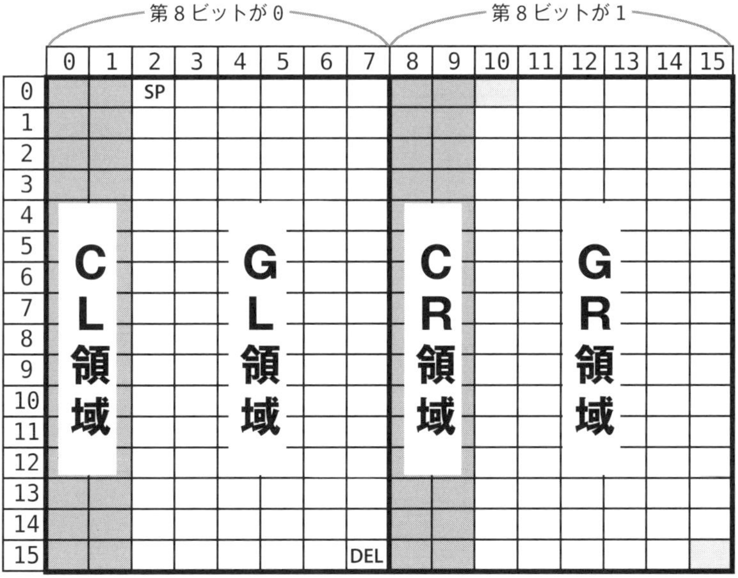

第8ビットが0
第8ビットが1
0 1 2 3 4 5 6 7 8 9 10 11 12 13 14 15
0 1 2 3 4 5 6 7 8 9 10 11 12 13 14 15
SP
DEL
CL領域
GL領域
CR領域
GR領域

が1のコード範囲)の制御文字領域はCR、図形文字領域はGRと呼びます。Rはもちろんrightの意味です。

8ビット符号表の左半分と右半分が同じ格好になっているため、ASCIIと同じ構造を持つ符号化文字集合を図2.2の右半分にも置くことができます。

したがって、ASCII同様に2/1から7/14までの範囲に図形文字を配置した文字コード表をいくつも定義しておけば、図2.2のGL領域やGR領域へと必要に応じて差し替えて使うことができます。ちょうど、差し込み口の共通化された部品を好きなように取り替えて使うイメージです。

ASCIIと同じ構造を持つ符号化文字集合を適宜GLやGRに呼び出して、必要に応じて取り替えつつ使うのがISO/IEC 2022の基本的な概念です。

▪——符号化文字集合の呼び出しの概念

図2.3に符号化文字集合の呼び出しの概念を図示します。図2.3の例では、GL領域は文字集合1を呼び出したまま固定された状態になっており、GR領域は文字集合2と文字集合3とを制御文字によって切り替えつつ使うとい

図2.3　符号化文字集合の呼び出しの概念

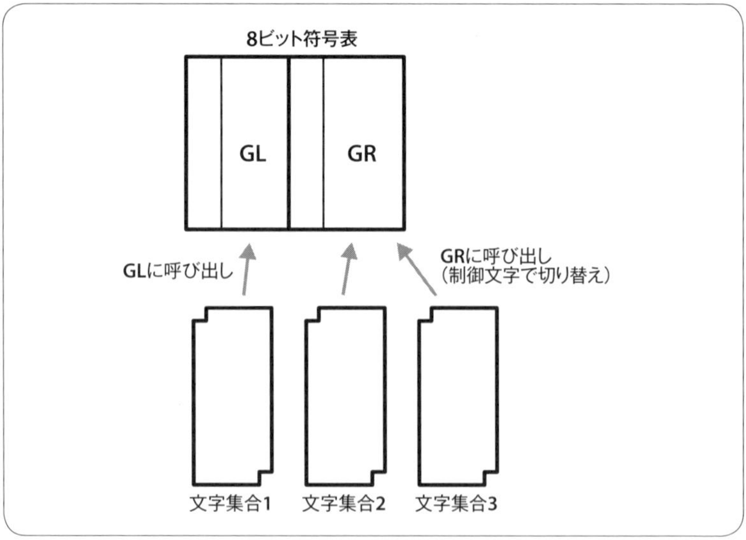

うことになります。したがって、第8ビットが`0`のバイトは文字集合1の文字を表すのに使われ、第8ビットが`1`のバイトは文字集合2または文字集合3の文字を表します。

「GLに呼び出す」「GRに呼び出す」といった表現は、本書においてこの後何度も出てくることになります。

なお、8ビットコードが使用できるといっても、必ず8ビットでなければならないわけではなく、使用環境の都合に応じて7ビットコードを用いてもかまいません。その場合、GR領域とCR領域は使わないことになり、GL・CLのみに文字集合を呼び出す格好になります。

複数バイト文字集合

ASCIIと同じ構造を持つ符号化文字集合を適宜取り替えて使用することによって、さまざまな文字集合に対応できることになりました。しかし、ASCIIと同じ構造では、図形文字として`0x21`から`0x7E`までの94文字(または`0x20`と`0x7F`を使用しても96文字)しかありません。これでは、漢字のように文字数の多い文字体系の符号化文字集合を定義することはできません。

そこでISO/IEC 2022では、複数バイトの符号化文字集合(**複数バイト文字集合**)を扱うこともできるようになっています。複数バイト文字集合とは、2バイトや3バイトを合わせて1文字の表現に用いるものです。各バイトはASCIIの図形文字と同じコード範囲、つまり`0x20`から`0x7E`までを用います。したがって、2バイトあれば94 × 94で最大8,836文字収録できます。理論的には何バイトでも良いのですが、実際に使われているのは**2バイト符号化文字集合**がほとんどです。「2バイト符号化文字集合」という言葉は長いので、**2バイト文字集合**や**2バイトコード**のように短く呼ぶことがしばしばあります。また、2バイトコードで表現される文字を**2バイト文字**、**マルチバイト文字**と呼ぶことがあります。後者の場合は3バイト以上も含むことになります。

94 × 94の符号化文字集合は、第1・第2バイトそれぞれのコード値はASCIIと同じ範囲に収まっており、ただし、1文字の表現に2バイトを使う格好になります。2バイト符号化文字集合を図示するのには、しばしば

図2.4のような立体的な図が使われます。2バイト文字集合は、図2.2のGL領域やGR領域に呼び出して使うことが可能です（図2.5）。

符号化文字集合の組み合わせ・切り替え

8ビットの符号表の左半分と右半分にASCIIと同じコード範囲の符号化文字集合を呼び出して適宜切り替えつつ使うのが、ISO/IEC 2022の基本概念であることを説明しました。たとえば、ドイツ用とフランス用のそれぞれの符号化文字集合を切り替えて使うことができます。これにより、ISO/IEC 646のドイツ版にあるウムラウト付きの文字öと、フランス版にあるアクサン付きの文字éの両方を含むテキストを符号化することが可能になります。

ISO/IEC 2022とエスケープシーケンス

では、具体的にどのようにすれば文字集合をGLやGRに呼び出せるのか、その決まりが必要になります。

もちろんISO/IEC 2022は符号化文字集合を具体的に呼び出す方法を定め

図2.4　2バイト符号化文字集合

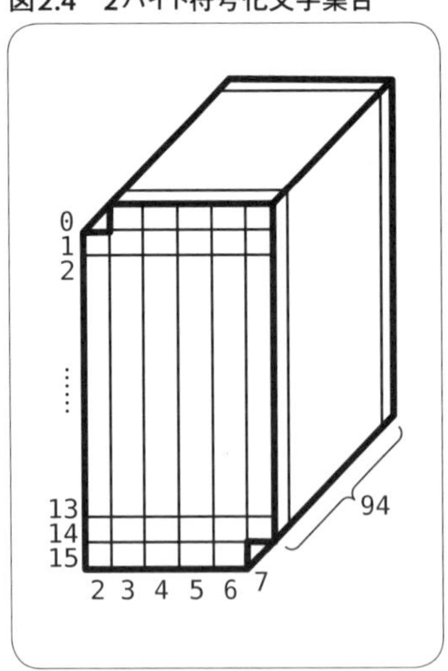

図2.5　2バイト符号化文字集合の呼び出し

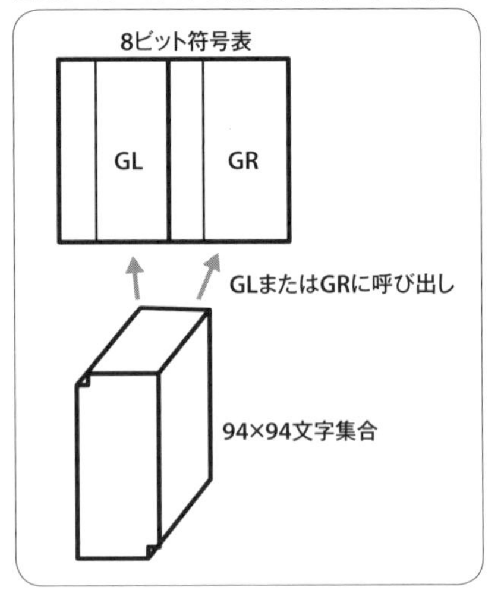

ています。文字集合の切り替えのためには制御文字を使います。とくに、**ESC**(16進で`0x1B`)から始まる文字列すなわち**エスケープシーケンス**を使うことはISO/IEC 2022の特徴としてよく知られています。

例として、エスケープシーケンスを使い、二つの符号化文字集合を切り替えてテキストを表現したときのバイト列の様子を**図2.6**に示します。使用している文字集合は、ISO/IEC 646のドイツ版とフランス版です。ここでエスケープシーケンスの詳細は気にしなくてかまいません。文字集合の切り替えについてのイメージを摑む(つか)ことができれば十分です。

念のため付け加えると、図2.6で`0x7C`というコード値がöを表すのはISO/IEC 646ドイツ版だからのことであり、フランス版では同じ値がùという文字、国際基準版では|という記号に対応します。エスケープシーケンスによる指定が適切でないと違う文字に化けてしまうということです。

2022≠エスケープシーケンスによる切り替え

エスケープシーケンスの使用が有名であるためか、「2022＝エスケープシーケンスによる切り替え」という理解がときおり見られますが、2022の応用においてエスケープシーケンスの使用は別段必須ではありません。特定の文字集合をGLやGRに呼び出した状態に固定して使うのならエスケープシーケンスの出る幕はありませんし(**図2.7**)、切り替えのためにエスケープシーケンス以外の制御文字を使うこともあります。ISO/IEC 2022の応用例ではあってもエスケープシーケンスを用いていないものとして、たとえば日本でよく使われている符号化方式のEUC-JPがあります。

図2.6　エスケープシーケンスによる切り替えの例

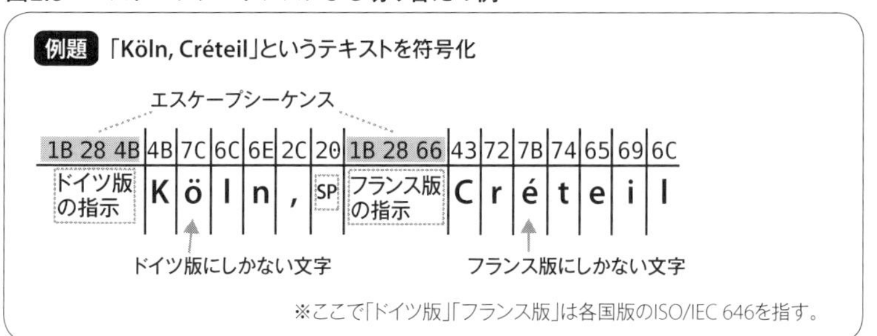

■――ISO/IEC 2022と符号化方式

ISO/IEC 2022を利用すれば、エスケープシーケンスの使用の有無にかかわらず、複数の符号化文字集合を組み合わせた運用方式を定義できます。こうした運用方式のことを**符号化方式**ともいいます(第4章参照)。この用語を使っていえば、ISO/IEC 2022とは符号化方式を定めるための枠組みだということもできます。

ISO/IEC 2022により、理論的には世界中の任意の符号化文字集合を組み合わせて使用する枠組みが確立されました。たとえば、東アジア各国の規格として、日本の漢字、中国の簡体字、韓国のハングルのそれぞれの符号化文字集合が定義されていれば、それらを切り替えつつ使用するといったこともISO/IEC 2022の枠組みの中で実現可能です。

とはいうものの、世界中の文字集合を組み合わせて扱う符号化方式が実際に作られて広く使われるようになったかというと、そうではありません。当時(1970～1980年代)のコンピュータの処理能力や記憶装置の容量といった制約もありますし、世界中の文字を一手に扱うという需要が当時はまだ

図2.7　エスケープシーケンスを使わずに文字集合を組み合わせる例

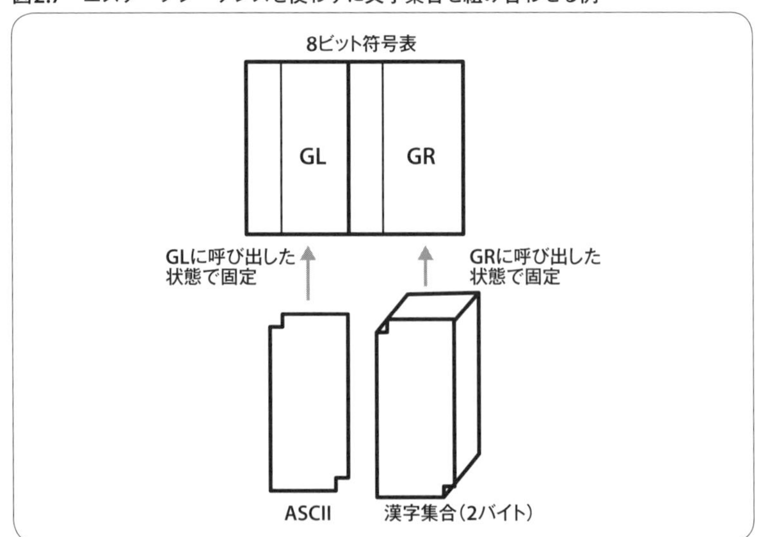

あまりなかったという事情もあるでしょう。国際的な符号化方式の試みとして、日本・中国・韓国・西ヨーロッパ・ギリシャといった多数の符号化文字集合をエスケープシーケンスによって切り替えて使う符号化方式が提案されており（RFC 1554として公開されたISO-2022-JP-2）、実際に実装したソフトウェアもありますが、大きな流れに至ったとはいえません。

ISO/IEC 2022の代表的な応用例を見ると、「ASCII＋自国用の文字集合」といった程度の限定された適用範囲のための枠組みとして使われることが多いようです。

2.3 2バイト符号化文字集合の実用化
JIS X 0208、各種符号化方式

2バイト符号化文字集合は東アジアで実用に供され、漢字圏における情報処理に多大な貢献を果たすことになります。しかし、2バイト文字集合単独での使用には課題があり、1バイト文字集合との組み合わせによる運用が普及していきます。

JIS X 0208 漢字を扱う

ISO/IEC 2022に則った2バイト符号化文字集合は、1970年代後半から実際に策定・実用化され始めました。その先駆けとなったのが、1978年に制定された日本のJIS X 0208です。一般に「JIS第1・第2水準漢字」あるいは単に「JIS漢字」と呼ばれている漢字集合の符号を定めるのがこの規格です。

ISO/IEC 2022に準拠した構造の2バイト文字集合には、94×94すなわち8,836の符号位置があります。8,836というのはどの程度の数でしょうか。たとえば、常用漢字は2,136文字ですから、常用漢字の4倍以上の文字が収容できる符号空間は日常の文章やビジネス文書のためとしてなら決して狭いとはいえないでしょう。最新版である2012年版のJIS X 0208は6,879文字を収録しています。

JIS X 0208は、漢字だけでなく、平仮名、片仮名、ラテン文字、ギリシャ文字、キリル文字[注3]、算用数字、各種記号類といったさまざまな文字を含んでいます。漢字のための符号化文字集合であるかのような顔をしながら実は異なる文化圏の文字種をも包含しており、ある程度の多言語化を指向しているともいえます。

漢字を収録する文字コード(符号化文字集合)をとくに「漢字コード」と呼ぶこともあります。

各種「符号化方式」の成立

JIS X 0208は先に述べた1バイトコードのASCIIやJIS X 0201と同様にラテン文字や算用数字を含んでいますが、バイト単位で見たときには既存の1バイトコードの上位互換でありません。つまり、どちらの符号化文字集合も同じ「ABC」という文字列を符号化することは可能ですが、この文字列を表すバイト列を比較した結果は異なるということです(**図2.8**)。1文字を表す単位が、かたや1バイト、かたや2バイトなのですから当然のことです。

■——1バイトコードに2バイトコードを組み合わせたい

元々ASCIIなりJIS X 0201なりで運用されていたシステムでは、既存のプログラムはラテン文字や数字等を1バイトで表現することが前提となっています。たとえば、プログラムを読み込むインタープリタやコンパイラは、プログラムが1バイトコードで符号化されているものとして実装されてい

注3　ロシア語などの表記に使用される文字。

図2.8　1バイトコードと2バイトコードの非互換

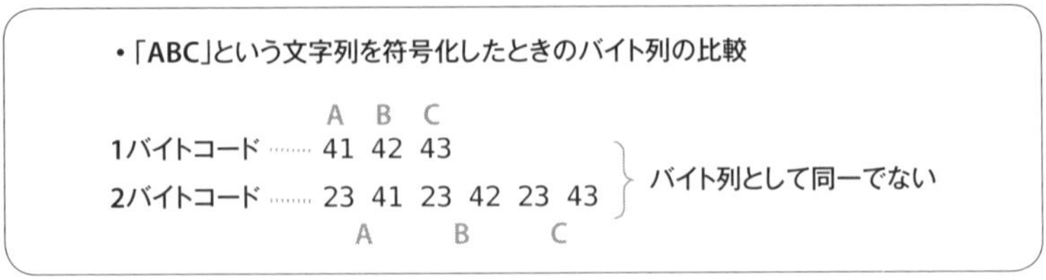

・「ABC」という文字列を符号化したときのバイト列の比較

```
                   A  B  C
1バイトコード …… 41 42 43            ┐
2バイトコード …… 23 41 23 42 23 43   ┘ バイト列として同一でない
                    A     B     C
```

ます。そうした資産をすべて捨て、1バイトコードをやめて2バイトコードに移行することは現実的ではありません。したがって、1バイトコードで表現できる文字は従来どおりに1バイトのコードで扱い、追加で2バイトの漢字も扱えるようにするという運用方法が必要となります。

▪——Shift_JISやEUC-JP、ISO-2022-JPの登場

このため、JIS X 0208をASCIIやJIS X 0201といった1バイトコードと組み合わせて運用する方式が開発され、広く普及しました。よく知られているShift_JISやEUC-JP、ISO-2022-JPはそうした**符号化方式**です。これらの符号化方式の中には、ISO/IEC 2022という国際的に共通化された枠組みに則っているものもあれば、そうでないものもあります。EUC-JPやISO-2022-JPはISO/IEC 2022に整合的ですが、Shift_JISはそうではありません。

東アジアでの普及

日本でJIS X 0208という漢字コードが作られたあと、1980年代にかけて、中国や韓国、台湾といった他の漢字圏の国・地域でも同様の2バイトコードが策定されていきました。

中国では簡体字、韓国ではハングルと漢字、台湾では繁体字と、各国・地域の事情に合わせた符号化文字集合として設計されています。

単に2バイトであるという点だけが共通なのでなく、ラテン文字やギリシャ文字なども含むという点や、文字コード表の中の配置の仕方など、多くの点でJISと共通した特徴を持っています。

これらの国・地域でもやはり、2バイトコードを単独で用いるのでなく、ASCII等の1バイトコードと併用するための各種の符号化方式が開発されました。日本のEUC-JPやShift_JISに相当するような符号化方式です。そうした符号化方式は今日でも使われています。

東アジア各国・地域の文字コードに関しては、Appendixに概要を付記していますので必要に応じて参照してください。

2.4 1バイト符号化文字集合の広がり ISO/IEC 8859、Latin-1

必要とする文字数が比較的少ないヨーロッパの言語を書き表すための文字コードとしては、8ビットの1バイトコードが普及していきます。

しかし、1バイトではヨーロッパ全域の文字を網羅することはできないため、ヨーロッパ内の各地域ごとを対象とした1バイトコードがいくつも作られていくことになりました。

ヨーロッパ各地域向けの文字コード

2バイトコードが普及したのは、漢字やハングルといった文字数の多い表記体系を用いる東アジア圏の国々・地域に限られます。

対してヨーロッパでは、ISO/IEC 2022に則った構造をとる8ビットの1バイトコードによって、ヨーロッパ内のまとまった地域(西ヨーロッパ、東ヨーロッパ、北ヨーロッパ等)で使われる文字をそれぞれ一つの文字集合に収めて扱う方法が開発されました。これにより、文字集合の切り替えなしに複数の国・地域の言語を書き表すことができます。

■—— ISO/IEC 8859、ISO/IEC 8859-1、Latin-1

ISO/IEC 8859は、GL領域にはASCIIを用い、GR領域に各地域に応じた文字集合を割り当てる形態の8ビットの1バイトコードです(**図2.9**)。GR領域では、符号位置10/0(`0xA0`)と15/15(`0xFF`)も使用しています。図2.9でGRに呼び出している文字集合の形がASCIIのものと異なり左上と右下が欠けていないのは、この2つの符号位置を使用していることを表しています。

16進表記でいえば、`0x20`から`0x7F`の範囲はASCIIそのものであり、`0xA0`から`0xFF`までのバイト値で地域ごとに使われる文字を表すということになります。

ISO/IEC 8859という規格は単一の符号化文字集合だけを定義しているの

ではなく、複数のパート注4に各地域ごと向けの文字集合を定義した、一種のシリーズものの規格となっています。

たとえばISO/IEC 8859-1という文字コードは、西ヨーロッパ各国の言語を表すことができます。英語だけでなく、ドイツ語、フランス語、スペイン語、ポルトガル語、イタリア語、アイスランド語等で使われる文字を収録しています。この文字コードはLatin-1という通称でも知られています。現在でも欧米を中心に使われています。

1バイト文字集合の乱立

この要領で東ヨーロッパ、北ヨーロッパといった地域、あるいはギリシャやトルコといった国ごとに対応した文字コードを作っていきました。ISO/IEC 8859は10以上のパートが作られています。その多くはヨーロッパ向けです。

ISO/IEC 8859により、国境を越えた情報交換が容易になりました。図2.10に、ドイツ語とフランス語を混在する例を示します。図2.6の例と

注4　ISOやJISでは、同じ規格番号の下に第1部、第2部といった複数のパートを設けて細分化していることがあります。通常、規格番号の後ろに-(ハイフン)でパート番号を付けて表します。

図2.9　ISO/IEC 8859の構造

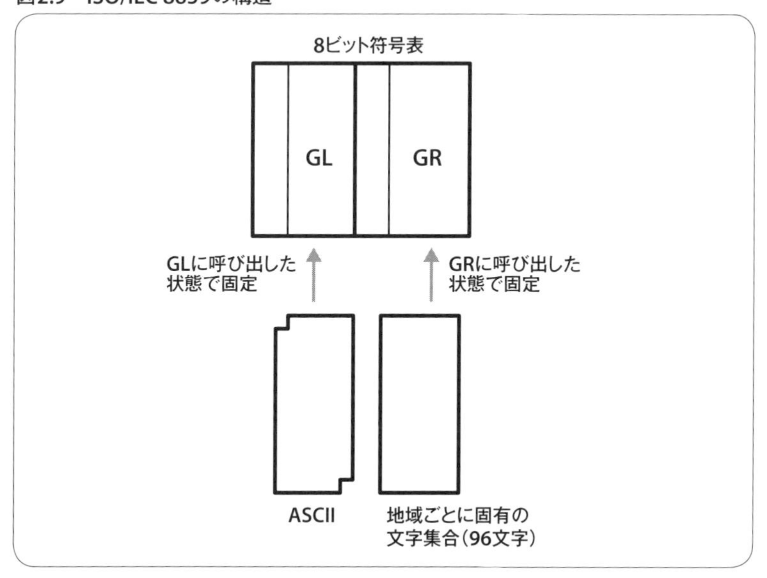

比較して、エスケープシーケンスが不要になっていることがわかります。

もっともこの方法では、文字集合を分ける単位を、ISO/IEC 646の時代には「国」であったものをもう少しだけ大きな「地域」へと広げたに過ぎないという見方ができます。たとえば、フランスとドイツのように西ヨーロッパという一つの域内ではLatin-1という単一の文字コードで済みますが、西ヨーロッパと東ヨーロッパの文字を一つのテキストに混在させたいという要求に応えることはできないのです。もし混在させたいなら、相変わらず文字集合の切り替えが必要になってしまいます。

2.5 国際符号化文字集合の模索と成立 Unicode、ISO/IEC 10646

符号化文字集合の組み合わせや切り替えによって多言語化を図るアプローチに代えて、一つの大きな符号化文字集合で世界中の文字をカバーするという構想が計画され、実行に移されます。しかし、その道のりは紆余曲折を経たものとなってしまいました。

世界中の文字を一つの表に収める

国際的な経済活動の活発化やコンピュータの処理能力の増大といった背景もあってか、国や地域ごとではなく、世界中の文字を一つの文字集合に収めた文字コードを作る機運が高まりました。すなわち、文字集合の組み合わせや切り替えといった機構を必要としない、単一の国際的な符号化文字集合を作るということです(図2.11)。

図2.10 ISO/IEC 8859-1によってドイツ語とフランス語を混在

例題 「Köln, Créteil」というテキストを符号化

4B	F6	6C	6E	2C	20	43	72	E9	74	65	69	6C
K	ö	l	n	,	SP	C	r	é	t	e	i	l

■── ISO/IEC 10646とUnicodeの誕生と統合

これまでにも主要な文字コードの標準化が行われてきたISOで、国際符号化文字集合の開発が開始されました。10646という規格番号が与えられています(ISO/IEC 10646)。

当初計画されていた国際文字コードは、ISO/IEC 2022に基づいてこれまでに開発されてきた符号化文字集合との互換性を極力保とうとしたものでした。基本的に、4バイトで1文字を表す符号です。漢字については、日本や中国等で作られた既存の符号化文字集合をコピーしてそれぞれ別領域に収容する格好です。

ところが、同時期にコンピュータ関連企業のグループがUnicodeという同様の目的を持つ国際文字コード仕様を開発し始めました。こちらは既存規格との互換性は比較的乏しく、16ビット(すなわち2バイト)の固定幅で1文字[注5]を表現するものでした。漢字については日本・中国・韓国・台湾の漢字コード規格を統合し、形の差が小さく同一とみなせる漢字を一つに

注5　厳密には、普通に思い浮かべるような「1文字」に常に相当するとは限りません。アクセント記号付きの文字などを構成要素の組み合わせによって表現できるという問題があるためです。ただし、本章では便宜上「1文字」と記します。

図2.11　国際符号化文字集合の概念

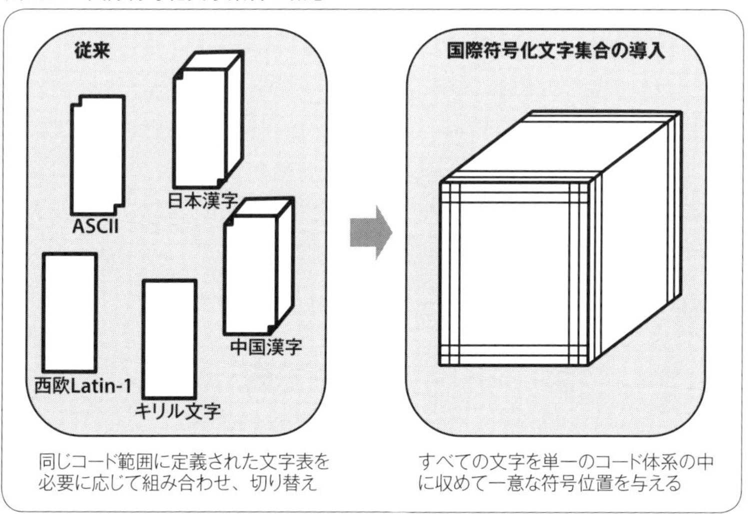

まとめた上で、まったく新たに配列し直すというものです。

ISOと企業グループとで同じ目的の異なる国際文字コードが並立することは望ましくないため、両者を統合する作業が行われました。

この結果、元々のISO/IEC 10646の案は大きく変更され、Unicodeの設計が取り入れられる形になりました。4バイトという建前は残しつつ、16ビット固定というUnicodeの設計を反映して下位2バイトの領域の中にすべての文字を配置した、実質的に2バイトの符号化文字集合として作成されたのです。10646には**4バイトコード**とそのサブセットである**2バイトコード**とがありますが、後者がUnicodeそのもので、前者は後者に`0000`という上位2バイトをただ付けただけのものとなってしまいました(**図2.12**)。

ISO/IEC 10646の最初の版が制定されたのは1993年のことです。

Unicodeの拡張と各種符号化方式の成立 UTF-16、UTF-8

ほどなくして、16ビットすなわち最大65,536文字では、世界中の文字を収めるには不十分であることが誰の目にも明らかになり、Unicodeの16ビット固定という方針はあえなく破綻してしまいます。初版のISO/IEC 10646ではまったく使用されていなかった、上位2バイトが`0000`以外のコード範囲にも文字を配置するよう拡張する必要が生じたのです。

この拡張部分を使用するためには、当初から10646に定義されている4バイトの表現を使うという手段がもちろん用意されています。しかし、Unicodeの元々の形である16ビットの符号をあっさり捨ててしまうことはできません。従来の16ビットのUnicodeと互換性を保ったまま、拡張部分の文字を扱う手段を設けることになりました。

Unicodeの中で文字が割り当てられていない未使用の領域の16ビットの符号単位を2つ並べることで、拡張部分の1文字を表現する符号化方式が開

図2.12 ISO/IEC 10646の4バイトコードと2バイトコード

	世	界
4バイトコード	00 00 4E 16	00 00 75 4C
2バイトコード	4E 16	75 4C

発されたのです。これをUTF-16といいます。

また別の表現方法として、ASCIIとバイト単位で互換となるよう計算式によって変形を施したUTF-8という可変長の符号化方式も開発され、広く使われています。ASCIIとの互換性はいつになっても求められるわけです。

現在では、単にUnicodeといっただけでは文字のバイト表現が一意に決まるのではなくなっており、用途に応じてUTF-16やUTF-8などの適当な符号化方式を選択して使用するようになっています。

国際符号化文字集合の現状

ISO/IEC 10646が制定されて以降、UnicodeとISO/IEC 10646はあくまでも別個の規格でありながら、互いに同一の文字コード表となるように改訂されています。つまり、Unicodeの文字コード表に文字が1つ追加されればISO/IEC 10646の同じ符号位置に同じ文字が追加される、逆もまた同様という関係です。文字の追加は頻繁に行われ、現在では10万字を超えています。

10646/Unicodeはすでに世界の主要な経済圏の文字の収録を完了しており、現在は歴史的な文字や使用者の少ない文字などの収録に取り組んでいます。

実際の利用という側面を見ると、世界中の文字が表現できるUnicodeができたからそれ以後はすべてUnicodeに移行したかというと、必ずしもそうではありません。世界各地ではこれまでにさまざまな文字コードが開発・使用されており、それらに基づいた資産が蓄積されています。過去の資産すなわちプログラムやデータを新たな文字コードに対応するよう移行することは時として困難であり、またそうする必要がない場合もあります。Unicodeは拡張を繰り返した結果として大規模かつ複雑なものになっており、Unicodeの導入が新たな問題の導入につながることもあります。

ISO/IEC 10646が国際標準として制定された後も、世界では各国・地域用の文字コード規格が開発・維持されています。日本ではJIS X 0208に足りない文字を補完する拡張規格(JIS X 0213、後述)が2000年に制定されており、また、中国では既存の2バイトコードとの互換性を維持しつつ、最大4バイトに拡張して多数の文字を収容できる文字コードが国家標準として策定されています[注6]。香港でも、既存のコードに独自に文字を追加した文字コードが香港特別行政区の政府によって開発されました[注7]。

これらの文字コードは、Unicodeにない文字については追加提案を行うという形でISOないしUnicodeとの協調を図っています。

■── Unicodeの使用状況　OSの内部コードやWebページと、その他の状況

OSの内部コードやWebページのテキストなど、用途によってはUnicodeの使用が進んでいます。しかし、すでに作成されたテキストデータやUnicode以外のコードを前提に作られたプログラムといった過去の資産もあります。したがって、各国・地域ごとの文字コードとUnicodeとが併存し必要に応じて相互に変換して使用する必要があり、今後しばらくその状況は変わらないものと考えられます。

2.6 まとめ

以上、駆け足でしたが、概観してきた文字コードの歴史で、現在に至る文字コード変遷の大きな流れは見えてきたでしょうか。

今日の文字コードのルーツは7ビットのASCIIで、その各国用の変種が、ISO/IEC 646の各国版という形で存在しています。

ASCIIをベースとした文字コードを拡張するための枠組みとして登場したのが、ISO/IEC 2022です。これによって8ビットコードや2バイトコードが導入され、また複数の符号化文字集合を組み合わせたり切り替えたりして運用する方法が開発されました。

2バイト符号化文字集合は日本のJIS X 0208をはじめ、漢字を用いる東アジアの国々・地域において各国・地域の事情に合わせたものが生まれました。

また、2バイト符号化文字集合をASCIIのような既存の1バイト符号化文字集合と組み合わせて運用する、EUC-JPやShift_JISなどといった符号化方

注6　2000年に制定されたGB 18030。

注7　1999年に制定されたHKSCS。

式が開発されました。日本で馴染みの深いこれらの符号化方式は、JIS X 0208の漢字を既存の1バイトコードといかに共用するかということから生まれたわけです。

一方、ヨーロッパの言語のためには8ビットの1バイトコードが広く使用され、数多くの1バイトコードが開発されました。これらの代表格がISO/IEC 8859-1、いわゆるLatin-1です。

最後に、世界中の文字をカバーする国際符号化文字集合の成立の経緯を紹介しました。現在ではUnicode(ないしISO/IEC 10646)が世界の主要な文字の収録を完了していて、実際の使用では各国・地域ごとの文字コードとUnicodeとが併存しています。

本章に出てきた主要な文字コード(符号化文字集合、文字符号化方式)は、次の第3章、第4章で改めて詳しく説明します。

Column

字形と字体

本書には「字形」と「字体」という似た用語が各所に出てきます。この二つの用語は意味に違いがあり、使い分けられています。一言でいえば、「字形」は個別具体的、「字体」は抽象的なものです。

「字形」とは、文字を実際に書く(または印刷する、彫る、表示する、……)ことで表現されたものを指します。字形とは1回きりの存在です。たとえば、あなたが「あ」という文字を2回書いたとします。このとき、2つの「あ」には形としてどこかしらに違いがあるはずです。線が微妙に曲がっていたり長すぎたり太かったり角度が違ったりして、ぴったり一致することはないはずです。2つの「あ」それぞれが、一つ一つの字形です。

一方で「字体」とは、文字の骨組みの抽象的な概念です。「あ」は字形としてはさまざまに描かれますが、細部の違いを無視した骨組みとして、頭に思い浮かぶ「あ」という形の概念が字体です。

以上のような「字形」と「字体」という用語はJIS X 0208:1997でも定義されています。

字形と字体という概念は、音声言語とも共通します。あなたが声に出した「あ」と私が声に出す「あ」とでは物理現象の音波としては違いがありますが、聞いた人は物理的な違いを捨象して同じ「あ」という日本語の音だと認識します。これは字形と字体の関係に似ています。

Column

常用漢字表の改正と文字コード

2010年に常用漢字表が改正され、それまでの1,945文字から2,136文字に増えました。ここでは、文字コードから見た改正の影響を説明します。

常用漢字は「一般の社会生活において、現代の国語を書き表す場合の漢字使用の目安を示すもの」とされており、法令や公用文書、新聞、雑誌、放送などが適用範囲となります。

常用漢字表には字種、字体、読みというそれぞれの側面が考えられますが、文字コードに関していうならば、字種と字体が問題になります。とくに、字体をめぐっては大きな議論になりました。

常用漢字に追加された「しかる」という字については「𠮟」の字体が掲出されているのですが、これが最もホットな論点だといえます。「しかる」の字はJIS X 0208では「叱」と「𠮟」が区点位置28-24に包摂されており(例示字体は「叱」)、Unicodeでも3.0[注A]までは「叱」(`U+53F1`)しかありませんでした。しかし、Unicode 3.1のCJK統合漢字拡張B(第3章を参照)において「𠮟」が別の符号位置に追加され、しかも、`U+20B9F`というBMP(第3章を参照)外の符号位置なので問題の種となっています。BMP外の文字は、ソフトウェアによっては正しく扱えないことがあるためです。

Unicodeが「叱」と「𠮟」を分離したことが影響して、JIS X 0213の2004年改正では「表外漢字UCS互換」として「𠮟」が第3水準、面区点位置1-47-52に追加されています。改正常用漢字表の字体に厳密に従うならば、JIS第3水準漢字を実装したソフトウェアでないと新しい常用漢字を正しく扱えず、しかもUnicodeではBMP外の文字を処理できなければならないということになります。

「𠮟」以外で第3水準にある文字としては、「塡」(1-15-56)、「頰」(1-93-90)、「剝」(1-15-94)が常用漢字に追加されています。これらはUnicodeではBMP内にあるので「𠮟」ほど深刻ではありませんが、JIS第2水準までしかサポートしていない環境では扱えず、やはり問題になります。第2水準まででは、「填」(1-37-22)、「頬」(1-43-43)、「剥」(1-39-77)という簡略化された字体しかありません。これらは、83JISにおいて伝統的な印刷字体から変えられた符号位置です。

改正常用漢字表では、情報機器の都合によって、常用漢字表に掲載の通用字体と異なる字体を使っても差し支えないとされています。また、「叱」の件は、本来別字とされる見解を紹介しながらも、使用実態に鑑みて同じ字のデザイン差とみなされています。

JIS X 0213:2012では、附属書12にて改正常用漢字表との対応を掲載しています。

注A URL https://www.unicode.org/versions/enumeratedversions.html

第3章
代表的な
符号化文字集合

3.1　ASCIIとISO/IEC 646　最も基本的な1バイト文字集合 p.47

3.2　JIS X 0201　ラテン文字と片仮名の1バイト文字集合 p.49

3.3　JIS X 0208　日本の最も基本的な2バイト文字集合 p.52

3.4　JIS X 0212　補助漢字 p.68

3.5　JIS X 0213　漢字第3･第4水準への拡張 p.72

3.6　ISO/IEC 8859シリーズ　欧米で広く使われる1バイト符号化文字集合 p.92

3.7　UnicodeとISO/IEC 10646　国際符号化文字集合 p.97

本章では、前章で説明した歴史を踏まえて、おもに日本語の情報処理を行う開発者が知っておくべき主要な符号化文字集合を見ていくことにしましょう。本章は他章に比べて、文字そのものについての言及が多くなります。結局のところ、文字を知らなければ文字コードを知ったことにはなりません。普段あまり馴染みのない文字についても、どのように使われるものなのかを知っておくと理解の助けになるでしょう。

最初に登場するのは、ASCIIと、その派生規格のISO/IEC 646です。ISO/IEC 646はカスタマイズ可能になっていて、これを参照する形で各国用版が作られました。日本版のISO/IEC 646はJIS X 0201で、ASCIIに近い符号化文字集合です。

次に、日本語の情報処理に多大な貢献を果たしたJIS X 0208を取り上げます。JIS X 0208は2バイトで漢字や平仮名、片仮名など多数の文字を符号化する規格です。

JIS X 0208を拡張する規格としては、JIS X 0212とJIS X 0213があります。JIS X 0212は補助漢字、JIS X 0213は漢字第3・第4水準への拡張規格とされ、それぞれ登場の背景も異なり特徴を持つ符号化集合です。これらの符号の構成や文字の内訳、JIS X 0208との関係などを押さえます。

また、欧米で広く使われてきた文字コードとして、ISO/IEC 8859シリーズにも言及しました。この規格群の第1部、通称Latin-1と呼ばれる1バイト符号化文字集合は、現在の文字コードを語る上ではは ずせない存在でしょう。

最後に、世界中の文字を単一の符号化文字集合でカバーすることを目的としたUnicodeとISO/IEC 10646が登場します。符号の構造や、既存の符号化文字集合との関係、漢字の扱い、互換用の文字といった、Unicodeに独特な要素を取り上げます。

3.1 ASCIIとISO/IEC 646
最も基本的な1バイト文字集合

7ビットの1バイトで1文字を表すASCIIとその類似の符号化文字集合は、最もシンプルな文字コードです。本節では、ASCIIおよびISO/IEC 646を取り上げます。

ASCIIとISO/IEC 646国際基準版

第2章で説明したように、ASCIIは現在の文字コードに大きな影響を与えている最も基本的な文字コードです。また、ISO/IEC 646はASCIIを国際化して各国ごとのバリエーションを許すようにした規格です。ISO/IEC 646の規格名称は「Information technology — ISO 7-bit coded character set for information interchange」といいます。

ASCIIとISO/IEC 646国際基準版とは、現在では同じ符号化文字集合です。ASCIIがあくまでもアメリカの規格なのに対し、ISOは国際規格です。一国の国内規格であるASCIIよりも国際規格のほうが参照しやすいためか、JISからASCII相当の文字コードに言及する必要があるときはISO/IEC 646国際基準版が参照されています。「ISO/IEC 646国際基準版」という言葉を見たら、それはASCIIのことだと思って差し支えありません。

ASCIIの文字コード表は第1章の図1.4で紹介しましたので、そちらを参照してください。

とくに注意すべき点としては、符号位置7/14（16進で`0x7E`）の文字があります。これは~（チルダ）ということになっていますが、この符号位置は歴史的にはチルダと¯（オーバーライン）のどちらでもいいような扱いになっていました。ただし、現在ではチルダを表すものとされています。

各国版のISO/IEC 646

第2章で説明したように、ISO/IEC 646基本符号表(第2章の図2.1)をベースとして、各国の都合にあった符号化文字集合が作られました。

ISO/IEC 646各国版の例として、ドイツ語版の文字コード表を**図3.1**に掲げます。ドイツの規格DIN 66003というものです。ドイツ語を書くのに使われるß(エスツェット)やウムラウト付きの文字が入っているのがわかります。

ヨーロッパ諸国では、ISO/IEC 8859(3.6節を参照)というより使い勝手の良い符号化文字集合がのちに開発されたため、もはやISO/IEC 646の各国版を用いる必要はありません。ISO/IEC 646各国版では、たとえばASCIIの{という記号にあたる符号位置にäのような別の文字が割り当てられていて文字化けする、などというようにASCIIとの違いを意識する必要があり、なおかつ各国の言語を同時には扱えないという問題があります。ISO/IEC 8859により、こうした問題は解決されたのです。

図3.1　ISO/IEC 646ドイツ版の文字コード表

				b7	0	0	1	1	1	1
				b6	1	1	0	0	1	1
				b5	0	1	0	1	0	1
b4	**b3**	**b2**	**b1**		2	3	4	5	6	7
0	0	0	0	0		0	§	P	`	p
0	0	0	1	1	!	1	A	Q	a	q
0	0	1	0	2	"	2	B	R	b	r
0	0	1	1	3	#	3	C	S	c	s
0	1	0	0	4	$	4	D	T	d	t
0	1	0	1	5	%	5	E	U	e	u
0	1	1	0	6	&	6	F	V	f	v
0	1	1	1	7	'	7	G	W	g	w
1	0	0	0	8	(	8	H	X	h	x
1	0	0	1	9	)	9	I	Y	i	y
1	0	1	0	10	*	:	J	Z	j	z
1	0	1	1	11	+	;	K	Ä	k	ä
1	1	0	0	12	,	<	L	Ö	l	ö
1	1	0	1	13	-	=	M	Ü	m	ü
1	1	1	0	14	.	>	N	^	n	ß
1	1	1	1	15	/	?	O	_	o	

3.2

JIS X 0201
ラテン文字と片仮名の1バイト文字集合

日本版のISO/IEC 646が、JIS X 0201です。現在でもなお、多分にShift_JISのベースという形で利用が続いています。

JIS X 0201の概要

JIS X 0201は、ラテン文字集合と片仮名集合の二つの符号化文字集合を定めています。いずれも1バイト集合です。

JIS X 0201は元々1969年に制定されました。最新版は1997年に改訂された版で、名称は「7ビット及び8ビットの情報交換用符号化文字集合」です。

1文字の表現に1バイトしか必要とせず、また文字の図形としても単純なものしか含みません。このため、記憶容量の少ない装置や、1文字が8×8ドット程度の低解像度の表示装置でも扱うことが可能です。

■――ラテン文字集合

ラテン文字集合は、ASCIIと2文字違うだけです。ASCIIの\(バックスラッシュ、符号位置5/12、`0x5C`)が¥(通貨の円記号)に、~(チルダ、符号位置7/14、`0x7E`)が‾(オーバーライン)に換わっています。図3.2にラテン文字集合の文字コード表を示します。

■――JIS X 0201の片仮名集合、濁点・半濁点

片仮名集合は、通常の日本語を書くのに必要な片仮名を収録していますが、「ガ」「パ」のように濁点・半濁点の付いた文字は含んでいません。濁点と半濁点は独立した文字として用意されています。これにより、たとえば「カ」の後に続けて「゛」を置くことで濁音「ガ」を表します。図3.3に片仮名集合の文字コード表を示します。

JIS X 0201の濁点・半濁点は、Unicodeにあるような合成用の文字ではなく、あくまでも文字位置の前進を伴う文字として定義されています。つまり濁点を出力したら前の文字と合わせて1文字になるのでなく、濁点の分だけ表示幅をとるということです。このため、JIS X 0201で符号化した片仮名のテキストを表示すると、濁音・半濁音の箇所がどうしても間延びした格好になってしまいます。

片仮名集合には、文字の割り当てのない符号位置が31もあります。カサタハ行の濁音で20文字、ハ行半濁音の5文字で合計25文字、「ヴ」を入れても26文字なので、通常必要となる濁音・半濁音を入れられるだけの容量はあるのですが、空き領域のままとなってしまいました。この領域は、後にShift_JISの第1バイトとして利用されることになります。

JIS X 0201の片仮名集合は俗に「半角片仮名」と呼ばれることがありますが、規格として半角幅で表示することを求めるものではありません。図3.3の文字コード表に示すように全角幅で表示しても何の問題もなく、実際JIS X 0201の規格票自体がそのようにしています。同様に、ラテン文字集合もやはり「半角」ではありません。

図3.2 JIS X 0201ラテン文字集合の文字コード表

				b7	0	0	1	1	1	1
				b6	1	1	0	0	1	1
				b5	0	1	0	1	0	1
b4	b3	b2	b1		2	3	4	5	6	7
0	0	0	0	0		0	@	P	`	p
0	0	0	1	1	!	1	A	Q	a	q
0	0	1	0	2	"	2	B	R	b	r
0	0	1	1	3	#	3	C	S	c	s
0	1	0	0	4	$	4	D	T	d	t
0	1	0	1	5	%	5	E	U	e	u
0	1	1	0	6	&	6	F	V	f	v
0	1	1	1	7	'	7	G	W	g	w
1	0	0	0	8	(	8	H	X	h	x
1	0	0	1	9	)	9	I	Y	i	y
1	0	1	0	10	*	:	J	Z	j	z
1	0	1	1	11	+	;	K	[	k	{
1	1	0	0	12	,	<	L	¥	l	|
1	1	0	1	13	-	=	M	]	m	}
1	1	1	0	14	.	>	N	^	n	‾
1	1	1	1	15	/	?	O	_	o	

JIS X 0201の片仮名集合については、2バイトのJIS X 0208が1バイトコードとともに利用できる場面では、特段の必要性がなくなりました。必要がないどころか、一つの符号化方式の中で同じ文字が複数の符号表現を持ってしまう重複符号化の原因ともなっています。しかしながら、JIS X 0201片仮名はShift_JISの1バイト部分という形で現在も生き残っています。この重複符号化の問題については、8.4節の「全角・半角問題」も参照してください。

ASCIIとの違い　円記号とバックスラッシュ、オーバーラインとチルダ

JIS X 0201ラテン文字集合とASCIIは、ただ2文字が違うだけです。しかし、この2文字の違いが厄介な問題の元になっています。

- ¥(円記号)

  ASCIIのバックスラッシュの位置(5/12)に通貨の円記号「¥」がある。バックスラッシュはプログラミング言語で特殊な意味を与えられることが多く、またWindowsやMS-DOSではパスの区切り記号として使われている

図3.3　JIS X 0201片仮名集合の文字コード表

b4	b3	b2	b1		2	3	4	5	6	7
				b7	0	0	1	1	1	1
				b6	1	1	0	0	1	1
				b5	0	1	0	1	0	1
0	0	0	0	0		ー	タ	ミ	(未定義)	(未定義)
0	0	0	1	1	。	ア	チ	ム		
0	0	1	0	2	「	イ	ツ	メ		
0	0	1	1	3	」	ウ	テ	モ		
0	1	0	0	4	、	エ	ト	ヤ		
0	1	0	1	5	・	オ	ナ	ユ		
0	1	1	0	6	ヲ	カ	ニ	ヨ		
0	1	1	1	7	ァ	キ	ヌ	ラ		
1	0	0	0	8	ィ	ク	ネ	リ		
1	0	0	1	9	ゥ	ケ	ノ	ル		
1	0	1	0	10	ェ	コ	ハ	レ		
1	0	1	1	11	ォ	サ	ヒ	ロ		
1	1	0	0	12	ャ	シ	フ	ワ		
1	1	0	1	13	ュ	ス	ヘ	ン		
1	1	1	0	14	ョ	セ	ホ	゛		
1	1	1	1	15	ッ	ソ	マ	゜		

- ‾（オーバーライン）

  前述のとおり、ASCIIとその類似の文字コードにおいて、7/14の位置はチルダとオーバーラインの区別が曖昧だった経緯がある。ところが、現在ではISO/IEC 646国際基準版においてはチルダ、JIS X 0201ではオーバーラインと、定義が分かれている

実はJIS X 0201は`0x7E`の表示形としてチルダの形も許容しているのですが、Unicodeとの対応を付けるための文字名（後述）は「OVERLINE」ということになっており、「TILDE」に決めてしまったISO/IEC 646国際基準版とは違いが生じています。

このため、JIS X 0201をベースにしているShift_JISでは、`0x7E`や`0x5C`について、コード変換で特別な手当てが必要なことがあります。第5章および第8章で説明しますので、詳しくはそちらを参照してください。

3.3 JIS X 0208 日本の最も基本的な2バイト文字集合

JIS X 0208は日本語情報処理のために広く使われ、最初の1978年の制定から40年を経た現在に至ってもなお、極めて重要な符号化文字集合であり続けています。一方、広く使われたが故に問題点も目立つようになり、拡張規格の開発につながっています。

JIS X 0208の概要　ISO/IEC 2022準拠

JIS X 0208は、日本で使われる漢字・平仮名・片仮名等を収録した2バイトの符号化文字集合です。ISO/IEC 2022に準拠した構造をしています。すなわち、第2章で触れたように、ASCIIと同じ範囲のビット組み合わせを2バイト続けて並べることで1文字を表します。

1978年に最初に制定された後、1983年、1990年、1997年、2012年に改訂されて現在に至っています。2012年版においては合計6,879文字を収録

しており、規格名称を「7ビット及び8ビットの2バイト情報交換用符号化漢字集合」といいます。2012年改正は附属書にて改正常用漢字表との対応関係を参考情報として記述しただけで、技術的な変更はありません。1978年に制定された当初は「JIS C 6226」という規格番号でした[注1]。

■——符号の構造　2バイトのビット組み合わせ

JIS X 0208は、6,879文字の各文字について**2バイトのビット組み合わせ**を定義しています。たとえば、「愛」という字には`0110000`(第1バイト) `0100110`(第2バイト)という2バイトのビット組み合わせを対応付けています。したがって、この符号化文字集合を8ビット符号表のGL領域に呼び出せば各バイトの第8ビットに`0`を付けて`3026`(`00110000 00100110`)、GR領域に呼び出せば第8ビットに`1`を付けて`B0A6`(`10110000 10100110`)というコード値になります。ここで2バイトのコード値の表記は、第1・第2バイトの16進記法を連結した形で記しています。つまり、先ほどの`B0A6`という表記は`10110000 10100110`という連続した2バイトのビット組み合わせを短く記したものです。以後、本書では2バイトのコード値を表すのにこの表記法を用います。

巷間(こうかん)の解説の中には、JIS X 0208は区点番号だけを定めている、あるいは文字の集合だけを定めているかのように書かれているものがありますが、正しくありません。JIS X 0208は、文字に対応するビット組み合わせを定めています。文字の符号化表現を定めているから「符号化文字集合」と呼ばれるのです。のちに説明するJIS X 0212やJIS X 0213も同様です。

漢字辞典などに「JISコード」として記載されている値は、JIS X 0208が各文字に定義しているビット組み合わせを16進で記したものです。

ISO/IEC 2022準拠の2バイト文字集合なので、第1・第2バイトそれぞれが`0x21`から`0x7E`までの94種類のビット組み合わせをとり得ます。したがって、文字コード表は94行×94列の構成となります。行が第1バイト、列が第2バイトを表します。

94行×94列の文字コード表の中の位置を示すためには、**区点番号**という

注1　この旧規格番号については、文字コードについての文献等で見かけることがあるので、覚えておくと役に立つでしょう。

2つの整数の組が用いられます。区点番号は区番号と点番号というそれぞれ1から94までの整数の組であり、区番号は文字コード表の行、点番号は列を表します。たとえば先ほどの「愛」という字については、区番号16、点番号6、すなわち16区6点という区点番号が対応します。区点番号は「16-06」のように略記することがあります。

この番号はあくまでも94×94の表の中の座標を示すものであり、ビット組み合わせ(コード値)ではありません。ただし、それぞれの区点番号には一意なビット組み合わせが対応します(**図3.4**)。

JIS X 0208の文字コード表は、Webで参照できます[注2]。

文字集合の特徴

JIS X 0208に含まれる文字の特徴を見てみましょう。漢字だけでなく、記号類やアルファベット類、算用数字、平仮名・片仮名などの非漢字も豊富に揃っています。

注2　URL https://www.itscj.ipsj.or.jp/iso-ir/168.pdf

図3.4　区点番号とビット組み合わせの関係

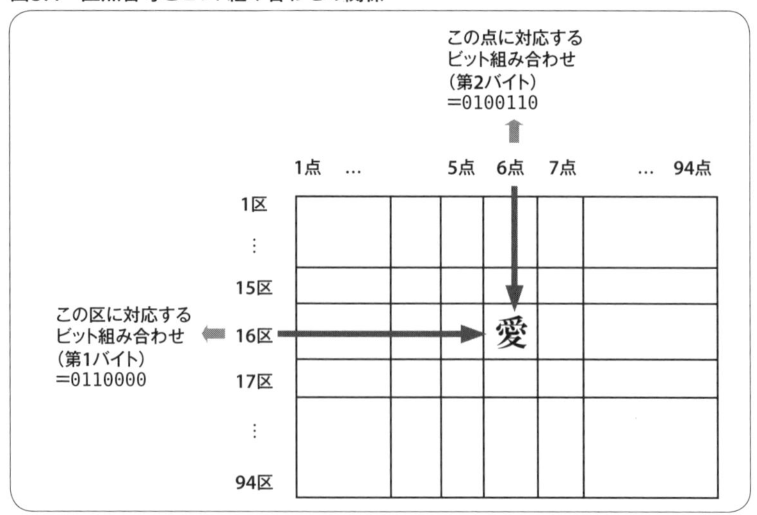

■——記号類

句読点や括弧といった文章を綴るうえで必要な記号類や、丸や四角や三角のような一般的な図形、不等号≦≧や無限大∞などの数学記号等を収めています。普段PCを使って文章を作成するうえで馴染み深いものが多いでしょう。

漢字との区別が曖昧なものとしては、仝(同上記号、1-24)、々(繰り返し記号、1-25)、〆(しめ、1-26)、〇(漢数字ゼロ、1-27)があります。これらは「仮名又は漢字に準じるもの」というカテゴリに入っています。ただし、仝は漢和辞典では「同」と同じ意味で「どう」のように読む漢字とみなされることが多く、むしろ非漢字扱いしているJIS X 0208のほうが例外に属するように思われます。

■——ギリシャ文字

ギリシャ文字については、大文字・小文字を一通り収録しています。ただし、アクセント記号付きの文字は収録していないので、ギリシャ語の文章を書くのには不自由するでしょう。小文字シグマσの語尾の形ς(ファイナルシグマ)も欠いています。ギリシャ語そのものを綴るというよりは、学術分野での補助的な使用を想定しているように考えられます。

ギリシャ文字は、6区に配置されています。

■——キリル文字

キリル文字については、ロシア語で使われる文字を収めています。日本国内ではロシア語には縁がないという印象があるかもしれませんが、日本でもロシア人がよく訪れる街にはロシア語の案内文が掲示されていることがしばしばあります[注3]。

キリル文字は、7区に配置されています。

注3　たとえば、ユジノサハリンスクとの定期便があった函館空港にはロシア語の案内表示があります。

■――ラテン文字

ラテン文字については、英語を書くのに利用できる、通常よく目にするアルファベットが揃っています。ただし、ダイアクリティカルマーク[注4]付きの文字は一切収録していません[注5]。このため、ドイツ語やフランス語はおろか、日本語のローマ字表記にも不自由することになります。長音を表すための ō あるいは ô のような文字がないのです。ダイアクリティカルマーク自体はある程度揃っているので(たとえば ＾や ¨ 、 ｀ など)、合成によってダイアクリティカルマーク付きの文字を印字できると考えられていた節(ふし)があります。しかし、現実には合成する技法は発達しなかったので、結局のところJIS X 0208の範囲では表現できず、拡張規格の標準化を待つことになりました。

ラテン文字は、3区の33点以降に配置されています。

■――平仮名・片仮名

平仮名と片仮名については、通常の現代日本語表記のために十分な文字を収めています。平仮名は4区、片仮名は5区に配置されています。平仮名と片仮名は対応する文字が同じ点番号を持っており、すなわち第2バイトが同じということになります。したがって、平仮名の第1バイトの最下位ビットを1にセットする(整数演算としては第1バイトに1を足す)だけで、対応する片仮名に変換できます[注6]。たとえば、4区41点の平仮名「ど」のビット組み合わせは`0100100 1001001`ですが、第1バイトの1ビットめ(最下位のビット)を1にした`0100101 1001001`は片仮名の「ド」を表します。

配列は、JIS X 0201片仮名集合のものと異なっています。JIS X 0201では小書きの文字を1ヵ所にまとめていましたが、JIS X 0208では同じ字種の通

注4　アルファベットに付くアクセント記号(´)やウムラウト(¨)やチルダ(~)等の記号を総称して、ダイアクリティカルマークといいます。

注5　2区82点にあるオングストローム記号Åはスウェーデンの人名の頭文字に由来し、元来はAの上にダイアクリティカルマークの付いた文字であるので、これに関しては例外的に収録しているとみなすこともできます。

注6　これはJIS X 0208をそのままGLやGRに呼び出したとき、たとえばISO-2022-JPやEUC-JPのような符号化方式での話であり、計算によって変形が施されているShift_JISでは異なります。

常の大きさの文字と並んでいます(**図3.5**)。これは、コード値の順でソートしたときに国語辞典の順序を反映するための工夫とされています。

JIS X 0208では、片仮名だけにあって平仮名にない文字として、「ヴ」「ヵ」「ヶ」があります。「ヶ」は「箇」ないし「个」を略したものとされており、本来は漢字に準じる文字ですが、JIS X 0208の区点の並びとしては片仮名の末尾に配置されています。

長音を表す「ー」は、平仮名・片仮名から離れた1区28点に配置されています。

■——漢字 第1水準、第2水準

漢字は16区以降に配列されています。**第1水準**と**第2水準**という2つの分類があります。第1水準は、常用漢字を含め日常的によく使われる文字を多く収めています。第2水準は、比較的使用頻度の低い漢字を収めています。もっとも、「完璧」の「璧」(64-90)や「牛丼」の「丼」(48-07)など、第2水準にも馴染み深い漢字がないわけではありません。**図3.6**に、文字コー

図3.5　JIS X 0201とJIS X 0208の片仮名の並びの違い

JIS X 0201：ヲァィゥェォャュョッーアイウエオカキクケ……
JIS X 0208：ァアィイゥウェエォオカガキギクグケゲコゴ……

図3.6　漢字第1水準と第2水準の位置概要

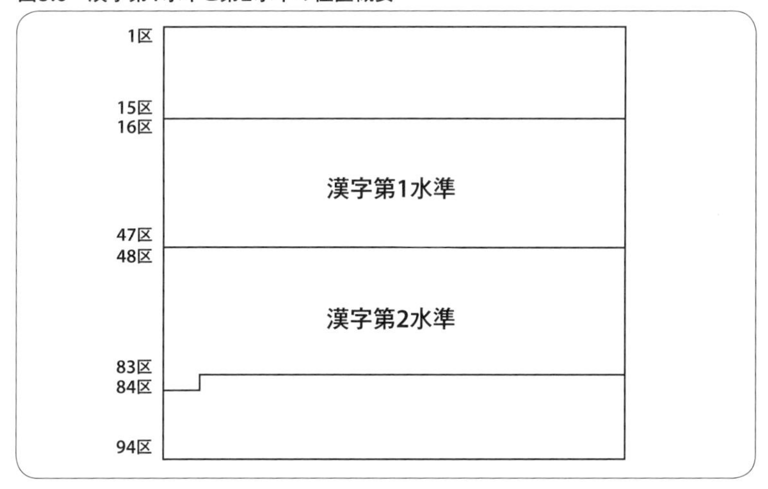

ド表の中の第1水準と第2水準の配置の概要を示します。84区には6文字だけ第2水準漢字があります。

第1水準はおおむね読みの順に並んでおり、第2水準はおおむね部首・画数順に並んでいます。通常使う漢字の多くは第1水準漢字のため、テキストをJISコード順にソートすると「なんとなく読みの順番」といった風情になることもありますが、無論完璧なものではありません。

読みとしては音読みが使われていることが多いのですが、音読みがあまり一般的でない漢字については訓読みが採用されていることがあります。たとえば、「戻」という漢字(44-65)は、音読みの「レイ」ではなく訓読みの「もどる」にあたる位置にあります(図3.7)。

過去の改正の概略

JIS X 0208は過去4回の改正を経ており、中には大きな影響を与えたものもあります。どのような改正があってどのような影響があったのか、変遷を概観します。ただし、2012年改正は前述のとおり技術的な内容には変更ないので、ここでは省きます。

なお、JIS X 0208の版を示す言い方として制定年や改正年を付けて78JIS、83JISのように表現する慣習が広く行われています。前者は1978年制定のJIS X 0208初版、後者は1983年改正版を表します。本書でもこの表現を用います。

1983年改正

制定から5年後の1983年の改正では、非漢字の追加と漢字の字体変更、

図3.7　漢字の並び順の例

- **第1水準の並びの例**　16区　亜唖娃阿哀愛挨……
  - 読みの順に「あ」から並ぶ
- **第2水準の並びの例**　48区　弌丐丕个丱丶丼……
  - 部首順に並ぶ
- **「戻」の位置**　「戻」の前後の並び(44区)：……餅尤戻籾貰……
  - 「もち」「もっとも」などとともに並び、「もどる」にあたる位置にある

入れ替え、漢字の追加が行われました。

非漢字の追加としては、数学記号の√￣(根号)、∫(積分記号)、∩ ∪(ともに集合演算の記号)など、また、表の枠線などを描画するための罫線素片も追加されています。これらの記号はコンピュータ上で編集する文書にもしばしば使われているものであり、私たちは現在でも1983年改正の恩恵を受けているといえます。

しかし、83JISの変更内容としてよく記憶されているのは、**字体の変更(簡略化)**と**符号位置の入れ替え**という、現在では好ましくないと見られている変更でしょう。

字体の変更(簡略化)と符号位置の入れ替え

字体の簡略化としてよく例に挙げられるのが鴎(オウ、かもめ、18-10)です。1978年の初版では鷗という伝統的によく使われる字体であったのが、1983年改正では「鴎」という簡略化した字体に変更になったのです。

部分字体の区と區とは、JIS X 0208の他の文字では区別した扱いになっています。たとえば、欧(18-04)と歐(オウ、61-31)、殴(18-05)と毆(オウ、61-56)、駆(22-78)と驅(ク、81-60)のように、それぞれ独立した区点位置を与えられているのです。

したがって、JIS X 0208の字体認識としては先ほどの例「鴎」と「鷗」は別物であるはずであり、もし「鴎」が足りないならばそれは新たな区点位置に追加すべきものです。既存の「鷗」の区点位置の字体を変えてしまうと、変更前の版の字体は表せなくなってしまうことを意味します。

すなわち、単に例示字形を変えた(簡略化した)ことが問題というよりも、JIS X 0208の文字集合の他の部分と整合性のとれないような字体変更になってしまっているということが問題といえます。

1983年改正では同様の大きな字体変更が合計29文字あります注7。禱が祷に、瀆が涜に、潑が溌に、といった具合です。これらの大きな変更以外にも、小規模な字体変更を含めると300文字に及ぶとされます。

なお、「鴎」の字体そのものについては83JIS以前にも使われていた例があり、83JISが新たに作り出した字体というわけではないそうです。よく引き

注7　簡略化後の字体は全部で、唖焔鴎噛侠躯鹸麹屡繍蒋醤蝉掻騨箪掴填顛祷涜嚢溌醗頬麺莱蝋攅。

合いに出される森鷗外にしても、手書きの署名に「鴎」の字体で書いたものが存在することが知られています[注8]。

字体の簡略化よりもさらに甚しい影響をもたらしたのが、区点位置の字体の入れ替えです。たとえば鴬と鶯（オウ、うぐいす）という2つの字体は現在では前者が第1水準（18-09）、後者が第2水準（82-84）にありますが、元々の78JISでは逆になっており、83JISにおいて入れ替えられたものです。

入れ替えたことによって何が起きたでしょうか。たとえば、78JISの符号によって「『鴬』は『鶯』を簡略化した字体です」と書いたテキストデータがあったとしましょう。それを83JISに対応した機器で読み込むと、「『鶯』は『鴬』を簡略化した字体です」と、まったく正反対になってしまったのです。

1983年改正では、同様の字体入れ替えが合計22組あります[注9]。

さらに、既存の符号位置を略字体に変更したうえで、元々の字体を第2水準の末尾に移動したケースが4組あります[注10]。たとえば、22区38点は78JISでは堯という文字でしたが、83JISではこの区点位置は尭（ギョウ）という字体に改められ、もとの「堯」は84区1点に移されました。この措置によって第2水準に引っ越してきた漢字は、84区の1点から4点の範囲にあります。

■── 1990年改正

1990年改正では、漢字2文字が追加されました。追加された漢字は84区にあります。84区5点の凜、84区6点の熙（キ）です。

ISOでは、1文字でも違えば異なる符号化文字集合として扱われます。よって、文字集合を指示するエスケープシーケンスとしては、78JISと83JIS、それに90JISはそれぞれ異なるものが割り当てられています。

また、規格票の例示字形の書体が変更になっており、前の版と比べると微妙な字形差があります。もっともこの字形差は、たとえば明朝体で「丈（たけ）」という字の右はらいの「筆押さえ」（図3.8）があるかどうかなどといった、活

注8　JIS X 0208:1997附属書7を参照。

注9　鯵鰺、鴬鶯、蛎蠣、撹攪、竃竈、潅灌、諌諫、頚頸、砿礦、蕊蘂、靭靱、賎賤、壷壺、砺礪、梼檮、涛濤、迩邇、蝿蠅、桧檜、侭儘、薮藪、篭籠。

注10　尭（22-38）堯（84-01）、槙（43-74）槇（84-02）、遥（45-58）遙（84-03）、瑶（64-86）瑤（84-04）。

字のデザイン差に属する違いです。通常は字体変更とはみなされませんが、フォントデザインにおいては90JISの例示字形の影響で筆押さえを取り除いたものが増えたようです。

■――1997年改正　包摂規準

1997年改正では過去の版の変更が混乱をもたらした反省に立って、文字コード表には一切の変更を加えず、規格の明確化をもっぱら行っています。明確化は、規格の細かな文言から符号化方式に至るまでさまざまな面で行われました。

文字コードの本質に大きくかかわる明確化としては、各区点位置の表す字が何であって何ではないのかをはっきりさせるということが挙げられます。

漢字の字体には揺(ゆ)れがつきものです。区点位置に対応する字体の範囲が細かに検討され、ある区点位置がどのような字体差を含み包む(包摂(ほうせつ)する)のかという規則、すなわち**包摂規準**が明示されることになりました。

また、78JISが元々収録していた漢字には、何の字だかわからず、何巻にも及ぶ大部の漢和辞典にも載っていないものがあることが知られていました。5万字を誇る大修館書店『大漢和辞典』(いわゆる諸橋大漢和)にも見えない字がJISにはある、一体何だこれは、というわけです。こうした身元不明の漢字は俗に「幽霊漢字」と呼ばれていました。1997年改正では、さまざまな資料から幽霊漢字の正体を明らかにしようとしました。

包摂規準の明示

97JISの特徴としてよく知られているのが**包摂規準**の明示です。

文字コードにおいて包摂とは、複数の字体が1つの区点位置に対応する

図3.8　筆押さえの例

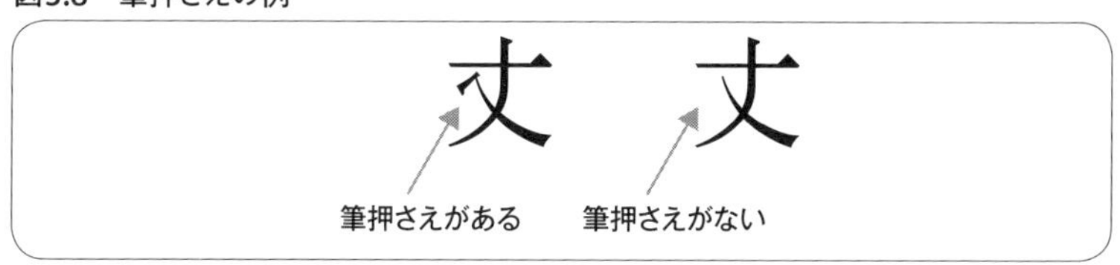

ことをいいます。たとえば、「茄」という字の草冠の艹(3画)と艹(4画)の違いは区別せずに同じ区点位置(72-07)で表す、あるいは、「逢」という字のしんにょうの辶(1点)と辶(2点)も同様に区別せずに同じ16区9点で表す、食偏の食と食も区別しない、といったことです(図3.9)。

97JISでは、こうした包摂規準を部分字体ごとに186規準[注11]設定しました。部分字体ごとというのはつまり、文字ごとにいちいち示すのではなく、「草冠」や「しんにょう」といった部品ごとにまとめて示しているということです。草冠の3画・4画を区別しないという包摂規準は、草冠を含む文字「草」「薬」「蔀」などすべてに適用されます。ただし、区別しないはずの食偏の形だけの違いによる飮(16-91)と飲(61-27)が区別されて別々の区点位置を与えられてしまっていたという例外も、JIS X 0208初版からすでにあります。例外となる各文字は規格中に列挙されています。

JIS X 0208(97JIS)の包摂規準の活用

包摂規準は、紙の文書をテキストデータ化する際のよりどころとして大変有用です。文字は文献によってさまざまな字体で印刷されていますが、それを電子テキストとして符号化する際に、用いる符号化文字集合によって表現できるのかできないのか、できるとすればどの区点位置で表せばいいのか、を明確に判断するための規準が必要だからです。

注11 97JISの発行後に正誤票によって追加されたものが1つあるので、これを考慮しない場合は185規準となります。

図3.9 包摂

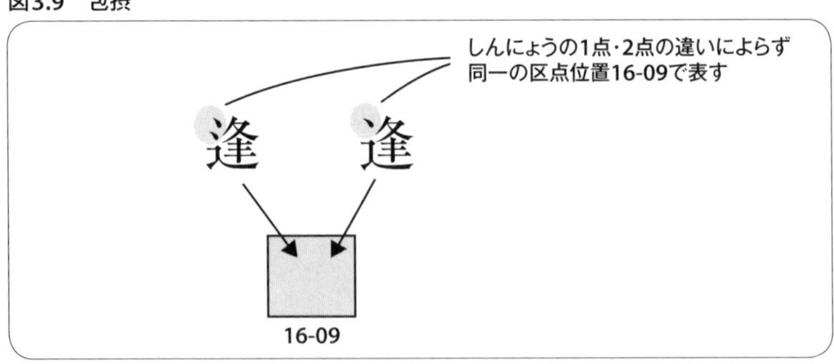

たとえば、著作権の切れた文学作品等のテキストデータを入力・配布している青空文庫[注12]では、文字入力の際の規準としてJIS X 0208の包摂規準を活用しています。また、書誌データベースという運用の一貫性が求められる分野では、文字の符号化表現としてはUnicodeのものを採用していても符号位置の解釈のよりどころとしてJIS X 0208の包摂規準を採用しているプロジェクトもあることが報告されています[注13]。

包摂規準はまた、フォントを設計する際のある区点位置における字体の許容範囲とみなすこともできます。たとえば、草冠を⺾のようにデザインしてもよいかどうかということが包摂規準からわかるわけです。別の言い方をすれば、自分の作りたい字形が、ある区点位置において可能なバリエーションなのか、それとも別区点位置にて定義されるべき字体なのかがわかるということです。もっとも包摂規準に幅があるからといって、世の中に存在しなかったような新たな字体を創作することは想定されていません。

JIS X 0208（97JIS）の包摂規準の生い立ち

JIS X 0208の包摂規準は97JISがまったく独自に編み出したわけではなく、78JISの資料で部分的に示されていた包摂規準（当時は包摂という用語は使っていませんでしたが）や過去の版の変更点などを元にして設定されたものです。

97JISの包摂規準の中で特異なのが、「過去の規格との互換性を維持するための包摂規準」です。本来JIS X 0208としては包摂されない字体であるはずなのに83JISで大きく字体の変えられた29の区点位置について、78JISの字体を使っている機器が規格違反とならないようにするための救済措置として設けられたものです。鴎-鷗（18-10）、莱-萊（ライ、45-73）などの包摂がこれにあたります。これは包摂規準としてはあくまでも特例であり、どちらの字体を採用したかを文書で示さなければならないという、通常の包摂規準にはない条件が付いています。

注12 URL https://www.aozora.gr.jp/

注13 小林 龍生、安岡 孝一、戸村 哲、三上 喜貴編『インターネット時代の文字コード』（bit別冊、共立出版、2001）、第13章「書誌情報データベースから見た文字コード」（宮澤 彰）。

漢字の包摂規準を理解する

包摂という概念は漢字のみならず、文字集合一般に普遍的なものです。文字集合が集合である以上は、ある要素(文字)を集合に含むか否かが判定できる必要があります。包摂規準はその判定のためのよりどころとなります。判定するためには文字を認識する必要がありますが、個別具体的な形状をとって現れる文字は認識のうえでは必ず抽象化を伴います。

その抽象化が別の言葉でいえば包摂です。包摂の範囲、つまり区別されない字体差の範囲は文字種によっては常識になっていてとくに説明を要しない場合もありますが(1.3節の図1.6の「Q」の例)、漢字の場合は数が多く形が複雑なこともあり、そうではありません。そこで包摂の規則を明示すること、すなわち包摂規準が必要となります。

漢字の包摂規準を理解するためには、同じ漢字であっても時代や書体によって形の違いがあることを知る必要があります。たとえば「亭」という漢字のなべぶたの下は明朝体活字では口の形をしていますが、手書きの書体でははしごのような形をとることが頻繁にあります(**図3.10**)。現代日本でも飲食店の看板などでこうした「はしご亭」はおなじみですが、活字で表すときには「くち亭」になるのが一般的です。これは書体に応じた違いであり、別の字だとかどちらが正しいというものではありません。

また、**燗**(ラン、かん)という字の門の中は「日」だったり「月」だったりしますが、どちらでも同じ字を表します。「燗」に限らず「簡」「間」などにおいては、中の日・月は互いに入れ替えても同じ字として通用してきた歴史があります。JISでは「はしご亭」と「くち亭」、「燗」「間」「簡」などの日・月は包摂されています。漢字コードを知るためには、ここで述べたような漢字

図3.10　「亭」の手書きの書体例

それ自体の知識が求められます。

漢字の典拠調査　幽霊漢字の退治

何の字だかわからない「幽霊漢字」の退治のため、78JIS制定の際に使用された資料や、ときには古辞書も援用して、漢字の身元調査が行われました。

結果として、幽霊漢字とみなされていた漢字の多くは、全国各地の地名や人名に使われている文字であることがわかりました。

地名や人名として現に使われている漢字でも、必ずしも漢和辞典に載っているとは限らないのです。たとえば59区37点の**枦**という字は「大漢和辞典」にも載っていませんでしたが、フリーアナウンサーの枦山南美（はしやまなみ）氏のように人名の一部として「はし」「はせ」等の読みで使われたり、地名としては島根県美郷町の枦谷（かたらがい）などに見られたりします。2000年に刊行された大漢和辞典の「補巻」には新たに「枦」が採録されました。

何の字なのかまったく手がかりが得られていないのは、ただ1文字**彁**（55-27）だけです[注14]。それ以外の字については、古辞書に載っていたり、字体を誤って写したと推定されるなど、何らかの手がかりが得られました。

幽霊漢字の調査で最も劇的なのは「妛」（54-12）の由来でしょう。調査によって推定されたところでは以下のとおりです。この字は本来、滋賀県にある𡚴原（あけんばら）という地名に使われている「𡚴」としてJIS X 0208に採用されるはずでした。ところが、地名の資料において、紙を切り貼りして「山」と「女」を合わせて**𡚴**に作字されていたため、紙の切れ目が文字を構成する横線のように見えてしまい、**妛**という形に誤認されてしまったというのです[注15]。

JIS X 0208:1997の符号化方式

JIS X 0208:1997は規格本体に6種類、附属書に2種類の符号化方式を定義しています。附属書の2種類は、事実上の標準として広く実装されているShift_JISとISO-2022-JPを公的標準として取り込んだものです。また、EUC-

注14　漢字「彊」の印刷文字がかすれたためにこの形に誤認された可能性が指摘されていますが、確証はありません。 URL http://www.asahi.com/special/kotoba/archive2015/moji/2011082400019.html

注15　この調査を実際に行った委員による説明と、現地安原を訪れた後日談が、笹原 宏之『日本の漢字』（岩波新書、2006）に記されています。

JPとほぼ同等の符号化方式は規格本体に「国際基準版・漢字用8ビット符号」として定義されています。個々の符号化方式については第4章を参照してください。

巻間の解説では、JIS X 0208は文字コードを構成するための部品であってそれ単体では文字コードとして使えないように書いてあるものもありますが、誤解といえます。ただし、まったく根拠のない誤解というわけでもありません。通常PCなどで扱うテキストデータとしては、Shift_JISやEUC-JPといった、JIS X 0208をASCIIのような1バイトコードと併用する符号化方式が用いられます。このことだけを見ると、前述のような解説が正しいようにも思えます。

しかし、1バイトコードとの併用が不要な場合には、JIS X 0208をGL領域に呼び出した状態で固定しておき、それ単体で使用することも可能なのです。この方法では1バイトコードとの混在がなく、すべての文字が2バイトで表されます。実際に、データの格納や交換の形式としてこの方法が使われることがあります。この符号化方式に97JISは「漢字用7ビット符号」という名前を付けています。97JISの符号化方式については次章で取り上げます。

外字・機種依存文字の問題

JIS X 0208はかなりよく文字を収集していますが、実際に使われ始めると足りない文字があることが意識されるようになりました。一方、JIS X 0208の文字コード表には文字の割り当てのない区点位置、つまり空き領域が少なからず残されています。

そこで、足りない文字を文字コード表の空き領域に独自に割り当てた使用が行われるようになりました。これを外字(がいじ)といいます。外字には、利用者が自由に作字するユーザー定義外字もあれば、機器のベンダーが製品ごとに外字を定義しているベンダー定義外字もあります。

こうした外字は、プラットフォームをまたがる情報交換の少なかった時代にはそれなりの存在意義があったといえます。

しかし、ネットワークを通じた情報交換が盛んに行われるようになり、異種プラットフォーム間のデータ交換が増えると、外字は当然文字化けしますから、問題として認識されるようになりました。

PCを接続したネットワークによるテキストデータのやり取りが増えると、ベンダー定義外字はとくに**機種依存文字**という呼び名で知られるようになりました。現在とは異なり、OSというよりも機種のシリーズごとにベンダー定義外字が異なっていた状況を反映しています。

今日では「機種」依存文字という用語は、実態を正確に反映しているとはいえません。また、機種依存「文字」といいますが、問題なのは文字そのものではなく文字の符号であることから、この点でも不正確な用語です[注16]。しかし、広く話題となり用いられてきた言葉であるため、本書では用いることにします。「環境依存文字」という呼称もあります。

機種依存文字の代表的なものとしては、13区に割り当てた製品の多い丸付き数字やローマ数字、あるいは漢字の空き領域に割り当てた鄧(トウ)、彅(ナギ)などの漢字があります。また、携帯電話各社のキャリアメールの絵文字も、JIS X 0208の空き領域を使っていることから機種依存文字に分類することができます。こうした空き領域の使用は、現在も文字化けの原因となっています。

たとえば、JIS X 0208の91区4点(Shift_JISではEE43)は空き領域となっています。この区点位置にWindowsは犾という文字[注17]を割り当てている一方、KDDIの携帯メールでは干支の辰の絵文字を割り当てています。旧Mac OS(Macintosh)の機種依存文字(MacJapanese)には割り当てがありません。これらは互いに文字化けします。この区点位置は、後述のJIS X 0213では萁(キ、まめがら)という漢字[注18]に標準化されました。

機種依存文字はちょうど、Webの世界におけるHTMLやCSSのブラウザ独自拡張・独自解釈のようなものです。Webの世界でWeb標準の尊重が重視されるように、文字コードの世界でもベンダー中立な標準を尊重することが大事です。

注16 たとえば、「鄧」という文字をJIS X 0208の空き領域に割り当てたものは機種依存文字ですが、JIS X 0213やUnicodeにおいては正式な符号位置が与えられているので機種依存文字ではありません。問題なのは文字そのものではなく、符号です。

注17 JIS X 0213では第4水準、2面80区55点にあります。「コウ」「あらあらしい」と読み、夏目漱石に用例があることが規格票に記されています。

注18 中国・三国時代の魏の曹植の作とされる「七歩の詩」に出てくる漢字です。

3.4 JIS X 0212 補助漢字

「補助漢字」と呼ばれるJIS X 0212は、JIS X 0208と組み合わせて用いることを前提とした2バイト符号化文字集合です。漢字を中心に、JIS X 0208にない文字を選定しています。実際にはあまり使われていませんが、EUC-JP(第4章を参照)の一部として実装されていたり、フォントがこの規格の文字をサポートしていることがあります。

JIS X 0212の概要

1990年に制定された**JIS X 0212**は、JIS X 0208に足りない文字を補うための2バイト符号化文字集合です。規格名称を「情報交換用漢字符号—補助漢字」といいます。主として漢字を多く含んでおり、「補助漢字」という通称で知られています。制定以来、一度も改訂されずに現在に至っています。

JIS X 0212は、JIS X 0208と組み合わせて用いることを前提とした、独立した符号化文字集合として設計されています。独立した符号化文字集合なので、技術的にはJIS X 0212単独で用いることも可能です。しかし、JIS X 0208の補助として用いるためにJIS X 0208にない文字を選定した符号化文字集合なので、単独での使用には意味がありません。JIS X 0208にない文字が必要なときに、JIS X 0208と組み合わせて使用できるように設計されています(図3.11)。

JIS X 0208と同様、ISO/IEC 2022に準拠した94×94の符号化文字集合として定義されています。文字コード表にはやはり区番号と点番号とが定義されており、区点番号で符号位置を示します。

JIS X 0212の文字コード表は、Webで参照できます[注19]。

注19 URL https://www.itscj.ipsj.or.jp/iso-ir/159.pdf

文字集合の特徴

JIS X 0212は、非漢字と漢字の両方を含んでいます。

■――非漢字

JIS X 0212は非漢字として、アルファベット類や、いくつかの記号類を収録しています。

アルファベット類としては、ダイアクリティカルマーク付きのラテン文字やギリシャ文字、それにキリル文字のうちロシア語以外のウクライナ語等に使われるものを収録しています。

記号類としては著作権表示記号の©やスペイン語で使う¡(逆感嘆符)、¿(逆疑問符)、ダイアクリティカルマークの˜(チルダ)などを含んでいます[注20]。ISO/IEC 8859に入っている文字や記号は積極的に収録しようとしたようですが、ギリシャ文字μ(ミュー)と同じであるマイクロ記号や、合成の意味合いが強い分数記号(½など)は見送られました。

一方、印刷物に多く使われる丸付き数字は含んでいません。丸と数字との合成によって表現可能と考えられたようであり、また数をいくつまで収録すればよいのかという問題もありました。しかしながら、合成によって丸付きの文字を表現する技法がソフトウェアの実装として発達しなかったので、丸付き数字は実質的に使えないまま留め置かれたことになります。丸付き数字の符号の標準化はJIS X 0213を待たなければなりませんでした。

注20 JIS X 0208の1区33点にある「～」は波ダッシュといい、チルダとは別物です。

図3.11　JIS X 0208とJIS X 0212の関係

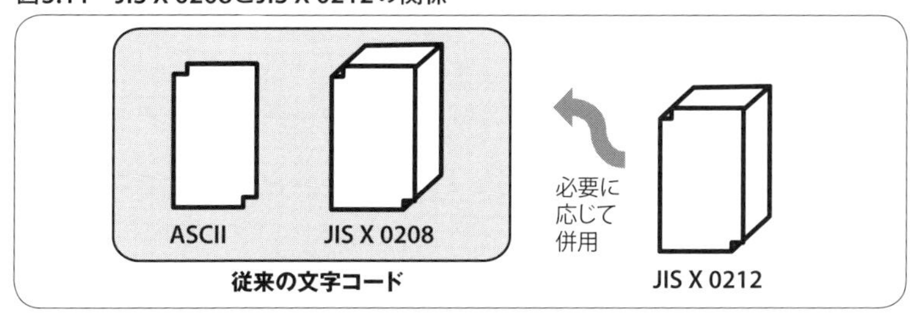

▪——漢字

漢字は16区から77区に配置されています。

大修館書店『大漢和辞典』を参照しており、漢字の身元証明は大漢和辞典に多くを拠っています。ただし、大漢和辞典にない漢字も42文字あります。この42文字については、地名にあるとか何の文字の異体字であるといった注意書き、あるいは字の読みを記しています。たとえば鯀という漢字には「すけそう」という読みを掲載しています。

Column

「Unicodeで(他の符号化文字集合を)実装」という表現の問題

JIS X 0212があまり使われていないといっても、Unicodeを実装した製品ではJIS X 0212に含まれる文字を扱えることがあります。UnicodeによってJIS X 0212にある文字を実装した製品が「JIS X 0212を実装」と主張することが可能かどうかを、検討することにします。

たとえば、「鄧」という漢字を例にしてみましょう。Unicode(UTF-16)では`9127`という値になりますが、このバイト表現を用いたときにJIS X 0212に対応しているといえるでしょうか。

結論からいえば、たとえJIS X 0212に含まれる文字をすべて扱えたとしても、JIS X 0212で定義されているビット組み合わせを利用していない以上はJIS X 0212の実装とは言い難いでしょう。符号化文字集合とは、第1章で述べたように文字とビット組み合わせとの対応関係を定めるものです。JIS X 0212において「鄧」という漢字は66区39点にあり、この区点位置には`1100010 1000111`というビット組み合わせが対応します。GLに呼び出せば`6247`、GRに呼び出せば`E2C7`という2バイトのバイト値になります。Unicodeでの値である`9127`というバイト値はJIS X 0212をどうしたって出てこないのですから、それはJIS X 0212の実装とはいえません。

JIS X 0212に含まれる文字をUnicodeによって実装するのは、Unicodeの応用としてはいうまでもなく有用なことです。しかし、それを指してJIS X 0212の実装だとはいえないということです。ASCIIを実装したソフトウェアを、たとえEBCDICの文字を全部含んでいたとしても「ASCIIによるEBCDICの実装」とはいわないのと同じことです。

もし、内部処理はUnicodeであっても、入出力においてEUC-JPやISO-2022-JP-1などを通じてJIS X 0212が定めるビット組み合わせに変換しての入出力が可能ならば、そのインターフェースに関してはJIS X 0212に対応しているといえます。

83JIS改正による字体変更のうち28文字について、78JISの字体(いわゆる「正字」)を復活させています。たとえば鴎に対する鷗、掴に対する摑などが追加されています。ただし、後に行われた97JIS改正の字体認識とは一致しない箇所があります。たとえば、83JISの34区45点の騨から驒への字体変更を97JISは、文字集合内の他の箇所と矛盾する変更だったとみなしています。なぜなら、同じ部分字体を持つ戦-戰、弾-彈などの組はJIS X 0208では区別されているためです。しかし補助漢字ではそういう考え方をしなかったのか、この略字体に対応する78JISの字体「驒」は補助漢字では復活されていません。単純にいえば、JIS X 0208とJIS X 0212の組み合わせでは飛驒と書けないのです。

また、JIS X 0208に非漢字として収録されている〆(しめ、JIS X 0208の1区26点)を漢字として収録しており、JIS X 0208と合わせて使うとこの文字が重複してしまうという不整合もあります。

JIS X 0212はかなり多くの漢字を収録している一方で、日本の地名や人名といった分野にはなお漏れがあるという印象を受けます。

たとえば、2009年に皆既日食が見られることで脚光を浴びた九州南方の吐噶喇(とから)列島は、JIS X 0208にJIS X 0212を追加しても書けません。「噶」の字がないからです[注21]。

こうした特徴のため、JIS X 0208を補う現代日本のための文字コードとしては課題を残すことになりました。

JIS X 0212と符号化方式　Shift_JISで扱えない

すでに述べたように、JIS X 0212はそれ単独では使う意味がなく、JIS X 0208と組み合わせて使うことが想定されています。

しかし、JIS X 0208と組み合わせる符号化方法はJIS X 0212の中ではとくに決められていません。ISO/IEC 2022に従って、利用者に都合の良いやり方で適宜組み合わせることになります。ISO/IEC 2022で使うためのエスケープシーケンスは用意されているので、後は皆さんでご自由にというスタ

注21　報道などでよく「トカラ列島」と片仮名で記されていたのは、単に噶が出せないせいと思われます。本来の表記は漢字であり、学校教材に用いられる一般の地図帳にも漢字で印刷されています。

ンスです。

「皆さんでご自由に」の具体例を挙げるならば、ASCIIとJIS X 0208を組み合わせて使う符号化方式のEUC-JP（第4章で説明）では、JIS X 0212も合わせて使うことができるよう考慮されています。また、ISO-2022-JP（第4章で説明）を拡張してJIS X 0212を含めるようにしたISO-2022-JP-1という符号化方式も提案されています[注22]。

ところが、ISO/IEC 2022に則っていないShift_JISでは、JIS X 0212を含めることができません。PCで非常に普及しているShift_JISで扱えないためか、JIS X 0212はあまり使われていません。このことは、のちにShift_JIS方式での符号化も考慮に入れたJIS X 0213の開発へとつながることになります。

3.5 JIS X 0213 漢字第3・第4水準への拡張

JIS X 0208に足りない文字を補完するために開発されたのがJIS X 0213です。JIS X 0208の1997年改正の成果を反映しつつ、JIS X 0212の問題点の再考も踏まえた開発作業が行われました。ここではJIS X 0213の概要を見るとともに、追加された文字をやや詳しく紹介します。

JIS X 0213の概要

JIS X 0208が広く使われるにつれて、JIS X 0208では文字が足りないという不満が大きくなってきました。その不満の解決策の一つがJIS X 0212でしたが、残念ながらあまり使われていません。JIS X 0208の改正を通じて判明した問題点を念頭に置きつつ、改めてJIS X 0208の拡張に取り組んだのがJIS X 0213です。位置付けとしては「完成版のJIS X 0208」とみなすことができます。つまり、狙（ねら）いとするところはJIS X 0208と同じく現代日本で

注22 RFC 2237「Japanese Character Encoding for Internet Messages」を参照。

使われている文字を符号化することですが、その狙いの実現のために不足していた文字を補ったものということです。

JIS X 0213は2000年に制定され、2004年に改正されて10文字増えました。制定年や改正年をとって、俗にJIS2000やJIS2004と呼ばれることがあります。規格名称を「7ビット及び8ビットの2バイト情報交換用符号化拡張漢字集合」といいます。2012年にも改正され、2010年の改正常用漢字表との対応関係が附属書に記載されています。

JIS X 0212とは異なり、JIS X 0208を包含するスーパーセットとして定義されています。つまり、JIS X 0208と組み合わせるのでなく、JIS X 0208を置き換えて使うものです(図3.12)。また、JIS X 0212にある文字もJIS X 0213には採用されており、かなりの字が重複しています。

■——漢字集合1面、漢字集合2面

94 × 94のコード空間では足りないため、94 × 94の符号化文字集合を2面持つという格好をしています。それぞれ、漢字集合1面、漢字集合2面と呼びます。

漢字集合1面はJIS X 0208の上位互換の符号化文字集合であり、つまり

図3.12　JIS X 0208とJIS X 0213の関係

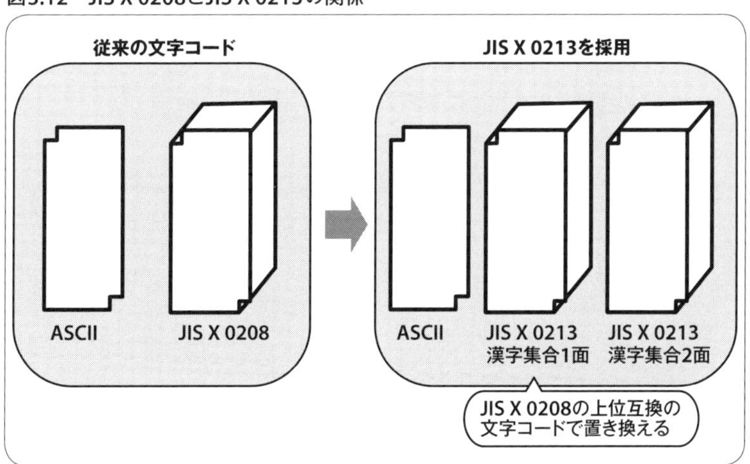

JIS X 0208の空き領域に文字を追加してほとんどの符号位置を埋め尽くしたものです。8,836のコード空間に対し、8,797文字が定義されています。非漢字と漢字の両方を含んでいます。1面に追加された漢字を第3水準漢字と呼びます。

漢字集合2面は新たに設計された符号化文字集合です。2面には漢字のみが定義されており、ここに追加された漢字は第4水準と分類されます。2面においては、JIS X 0212で文字の定義されている区点位置を避けて文字を配置しています。これは、EUC方式で符号化(Appendixを参照)した際にEUC-JPのJIS X 0212と区別がつけられるようにという配慮です。2面には2,436文字が定義されています。

JIS X 0213の漢字集合1面・2面それぞれの文字コード表は、Webで参照できます[注23]。

文字集合の特徴

JIS X 0213は、JIS X 0208の拡張として、現代日本で使用されている文字を符号化することを目標に開発されました。JIS X 0208の上位互換として、合計11,233文字が収録されています。JIS X 0208に対する追加としては4,354文字です。

JIS X 0213で追加された文字は種々のものがありますが、特徴的なものとしては以下が挙げられます。

- 一般の印刷物でよく使われる記号類
- 13区の機種依存文字と互換の文字
- ラテン文字(ISO/IEC 8859の第1部と第2部の文字をすべて含む)
  - 日本語のローマ字表記に必要な長音の母音字
  - 発音記号として使われる文字
  - フランス語、ドイツ語、スペイン語等の表記に必要なアクセント付き等のラテン文字
- ASCIIとの互換性のための文字

注23 JIS X 0213の漢字集合1面 URL https://www.itscj.ipsj.or.jp/iso-ir/233.pdf
漢字集合2面 URL https://www.itscj.ipsj.or.jp/iso-ir/229.pdf

- アイヌ語表記用の片仮名
- 鼻濁音表記用の平仮名・片仮名
- 漢字第3・第4水準
  - 人名用漢字のすべて（JIS X 0208で包摂されていた微小な差を分離したもの）
  - 83JISで字体が大きく変更された漢字29文字の変更前の字体
  - 漢字のへんやつくりなどの部分字体（しんにょう、草冠等）
  - 地名・人名などに使われる漢字

いたずらに文字数を増やして誰も使わないような文字を入れるのではなく、世の中に実際の需要がある文字を選んでいるといえます。符号化される文字が増えるのは良いことばかりではなく、フォント開発などのコストの増大をも意味します。したがって、よく吟味して文字を選定することには重要な意味があるのです。現代日本で現に使われていながらJIS X 0208に含まれていない文字は何であるか、を文字の使用例に即して調査したうえで収録文字の選定が行われました。

一般の印刷物でよく使われる記号類

JIS X 0213で追加された文字のうち、誰にでも広く使われるのが記号類でしょう。たとえば、著作権表示記号©、ユーロ記号€、庵点（いおりてん）（歌記号）〽、丸付き数字①～㊿、❶～⓴、⓵～⓾、矢印⇦⇧⇨⇩↖↗↘↙⇄↔⤴⤵、チェックマーク✓、箇条書きの頭に用いるビュレット•◦、傍点としても用いられるゴマ﹅﹆、将棋の駒☗☖（棋譜で先手番・後手番を表す）、天気の絵文字☀☁☂☃、トランプに使われるマーク（スート）♤♠♡♥♢♦♧♣、ます記号〼、蛇の目◉、項番などに用いる丸付きの文字ⓐⓑⓒ㋑㋺㋩……、電話の絵文字☎、ダブルハイフン゠、リターン記号⏎、スペース記号␣、など多種多様なものがあります。

これらの中にはワープロソフトなどでは特殊文字として特別な入力法によって入力可能だったものもありますが、プレーンテキストで自在に書けるとさまざまな応用が可能です。テキストエディタでメモを取るときにも便利でしょう。

丸付き数字が50まであるのは、公用文での必要性に応じたものとのことです。また、丸付きの片仮名は全部を網羅するのでなく、アイウ……とイロハ……のそれぞれの順に使ったときに適当な個数まで表現できるように選ばれています。全部で25文字が用意されています。

括弧類も増えています。辞書類でよく見かける白抜きや二重の括弧類〘〙〖〗⦅⦆やダブルミニュート〝〟[注24]、あるいはフランス語で使われる引用符のギュメ«»も採録されています。ギュメは元々JIS X 0208にある二重山括弧《》とは別に追加されました。

▪——13区の機種依存文字と互換の文字

JIS X 0208の13区は空き領域になっていますが、ここに①②などの丸付き数字を入れた機種依存文字の実装が広く使われてきた経緯があります。日本語版Windowsがこれにあたります。もちろん実装によっては丸付き数字以外の機種依存文字が入っている場合もあれば(有名なのはMacintoshの㈪㈫など)、規格どおり空き領域のままにした実装もあるので、こうした丸付き数字は文字化けの元になっていました。

JIS X 0213は丸付き数字等を収録する際、Windowsの13区の機種依存文字と同じ区点位置に収めています。このため、Shift_JISで13区の丸付き数字を使ったテキストデータは、コード変換なしにそっくりそのままJIS X 0213のデータとして扱うことができます[注25]。

丸付き数字だけでなく、ローマ数字ⅠⅡⅢや、あるいは㍼、㍻、㌔、㌧、㎞、㎎のように1文字の枠の中に組み合わせた文字も含んでいます。後者の組み合わせ文字はとくに「国内実装互換」として分類されています。JIS X 0213の採録基準からは外れているが、互換性の便宜のために採用したものと解釈できます。

ただし、13区の機種依存文字であっても、他の面区点位置に同じ文字が

注24　ノノカギ、ちょんちょんなどとも呼ばれます。

注25　ただし、ISO-2022-JPのようにエスケープシーケンスを用いる符号化方式では、JIS X 0213のエスケープシーケンスを使うよう変更する必要があります。JIS X 0208のエスケープシーケンスを指示した状態でJIS X 0208にない文字を使うことは許容されません。詳細はAppendixに記します。

存在するものについては不採録となっています。採録すると重複符号化になってしまいます。図3.13にJIS X 0213の13区の記号類を示します。

■——ラテン文字・発音記号

JIS X 0213は、アクセント等のダイアクリティカルマークの付いたラテン文字を多く収録しています。

日本語のローマ字表記に必要な文字

日本語のローマ字表記では、長音を書き表すためにāあるいはâといった書き方をしますが、これらの文字はJIS X 0208では表現できませんでした。

このため、日本語のローマ字表記をPCで書くのに難儀する場面が少なくありません。長音の印を省いてしまうと、大木さんも沖さんも「Oki」になってしまい区別が付きません。「大江戸」を「Oedo」と書くと日本語としては「おえど」ですし、かといって背番号1の「OH」[注26]にならって「Ohedo」と書こうものなら「おへど」になってしまいます。

JIS X 0213は日本語のローマ字表記に必要な文字を全部含んでいるので、たとえば、東京の都営地下鉄大江戸線の駅に表示されているようにŌedoと書くことができます。

発音記号として使われる文字

英語の辞書や教材で発音記号として用いられる文字も収めています。

注26 蛇足かもしれませんが、元プロ野球選手・王貞治氏のユニホームに記されていたローマ字のことを指しています。

図3.13 JIS X 0213の13区の記号類

点番号	1	2	3	…	18	19	20	21	22	23	…	29	30	31	32	33	34	…
記号	①	②	③	…	⑱	⑲	⑳	Ⅰ	Ⅱ	Ⅲ	…	Ⅸ	Ⅹ	Ⅺ	㍉	㌔	㌢	…

…	52	53	54	55	56	…	62	63	64	65	…	92	93	94
…	㎏	㏄	㎡	Ⅻ		…		㍻	〝	〟	…		❖	☞

※一部略。網掛けは空き領域。

「wisdom /wízdəm/」「compassion /kəmpǽʃən/」などのように書けます。

ただし、発音記号としてスモールキャピタルによって書き表される文字、たとえばラテン文字「I」を小さく書くものについてはラテン大文字で表現可能として収録されておらず、不便があるかもしれません。将来の改訂において再検討の必要性があることを示唆する文章もあり[注27]、場合によっては追加されるかもしれません。

その他のダイアクリティカルマーク付きの文字など

フランス語やドイツ語、スペイン語、イタリア語などを書くために使われる、ダイアクリティカルマーク付きの文字を収めています。ISO/IEC 8859の第1部と第2部にある文字は全部含んでいるので、西ヨーロッパ・中央ヨーロッパ・東ヨーロッパの数多くの言語を書くことができます。

ドイツ語で使われるエスツェットßや、アクサン付きの文字éやウムラウト付きの文字ö、セディーユの付いたç、北ヨーロッパの言語で用いられるø、åなど多数の文字を収録しています。

例として、JIS X 0213の符号化方式の一つ、EUC-JIS-2004(本書Appendix参照)でpaññāという文字列を符号化したときのバイト値を図3.14に示します。ダイアクリティカルマーク付きのラテン文字が2バイトで符号化されていることが見てとれます。

Latin-1と同じ文字を収録する方針から、ノーブレークスペース(NBSP)とソフトハイフン(SHY)も含んでいます。NBSPとSHYについては、ISO/IEC 8859を取り上げた3.6節を参照してください。ただし、これらは本来のNBSPとSHYの挙動をせずとも、それぞれ単なるスペースやハイフンのように扱ってもよいとされています。また、Latin-1のマイクロ記号はギリシャ文字μ(1-06-44)と同じであるとされ、独立した記号としては収録されていません。

注27 芝野 耕司編著『増補改訂 JIS漢字字典』日本規格協会、p.875。

図3.14 ダイアクリティカルマーク付きラテン文字の符号化の例

70	61	A9 E7	A9 E7	A9 FA
p	a	ñ	ñ	ā

合成用のダイアクリティカルマーク

JIS X 0208が ´（アキュートアクセント）や ¨（ウムラウト）といったダイアクリティカルマークそのものを収録していたのと同様に、JIS X 0213は ~（チルダ）や ¸（セディーユ）などの、JIS X 0208に含まれていなかった記号を収録しています。

これらの記号には、JIS X 0208と同じく合成用でないもの、つまり普通の文字と同じように文字位置の前進を伴うものもありますが、一方で、合成用のダイアクリティカルマークをも収録しています。合成用の記号は文字位置の前進を伴わず、前に置かれた文字と合成されて1文字として表示されます。たとえば「a」の直後に合成用の ¨（1-11-77）を置いたら ä という1文字になるということです。

しかし、JIS X 0213においては合成の機能を実装することは必須要件ではなく、オプションとされています。合成に対応せず単独の記号そのものとして扱っても規格に適合するということです。

通常用いられるダイアクリティカルマーク付きのアルファベットは合成済みの形でJIS X 0213に用意されているので、合成用の記号が必要になることはあまりないでしょう。合成機能がオプションであることから、JIS X 0213の合成用の記号は広く一般に使われるべきものというよりは、合成に対応した特別なアプリケーション用という意味合いが強いように考えられます。

JIS X 0213の合成に対応したアプリケーションとしては、たとえば端末ソフトウェアのmlterm[注28]があります。ただし、mltermは単純な重ね打ちをしているだけなので、きれいな描画結果が得られるとは限りません。

■── ASCIIとの互換性のための文字

JIS X 0208は、ASCIIやJIS X 0201の1バイトコードにある文字をほぼ含んでいますが、一対一で対応のつかないものもありました。

たとえば、二重引用符 " についてはASCIIのものは左右の区別がない一方、JIS X 0208では左右を区別した“と”のそれぞれに符号位置が与えられており「左右の区別のない引用符」というものはありません。このため、対

注28 URL http://mlterm.sourceforge.net/

応付けが困難でした。また、ASCIIにおける'(アポストロフィ)や、-(ハイフンとマイナスのどちらにも用いる記号)、それに~(チルダ)には、JIS X 0208に対応するものがありませんでした(図3.15)。

JIS X 0213は、これら4つの文字を収録しました。これにより、ASCIIやJIS X 0201とのコード変換(いわゆる「全角・半角変換」)が容易となっています。1バイトコードと併用する符号化方式を用いる際はあまり必要でないかもしれませんが、漢字用8ビット符号(Appendixを参照)によって各文字を2バイト固定長で表すときにはとくに有用と考えられます。

■――アイヌ語表記用片仮名

JIS X 0213の重要な功績の一つとして、アイヌ語表記用の片仮名の符号の標準化が挙げられます。

アイヌ文化は元々文字を持っていませんでした。文芸は口伝えで伝承されてきました。和人の書記文化によってアイヌ語を文字に書こうとした際、日本語と異なる発音上の特徴を持つアイヌ語は通常の片仮名だけではうまく表現できませんでした。たとえば、アイヌ語には日本語にない閉音節が

図3.15　JIS X 0208にないASCIIの文字

	ASCII	JIS X 0208にある似て非なる文字
二重引用符	"	“ 1-40　” 1-41　(二重引用符の左右それぞれ)
アポストロフィ	'	’ 1-39　(一重引用符右)
ハイフン/マイナス	-	‐ 1-30　(ハイフン)　− 1-61　(マイナス)
チルダ	~	〜 1-33　(波ダッシュ)

存在します。片仮名には基本的に母音が付いてまわりますから、閉音節は表現できません。閉音節以外にも、通常の片仮名ではそぐわない発音があります。そこで、片仮名を一部工夫して、文字を小さく書く、あるいは半濁点を付けるという方法が編み出されました。

アイヌ語を書くのに使われる特別な片仮名を下記に示します。

セ゚ツ゚ト゚ㇷ゚ㇰㇱㇲㇳㇴㇵㇶㇷㇸㇹㇺㇻㇼㇽㇾㇿ

アイヌ語は北海道やその周辺地域の地名に多くの痕跡を残しており、これら地域の地名の由来を探るには欠かせません。Web上にも多くの地名解説がありますが、アイヌ語を書くうえではHTMLのfontタグで文字サイズを小さくして小書きの片仮名を表現するなどの努力を強いられてきました。

北海道が公開している地名に関する文書[注29]にも、「ニカㇷ゚」(新冠町《にいかっぷちょう》)、「アシㇼペッ」(札幌市清田区)、「シペㇳㇿ」(択捉島蘂取《しべとろ》、北方領土)など地名の由来を記すためにこうした文字が多数現れます。人気漫画『ゴールデンカムイ』(野田サトル、集英社)にも登場人物「アシㇼパ」など各所にこうした字が使われています。

アイヌ語は国会の質問において話された実績もあります[注30]。日本の従来の文字コードは、日本の国会で使われ得る日本国内の言語を記録するのにも不自由するものだったということです。ベンダーの機種依存文字にも、アイヌ語を書くための片仮名を定義したものはありませんでした。日本国内の少数民族の言語であるアイヌ語を書くための文字を、日本で通常使われる文字コードに収録して自在に交換できるようにすることには、大きな社会的意義があります。

JIS X 0213は、これらの文字を収録した世界初の文字コード標準です。たとえば、「プ」を小書きする「ㇷ゚」という文字には、漢字集合1面において0100110 1111000という2バイトのビット組み合わせが対応付けられています。面区点番号は1-06-88であり、GLに呼び出したときは2678、GRではA6F8、SJISでは83F6というコード値になります。

注29 「アイヌ語地名リスト」URL http://www.pref.hokkaido.lg.jp/ks/ass/new_timeilist.htm

注30 アイヌ民族出身の参議院議員、故・萱野茂氏が行いました。

なお、これらの文字をUnicodeで実装した製品に関する一部のベンダー発表や報道に、こうした片仮名を「アイヌ文字」と表現するものがありましたが、通常このような言い方はしません。あくまでも片仮名です。

■――鼻濁音表記用の平仮名・片仮名など

日本語のガ行鼻濁音を書き表すのに、カキクケコに半濁点を付けて記すことがあります。JIS X 0213では、これらの平仮名・片仮名合計10文字が収録されました。下記に列挙します。

か゚き゚く゚け゚こ゚カ゚キ゚ク゚ケ゚コ゚

鼻濁音はガ行の濁音を鼻に抜けるような音で発音するもので、語頭以外のガ行音がこの発音になることがあります。発音の仕方を教えるテキストにおいて、鼻濁音を示すか゚などの文字が使われることがあります。実例は、『新明解日本語アクセント辞典』(三省堂)などに見ることができます。

JIS X 0213で追加された、その他の平仮名・片仮名としては以下のものがあります。

- 「ヴ」「ヵ」「ヶ」に対応する平仮名「ゔ」「ゕ」「ゖ」
- 濁点付きのワ行片仮名「ヷヸヹヺ」

JIS X 0213で追加された仮名文字のうち、平仮名と片仮名の双方があるものについては、従来からある平仮名・片仮名と同様に4区と5区の対応する区点に配置されています。すなわち、4区・5区の1点「ぁ・ァ」から91点「こ゚・コ゚」までは連続した区点位置に平仮名・片仮名の双方が揃っています。片仮名しかないものとしては、5区の92点から94点までと6区の78点から94点にアイヌ語用の片仮名、7区の82点から85点に濁点付きのワ行が配置されています。

文字種別の判定を行うプログラムは、今後はこれらの区点位置も平仮名・片仮名として認識する必要があります。

■——漢字（第3・第4水準）

JIS X 0213は、もちろん漢字を追加しています。漢字集合1面に追加された漢字を第3水準、漢字集合2面に収録された漢字を第4水準と称します。第3水準漢字は1,259文字、第4水準漢字は2,436文字あります。第3水準漢字は、漢字集合1面の中で既存の第1・第2水準の漢字が使っていない領域に配置されています。第2水準の区点の後ろのほかにも、第1水準と第2水準の隙間や、第1水準より前の14区と15区にも詰め込まれています（**図3.16**）。このため、漢字の水準を判別する条件式が複雑になってしまったり、文字を区点番号順に見たときに漢字のはじまりが第1水準でなくいきなり第3水準になってしまったり、という影響があります。

地名や人名、学校教科書に使われる漢字

JIS X 0213は、地名や人名に使われる漢字をよく収集しています。前出の「吐噶喇列島」はもちろん書けます。噶は1-15-20に入りました。本州最東端の地名・魹ヶ崎（とどがさき）（岩手県宮古市）の魹（1-94-33）や、人名ならたとえばダイエーの創業者・中内㓛（いさお）氏の㓛（1-14-59）、作家の里見弴（とん）氏の弴（1-84-22）なども含まれています。

また、学校教科書に使われている文字を集めているのも特徴です。収録の必要な字の調査のために、約1,500冊にも及ぶ学校教科書の全冊調査を行

図3.16　漢字第3水準の位置概要

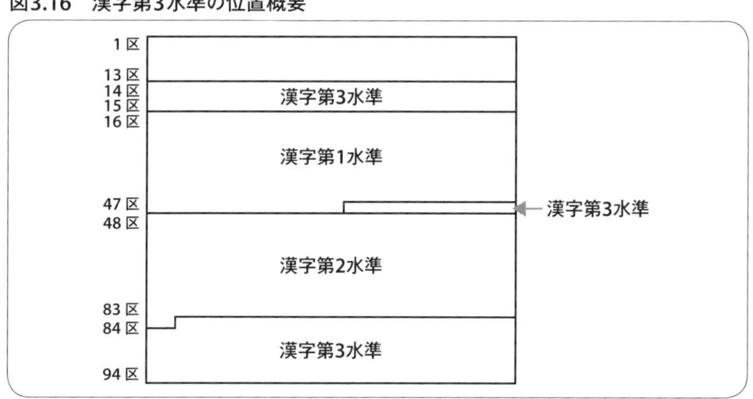

ったとのことです。教科書にそんなに変わった字があるだろうかと疑問に思う向きもあるかもしれませんが、古典ならびに近現代の文学、あるいは歴史、書道、工業などの専門分野では学校教育の範囲でもJIS第1・第2水準外の漢字が使われていることがあります。

収録された文字の収集にあたって

文字の収集にあたっては、「現代日本語文脈で」「安定して用いられる」「印刷された用例」注31が確認できることを前提としたとのことです。規格票には各文字の使用文脈の例がふんだんに掲載されています。現実に使われている文字であることを保証するため、また、幽霊漢字のような問題を避けて、個々の符号位置が何の字を意図しているのか明確にするためといえるでしょう。誰もが知っているような字には不要ですが、使用の稀な字ほどこうした配慮が必要です。

第2水準でさえも見たこともないような字が多いのに、第3水準なんて使う機会があるのか、と思う方もあるかもしれません。しかし、新聞社のWebサイトなどでよく外字扱いになっている字のほとんどは第3・第4水準で表現可能です。「草なぎ剛」「トウ小平」「深セン」「李承ヨプ」「楊潔チ」注32などという表記はJIS X 0213を使えば不要になります。龐統(ほうとう)、荀彧(じゅんいく)、程昱(ていいく)、邢道栄(けいどうえい)などの人名を書けるので三国志ファンの方も何かと楽になるでしょう。

高校の世界史の授業に必要な漢字もあります。たとえば、「澶淵(せんえん)の盟」の澶(1-87-21)、「璦琿(あいぐん)条約」の璦(1-88-30)、五胡十六国時代の五胡の一つ氐(1-86-47、てい)などがあります。

文学作品にも第1・第2水準外の漢字が少なからずあります。広く親しまれている夏目漱石の『吾輩は猫である』には、餡(2-92-68、あん)、躕(1-92-39、ちゅう)、餤(1-87-64、えん)などの第3・第4水準漢字が使われています。漱石などの文学作品を符号化している青空文庫では以前よりJIS X 0208にない漢字の用例を多数収集しており、JIS X 0213の標準化の際には

注31 JIS X 0213:2000「解説」より。

注32 それぞれ、草彅剛氏、中国の政治家・鄧小平氏、中国の地名・深圳、プロ野球選手・李承燁(イスンヨプ)氏、中国の政治家(元外務大臣)・楊潔篪(ヨウケツチ)氏。

その用例データも活用されたそうです。文学や固有名詞以外でも、日本酒の製法の「生酛」(きもと)の酛(1-92-86)、建築用語の「斗栱」(ときょう)の栱(1-85-65)など、専門用語には第3第4水準漢字がしばしば見られます。

岦問題の字体の新規追加による解決

JIS X 0208の有名な誤字岦(54-12)が元々意図していたはずの漢字𡚴(あけび)も晴れて1-47-67に収録されました。ここで、正しい字を新規に追加するのでなく1-54-12のほうの字体を変えてしまってはという意見があったそうですが[注33]、そうならなかったのは幸いでした。1-54-12の字体を変えてしまうと、「『岦』は有名な誤字である」と書いた電子テキストがいつのまにかまったくの間違いになってしまいます。83JISの字体入れ替えの問題と同じことです。

199の包摂規準

包摂規準については97JISのものを踏襲しつつ、新たに13規準を追加し合計199の包摂規準を定義しています。ただし、下記の人名用漢字ならびに常用漢字のいわゆる康熙(こうき)字典体[注34]の分離によって追加された面区点位置には包摂規準が適用されないため、何が包摂されて何が区別されているのか、いちいち資料にあたらないと判別のつかないケースが増えたように思えます。

人名用漢字のすべて　JIS X 0208で包摂されていた微小な差を分離したもの

JIS X 0208は人名用漢字のすべてを符号化できますが、微小な字体差を区別していないケースがあります。たとえば、常用漢字の字体の海と、中の縦線が点2つになっている海とは、人名用漢字としてはどちらも使用できますが、JIS X 0208では包摂されて両者ともに同一の区点位置19区4点で表すことになっていました。この形状の差は書き方のちょっとした違いに過ぎず、本来は別々のコードを振って区別するようなものではなかったのです。

JIS X 0213では、人名用漢字で区別されている字体についてはすべて分離して別の面区点位置を与えています。上記の「海」は1-86-73に入って、

注33　小池 和夫、府川 充男、直井 靖、永瀬 唯『漢字問題と文字コード』(太田出版、1999)のp.45。

注34　いわゆる康熙字典体とは、明治以来の伝統的な活字の字体です。常用漢字表では、常用漢字の字体が明治以来の活字体と異なるものについては括弧書きでこの「いわゆる康熙字典体」を記し、伝統的な活字体とのつながりを示しています。

「海」(1-19-04)と区別できるようになりました。ほかには、たとえば福と福、勤と勤(左上部分に注目)、猪と猪(点の有無の違い)、など多数があります。人名用漢字として使えない字体であっても、常用漢字表において括弧書きされている、いわゆる康熙字典体についてはやはり分離されています。概に対する槪などが相当します。

こうした分離を歓迎する向きもあると思いますが、中には虫眼鏡で見ないとわからないような差もあります。勉(1-42-57)と勉(1-16-67)などは、どう違うのかわからないという人もいるでしょう(図3.17)。あまり細かな差で分けられていると、思わぬ入力ミスなどの元になりかねません。

また、どの字について分離されたのかが普通の人にはすぐにはわからない、という問題もあります。福(1-42-01)と福(1-89-33)の示偏の違いは別符号位置に分離されていても、祇(1-21-32)における示偏の違いは同一符号位置に包摂されています。示偏の違いが、どの字では包摂されていてどの字では分離されているのか、なかなかわからないでしょう。常用漢字にある示偏を持つ文字についてはすべて示偏の違いが別符号位置に分離されているのですが、どれが常用漢字かというのは普段なかなか意識しないでしょうから、結局のところ資料にあたらないと判断がつかないことが多いのではないでしょうか。

人名用漢字に関連して追加(正確にいえば分離)された漢字は、すべて第3水準に入っています。

1983年改正で字体が大きく変更された漢字29文字の変更前の字体

JIS X 0208の1983年改正で影響の大きかった字体変更について、変更される前の、つまり78JISの字体が別の面区点位置に追加されました。これに伴い、97JISの包摂規準の特例「過去の規格との互換性を維持するための包摂規準」はJIS X 0213からは削除されました。

図3.17　細かな字体差

勉	勉
1-42-57 (第1水準)	1-16-67 (第3水準)

よく例として出される鷗(1-94-69)はこれにあたります。ほかにも、冒瀆、祈禱、蠟燭、飛驒、蓬萊、あるいは囓む、摑むなどをPCで書こうとしてストレスがたまっていた人には朗報でしょう。**表3.1**にこれらの文字の一覧を示します。上段は83JISで字体の変えられた文字、下段はそれに対応してJIS X 0213で追加された文字です。

これら「復活」字体については、すべて第3水準に入っています。

漢字のへんやつくりなどの字体記述要素

爫、⻌、衤、亻(人偏。片仮名のイではありません)、⻊、艹など、漢字の字体記述要素が収録されています。漢字の教材などに有用でしょう。字体記述要素には、漢字集合2面(第4水準)に追加されたものが多くあります。JIS X 0213の包摂規準においては⻌と⻍、飠と𩙿などの違いは包摂されていますが、字体記述要素としてはそれぞれ独立した面区点位置を与えられています。

符号化方式

JIS X 0213は、JIS X 0208が定義しているすべての符号化方式について対応する符号化方式を用意し、スムーズな移行ができるよう配慮されています。合計9種類の符号化方式を定義しています。

規格本体にある6種類の符号化方式は97JISのものと同じ名称であり、対応する97JISの符号化方式の上位互換になっています。たとえば、JIS X 0213の「国際基準版・漢字用8ビット符号」は、JIS X 0208の同名の符号化方式の上位互換です。

附属書には3種類の符号化方式が定義されており、それぞれShift_JIS-2004、

表3.1　JIS X 0213:2000(JIS2000)で復活した簡略化前の字体

種類	字体
83JIS略字	唖焔鴎噛侠躯鹸麹屡繍蒋醤蝉掻騨箪掴填顛祷涜嚢溌醗頬麺莱蝋攅
JIS2000復活	啞焰鷗囓俠軀鹼麴屢繡蔣醬蟬搔驒簞摑塡顚禱瀆囊潑醱頰麵萊蠟攢

ISO-2022-JP-2004、EUC-JIS-2004です。最初の二つは、JIS X 0208の「シフト符号化表現」(Shift_JIS)と「RFC 1468符号化表現」(ISO-2022-JP)に対応するものです。EUC-JIS-2004はEUC-JPのJIS X 0213版といえるものです。

それぞれの符号化方式については、Appendixを参照してください。

■——符号化方式をめぐる論議 規定か、参考か

附属書の3種類の符号化方式は、JIS X 0208:1997の附属書の符号化方式と同様に「規定」として定義されるはずでしたが、規格制定の土壇場になって、ベンダー独自の機種依存文字を擁護する意見が反映される形で「参考」となってしまいました。このことは、当時センセーショナルに報道されました。

「規定」ではなく「参考」になったことが、現実の製品にどの程度影響したかは定かではありません。

規定として定義されていたなら、ベンダーから出荷される製品にすぐさま実装されたはずだとはいえません。もし製品が規定を忠実に反映しているというならば、附属書でなく本体に「規定」されている6種類の符号化方式のいずれかが広く実装されていなければならないことになりますが、実際にはそうなっているとは言い難いからです。もっといえば、JIS X 0208:1997には機種依存文字を原則的に使ってはならない「規定」があるのだから[注35]、JIS X 0208を実装したベンダーの製品はそれに従わなければならないことになりますが、この規定を守らずに機種依存文字を実装している製品も存在します。規定だからといって遵守されるとは限らないのが現実です。

一方、「参考」という形の定義であっても、後でふれるようにさまざまな実装がすでに存在するので、「参考」であることがただちに使用の妨げになるともいえません。

いずれにせよ、附属書の3種類の符号化方式が「参考」になったことは、機種依存文字がインターネット時代になってもなお温存されたことの象徴的な出来事と見ることができるでしょう。

注35 JIS X 0208:1997の3.1.2節。

2004年改正の影響　表外漢字字体表と例示字形

2000年にJIS X 0213初版が制定された後、国語審議会の答申「表外漢字字体表」が発表されました。常用漢字外の漢字の字体についてのよりどころとなるものです。JIS X 0213は、これに合わせて文字コード表の例示字形を変更することになりました。

JIS X 0213をはじめとして文字コードは一般に、漢字の字体を「こう書くべき」と定めるものではありません。文字コードは現実の文字に対応する符号化表現を定めるものであって、字体がどうあるべきかという規範を定めることは守備範囲外です。表外漢字字体表に示された字体はJIS X 0213の包摂の範囲内のため、理屈としてはJIS X 0213の例示字形を変えなくとも表外漢字字体表に対応することは可能でした。

しかしながら、フォント開発の際には規格票の例示字形があたかも規範であるかのように扱われることがあることから、例示字形を表外漢字字体表に合わせることになったのです。

2004年改正の例示字形の変更は、JIS X 0213の包摂規準の範囲内で行われています。つまり、元々どちらの形に作ってもよかったものなので、この字形変更に追随してもしなくても、規格への適合性という点では変わりありません。たとえば、よく例として出される辻のしんにょうの点の数は、1つであっても2つであっても、JIS X 0213の2000年版にも2004年版にも（さらにいえばJIS X 0208:1997にも）適合します（**図3.18**）。したがって、フォントデザインを変えた際に「JIS2004に合わせて2点しんにょうに変更した」という言い方は適当ではありません。JIS2004は2点しんにょうにデザインするよう求めているわけではないからです。言うのであれば「JIS2004の例示字形に合わせて変更した」あるいは「表外漢字字体表に合わせて変更した」という表現が適当です。

■── Unicodeとの対応関係　表外漢字UCS互換

ただし、例示字形を表外漢字字体表に合わせると、Unicodeとの対応関係に問題が生じるものが10文字ありました。これらは、JIS X 0213では2つの字体が包摂されているがUnicodeでは分離されているというものです。つまり、JIS X 0213で包摂されているからといって例示字形を変えてしまうと、既存のUnicodeとの対応表で定義されている符号位置とは別のUnicode位置に対応してしまうというものです(図3.19)。JISとUnicodeの間の変換は広く行われているので、対応付けを変えると混乱の元となってしまいます。

これら10文字については例外的に、**表外漢字UCS互換**として、表外漢字字体表の字体に対して既存の文字とは別の独立した面区点位置を与えられました。たとえば嘘という漢字は1-17-19にありますが、下の部分がカギ状になっている字体嘘について、1-84-07として新たに追加しました。

図3.18 「辻」の字形バリエーション

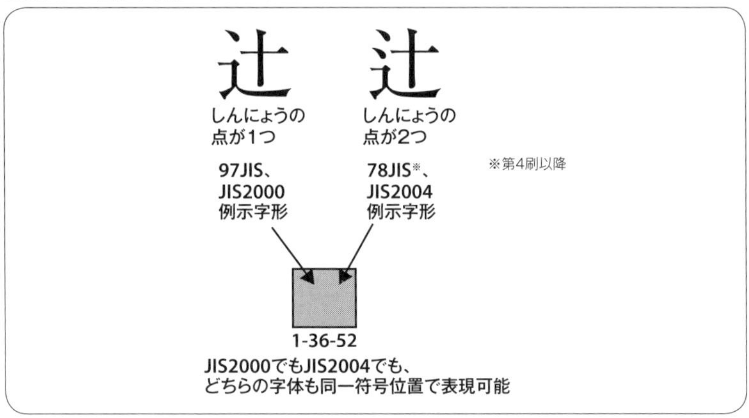

図3.19 例示字形を変えるとUnicodeとの対応に問題を生じる例

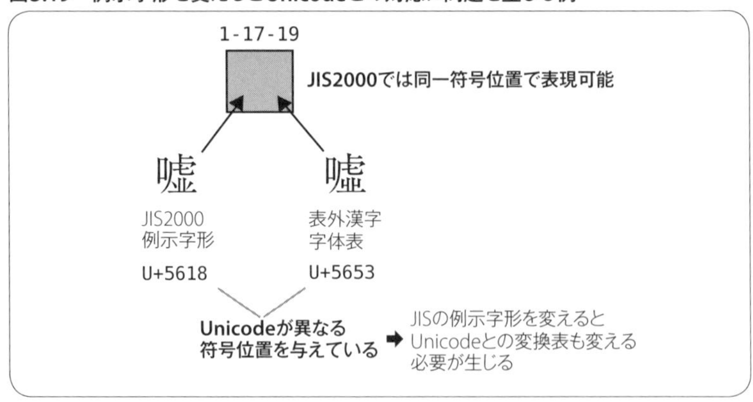

表3.2に表外漢字UCS互換の10文字を示します[注36]。

したがって、符号化文字集合の定義という観点から見たJIS2004のおもな変更点というのは、1面に10文字が追加されただけということになります。エスケープシーケンスの変更や包摂規準の例外規定追加という技術的変更もありますが、それらは10文字追加に付随して発生したものです。

それ以外には、JIS X 0213の2000年版でUnicodeに入っていなかった文字について、最新のUnicodeの対応する符号位置と文字名が記載されたという変更点もあります。

ソフトウェアのJIS X 0213対応状況

JIS X 0213は当初は普及のペースが遅かったですが、著名なフリーソフトウェア/オープンソースソフトウェアを中心に実装が増えてきました。例として、テキストエディタのEmacs、Emacs上の仮名漢字変換プログラムSKK、プログラミング言語Python、PHP、Java、Ruby、PerlのモジュールEncode-JIS2K、データベースのPostgreSQL、多言語対応端末ソフトウェアのmlterm、文字型Webブラウザのw3m、コード変換プログラムのiconv(第

注36 これらのうち、「剝」と「𠮟」は2010年に常用漢字に入りました。つまり「表外漢字」でなくなっています。

表3.2 表外漢字UCS互換の10文字

追加された文字	面区点番号	対応する既存の文字	対応する既存の文字の面区点番号
俱	1-14-1	倶	1-22-70
剝	1-15-94	剥	1-39-77
𠮟	1-47-52	叱	1-28-24
吞	1-47-94	呑	1-38-61
噓	1-84-7	嘘	1-17-19
姸	1-94-90	妍	1-53-11
屛	1-94-91	屏	1-54-2
幷	1-94-92	并	1-54-85
瘦	1-94-93	痩	1-33-73
繫	1-94-94	繋	1-23-50

5章を参照)等が挙げられます[注37]。

総じて、特定のベンダーに依存しないプロジェクトではJIS X 0213を採用しやすいように考えられます。

商用ソフトウェアでは、macOS、およびその上で動くエディタ「テキストエディット」やWebブラウザ「Safari」がShift_JIS-2004に対応していたり、データ変換ソフトウェアのACMS AnyTran(データ・アプリケーション社の製品)が附属書の3種類の符号化方式に対応していたりします。一方、WindowsはJIS X 0213自体を実装しているわけではありませんが、Unicodeの部分実装として、JIS X 0213に対応している文字が含まれています。

近年刊行される漢字辞典類には、各漢字についてJIS X 0213の面区点番号や符号化表現を記載したものが増えています(『新潮日本語漢字辞典』(新潮社)、『漢字源』(学研)など)。参照用の符号としてはかなり普及しています。

3.6 ISO/IEC 8859シリーズ 欧米で広く使われる1バイト符号化文字集合

ISO/IEC 8859は8ビットの1バイトコードで、おもにヨーロッパやアメリカで広く使われています。ISO/IEC 2022に整合的な構造をしています。

ISO/IEC 8859(シリーズ)の概要

ISO/IEC 8859には第1部から第16部まで、欠番となっている第12部を除き、合計15のパートがあります。それぞれのパートが、ASCIIの上位互換となる8ビットの1バイトコードを定義しています。つまり、8ビット符号表のGL領域(`0x20`から`0x7F`まで)はASCIIに決まっており、GR領域(`0xA0`から`0xFF`まで)には各パートごとに文字コード表を定義しています。

注37 ちなみに本書初版の草稿は、EmacsとSKKを使ってEUC-JIS-2004のテキストとして作成しました。原稿を出版社に送るのにはUTF-8に変換していましたが、Unicodeの結合文字の問題を避けるため、Emacsで編集中はEUC-JIS-2004をもっぱら使用し、完成した後でiconvを使ってUTF-8に変換していました。当時はこの環境がベストでしたが、現在は、PC標準のOSに第3・第4水準漢字の入力環境も整ってきており、日本語入力環境は初版の原稿執筆時より良くなっています。

多くはヨーロッパの各地域向けのものです。一方、中にはタイ文字やアラビア文字のパートもあります。

ヨーロッパ各地域向けといっても、互いに排他になるよう作られているのではなく、オーバーラップしている文字も多くあります。たとえば、スウェーデン語に使われる文字は第1部にも第10部にも入っています。

それだけでなく、ある地域向けに作られたパートを作り直して新たなパートとしている例もあります。したがって、15部あるといっても実際に広く使われているものはもっと少なくなります。

現在はISO/IEC 10646の開発に注力することから、8859シリーズの新たなパートの開発は行われていません。

Latin-1　ISO/IEC 8859-1

ISO/IEC 8859-1、通称Latin-1は、西ヨーロッパ諸言語向けの符号化文字集合です。規格名称は「Information technology — 8-bit single-byte coded graphic character sets — Part 1: Latin alphabet No. 1」です。

Latin-1の文字コード表を図3.20に示します。図3.20の表は8ビット符号

図3.20　Latin-1（ISO/IEC 8859-1）の文字コード表

				b7	0	0	1	1	1	1
				b6	1	1	0	0	1	1
				b5	0	1	0	1	0	1
b4	b3	b2	b1		10	11	12	13	14	15
0	0	0	0	0	NBSP	°	À	Ð	à	ð
0	0	0	1	1	¡	±	Á	Ñ	á	ñ
0	0	1	0	2	¢	²	Â	Ò	â	ò
0	0	1	1	3	£	³	Ã	Ó	ã	ó
0	1	0	0	4	¤	´	Ä	Ô	ä	ô
0	1	0	1	5	¥	µ	Å	Õ	å	õ
0	1	1	0	6	¦	¶	Æ	Ö	æ	ö
0	1	1	1	7	§	·	Ç	×	ç	÷
1	0	0	0	8	¨	¸	È	Ø	è	ø
1	0	0	1	9	©	¹	É	Ù	é	ù
1	0	1	0	10	ª	º	Ê	Ú	ê	ú
1	0	1	1	11	«	»	Ë	Û	ë	û
1	1	0	0	12	¬	¼	Ì	Ü	ì	ü
1	1	0	1	13	SHY	½	Í	Ý	í	ý
1	1	1	0	14	®	¾	Î	Þ	î	þ
1	1	1	1	15	¯	¿	Ï	ß	ï	ÿ

表のGR領域にあたる部分です。通常はGLにASCIIを呼び出した状態で用います。つまり、`0x7F`以下のバイト値はASCIIであり、第8ビットの立った値が図3.20の文字コード表に対応することになります。

ISO/IEC 8859-1自身が述べるところによると、この符号化文字集合は以下の言語に対応しているとのことです。

> アルバニア語、バスク語、ブルトン語、カタルーニャ語、デンマーク語、オランダ語、英語、フェロー語、フィンランド語、フランス語(制限あり)、フリジア語、ガリシア語、ドイツ語、グリーンランド語、アイスランド語、アイルランドゲール語、イタリア語、ラテン語、ルクセンブルク語、ノルウェー語、ポルトガル語、レートロマンス語、スコットランド=ゲール語、スペイン語、スウェーデン語

この言語リストからは、日本の読者にはあまり縁がないという印象を持たれるかもしれませんが、文字コード表を見ると日本で使われる文字や記号も含んでいることがわかります。

たとえば、乗算記号×、除算記号÷、通貨の円記号¥、著作権表示記号©、あるいは日本語のローマ字表記にも用いられるâ î û ê ôといった文字があります。

■——ノーブレークスペース(NBSP)とソフトハイフン(SHY)

特殊な文字として、制御文字に近い性質を持つ2つの文字、ノーブレークスペース(NBSP)とソフトハイフン(SHY)があります。これらは欧文の整形の制御にかかわるものです。欧文を整形する際は、語間のスペースの位置で改行したり、長い単語の途中で改行して行末にハイフンを付けたりします。NBSPとSHYはこうした改行の位置の決定に関係します。

NBSPは、その位置での改行を禁じるスペースです。テキストを整形する際、通常の語間のスペースはその位置で改行できますが、NBSPはそうした改行を許さないようなスペースです。NBSPの位置では改行されず、常に空白として表示されます。

SHYはハイフンの一種ですが、通常はハイフンの形が表示されず、テキスト整形の際にその位置で改行を行う場合にはハイフンが現れるというものです。欧文において単語の中で改行する場合はどこで切ってもよいわけ

ではなく、改行可能な位置が決まっています。SHYはそうした位置を明示するために使用できます。

Latin-2 ISO/IEC 8859-2

ISO/IEC 8859-2、通称Latin-2は、中央ヨーロッパ・東ヨーロッパ向けの符号化文字集合です。規格名称は「Information technology — 8-bit single-byte coded graphic character sets — Part 2: Latin alphabet No. 2」です。

ISO/IEC 8859-2自身の述べるところによると、この符号化文字集合は以下の各言語に対応しているとのことです。

アルバニア語、クロアチア語、チェコ語、英語、ドイツ語、ハンガリー語、ラテン語、ポーランド語、ルーマニア語、スロバキア語、スロベニア語、ソルブ語

Latin-2の文字コード表を図3.21に示します。Latin-1と共通する文字は同じ符号位置に配置されています。たとえばâという文字は、Latin-1でもLatin-2でも14/2の位置(コード値`0xE2`)にあります。

図3.21 Latin-2(ISO/IEC 8859-2)の文字コード表

				b7	0	0	1	1	1	1
				b6	1	1	0	0	1	1
				b5	0	1	0	1	0	1
b4	**b3**	**b2**	**b1**		10	11	12	13	14	15
0	0	0	0	0	NBSP	°	Ŕ	Đ	ŕ	đ
0	0	0	1	1	Ą	ą	Á	Ń	á	ń
0	0	1	0	2	˘	˛	Â	Ň	â	ň
0	0	1	1	3	Ł	ł	Ă	Ó	ă	ó
0	1	0	0	4	¤	´	Ä	Ô	ä	ô
0	1	0	1	5	Ľ	ľ	Ĺ	Ő	ĺ	ő
0	1	1	0	6	Ś	ś	Ć	Ö	ć	ö
0	1	1	1	7	§	ˇ	Ç	×	ç	÷
1	0	0	0	8	¨	¸	Č	Ř	č	ř
1	0	0	1	9	Š	š	É	Ů	é	ů
1	0	1	0	10	Ş	ş	Ę	Ú	ę	ú
1	0	1	1	11	Ť	ť	Ë	Ű	ë	ű
1	1	0	0	12	Ź	ź	Ě	Ü	ě	ü
1	1	0	1	13	SHY	˝	Í	Ý	í	ý
1	1	1	0	14	Ž	ž	Î	Ţ	î	ţ
1	1	1	1	15	Ż	ż	Ď	ß	ď	˙

その他のパート

以下に、ISO/IEC 8859の各パートの完全なリストを掲げます。前述のとおり、Part 12は存在しません。

- Part 1：Latin alphabet No. 1
- Part 2：Latin alphabet No. 2
- Part 3：Latin alphabet No. 3
- Part 4：Latin alphabet No. 4
- Part 5：Latin/Cyrillic alphabet
- Part 6：Latin/Arabic alphabet
- Part 7：Latin/Greek alphabet
- Part 8：Latin/Hebrew alphabet
- Part 9：Latin alphabet No. 5
- Part 10：Latin alphabet No. 6
- Part 11：Latin/Thai alphabet
- Part 13：Latin alphabet No. 7
- Part 14：Latin alphabet No. 8 (Celtic)
- Part 15：Latin alphabet No. 9
- Part 16：Latin alphabet No. 10

Part 7はギリシャ文字を収録しています。アクセント記号付きの文字も含んでいます。

Part 11はタイ文字のパートです。タイの文字コード規格TIS-620とほぼ同等です。この符号化文字集合は、複雑な構造を持つタイ文字の表現のため、ベースとなる文字の周囲に構成要素を合成するための結合文字を定義しているという、Latin-1などにはない特徴を備えています。

Part 15はLatin-1と同じ地域向けのコードの作り直しになっています。Latin-1の使用頻度の少ない記号の代わりに、ユーロ記号や、フランス語用の一部の文字等を収めています。Latin-9あるいはLatin-0と呼ばれることもあります。

3.7 UnicodeとISO/IEC 10646 国際符号化文字集合

UnicodeおよびISO/IEC 10646は、世界中の文字を収めることを目標にした符号化文字集合です。

UnicodeおよびISO/IEC 10646（UCS）の概要

ISO/IEC 10646は規格名称を「Information technology — Universal Coded Character Set（UCS）」といい、この規格が定義する文字コードのことを簡単にUCSと呼ぶこともあります。UCSという略語を見たら、それはISO/IEC 10646のことであり、Unicodeと同じだと思ってかまいません。

ISO/IEC 10646は、JIS X 0221としてJISにもなっています。規格名称を「国際符号化文字集合（UCS）」といいます。このJISは、技術的内容が10646と完全に一致するように作られています。日本語で読みたい場合にはJIS X 0221を参照するとよいでしょう。図3.22にUnicodeとISO/IEC 10646とJIS X 0221の関係を示します。本書では基本的にUnicodeとUCSとを区別せずに、Unicodeという言葉で代表して示します。

2.5節で述べたとおり、Unicodeは世界中の文字を一つの表に収めるべく開発されています。漢字、平仮名、片仮名、ラテン文字、ギリシャ文字、キリル文字、アラビア文字、タイ文字、ハングル、タミル文字、カンナダ文字、グルムキー文字[注38]等々、有名なものから耳慣れないものまで、実にさまざまな文字を収録しています。

注38 タミル文字、カンナダ文字、グルムキー文字はいずれもインドで使われる文字。

図3.22 UnicodeとISO/IEC 10646とJIS X 0221の関係

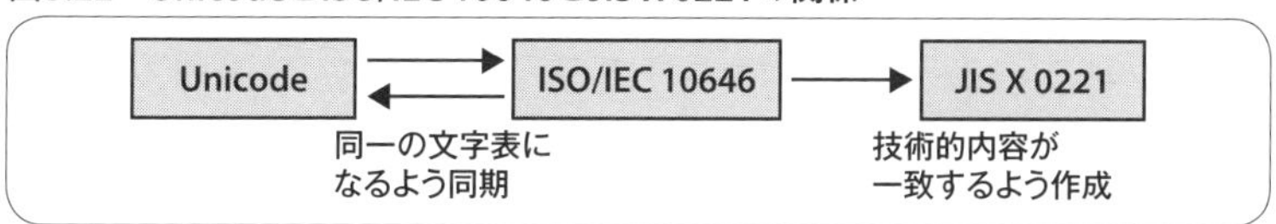

通常、Unicodeの実装は、全文字を実装するというよりは部分実装になります。Unicodeはコード空間の空いている部分に随時文字が追加されていくものなので、ある時点で全文字を実装していたとしても時が経つと部分実装になってしまいます。また、あるシステムはアラビア文字しか実装していず、もう一方のシステムはハングルしか実装していないということもあり得ます。この場合に両者の間でデータ交換をすると、同じUnicodeに対応しているとはいえ、互いに全然表示できないということになります。

符号の構造　UCS-4、UCS-2、BMP

ISO/IEC 10646が元々4バイトの符号であること、また2バイトのサブセットの符号があることを、2.5節「国際符号化文字集合の模索と成立」で述べました。この4バイトの符号を**UCS-4**と呼びます。また、そのサブセットの2バイトの符号を**UCS-2**といいます。

UCS-4を構成する4バイトは、それぞれ群(*group*)、面(*plane*)、区(*row*)、点(*cell*)に対応します。群は16進数で00から7Fまでの128(2^7)、面・区・点はそれぞれ00からFFまでの256(2^8)あります。すなわち、UCS-4には全部で2^{31}の符号位置があることになります。文字の符号化のためのコード空間としては無限といっていいほどの広さです。ただし、ISO/IEC 10646の2011年版以降では、群00の最初の17面だけを残して、それ以外の群と面は削除されて存在しないことになりました。

群00の面00がUCS-2に相当する面であり、この面を**基本多言語面**(*Basic Multilingual Plane*、略して**BMP**)と呼びます。BMPは元々のUnicodeにあたります(**図3.23**)。以後、面xxのように表すときは16進数を用います。すなわち、面10とは面00から数えて17番めの面です。

UCS-2(元々のUnicode)ではBMPの文字しか表現できません。そこで、UCS-2を拡張したUTF-16という符号化方式が開発され、UCS-2の上位互換の形式でBMP以外の面の文字も表現できるようになりました。

UTF-16ができてBMP以外の面を指すことができるようになったとはいえ、この方式で表現できるのは最初の17の面の符号位置だけです。そこで、現在では、UTF-16で表すことのできない面、すなわち群00の面10より先の面は削除されました。UTF-16の制約によって、符号空間に上限が設けられたわけです。

通常用いる文字の多くはBMPに含まれています。その他、漢字が面02に追加されています。面01にも歴史上の文字等が追加されています。面0Eには普通の意味の文字ではない、特殊用途の符号が定められます。また、まるごと私用領域として定義されている面が面0Fと面10です。私用領域には利用者が文字を割り当てて使うことができます。

■── Unicodeの符号位置の表し方

Unicodeの符号位置を表すのに、`U+4E00`のように、接頭辞`U+`を付けた4桁～6桁の16進数が使われます。BMP内の符号位置は4桁で表せるので、4桁の形式を目にすることが多いでしょう。たとえば、上記の`U+4E00`は、BMPの中で「一（いち）」という漢字が割り当てられている符号位置です。また、`U+20B9F`という符号位置は面02の中を指します。UTF-16で指し示すことのできる符号位置の上限は`U+10FFFF`です。

図3.23　UCS-4の構造とBMP。ただし、現在有効なのは最初の17面のみ

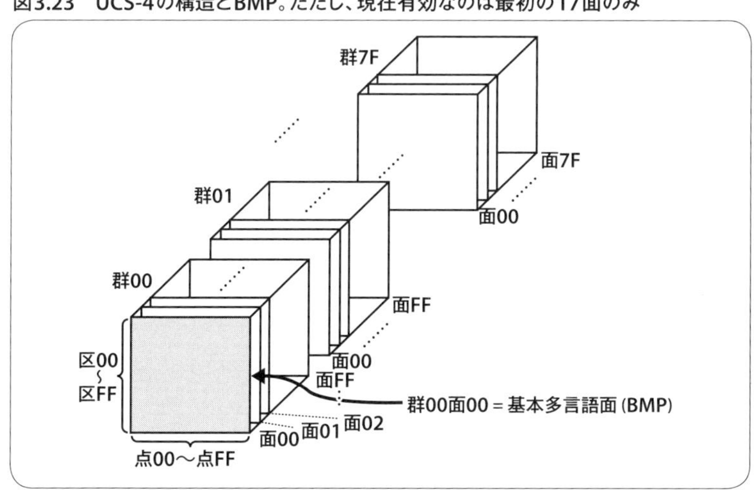

■——基本多言語面(BMP)

BMPには、多くの言語を表記するための文字が含まれています。使用機会の多い文字のほとんどはBMPに入っているといっていいでしょう。図3.24にBMPの大まかな構成を示します。

BMPの先頭128符号位置はASCIIと同等に、その先の128符号位置はISO/IEC 8859-1と同等に作られています。

そこからしばらくは、拡張ラテン文字やギリシャ文字、キリル文字といった各種のアルファベット類、アラビア文字、インド系の文字群、記号類等が続きます。平仮名や片仮名、漢字、ハングルといった東アジアの文字はその後に配置されています。いくつか主立った領域を挙げると、

図3.24　BMPの大まかな構成

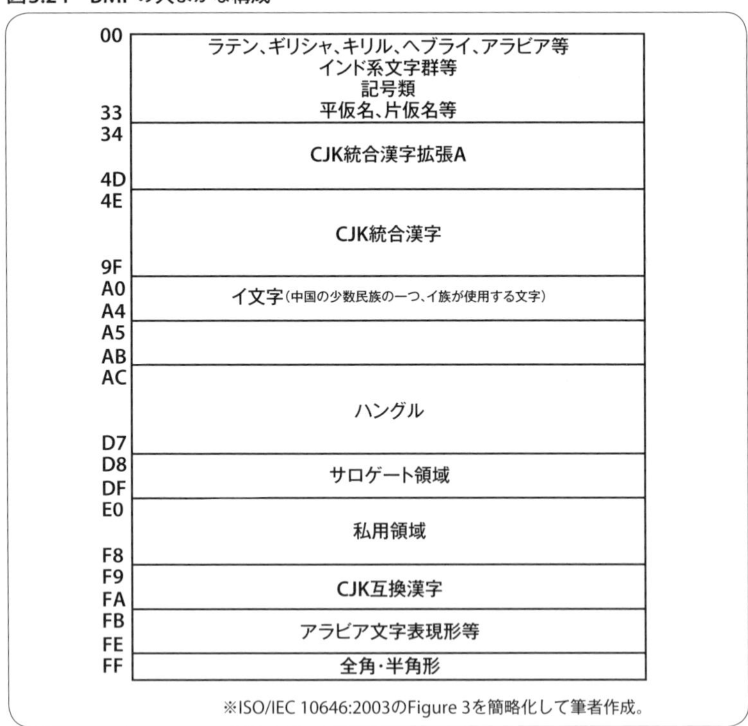

- U+3040〜U+309F：平仮名
- U+30A0〜U+30FF：片仮名
- U+31F0〜U+31FF：アイヌ語用に追加された片仮名(半濁点の付いたもの以外)
- U+D800〜U+DFFF：UTF-16に用いるサロゲートペアの領域として確保されており、文字の割り当てはない。サロゲートペアについては、4.3節内のUTF-16の項を参照
- U+E000〜U+F8FF：私用領域として定義されている。私用領域には利用者が自分で文字を割り当てて使うことができる

のように定まっています。また、BMPの中には、漢字のブロックが以下の3ヵ所にあります。

- U+4E00〜U+9FFF：CJK統合漢字
- U+3400〜U+4DBF：CJK統合漢字拡張A
- U+F900〜U+FAFF：互換漢字

「CJK統合漢字」のブロックが元々Unicodeに作られた統合漢字です。

Unicodeの漢字のブロックでは、中国の簡体字も台湾の伝統的な字体(繁体字)も日本の漢字も全部まとめて入れたうえで部首順に並んでいます。したがって、JIS X 0208とは並び順が大きく異なっています。Javaなどの言語でUnicode順に文字列をソートすると、漢字の並びに秩序を見出し難い結果になるのはこのためです。

Unicodeの漢字にはJIS X 0208:1997のような詳細な包摂規準は定義されていませんが、ISO/IEC 10646のAnnex Sには漢字統合の方針が説明されており、どのような字体差を統合(包摂)しているか、例を通じて知ることができます。これによってたとえば、者-者の字体の組における点の有無や、黄-黃の違い、示偏の礻-示、しんにょうの⻌-⻍といった差は原則として統合されることがわかります。

統合漢字拡張Aの領域には、初期のUnicodeでは実はハングルが配置されていました。Unicodeのバージョン2.0でハングルが現在の位置に移動し、その跡地がのちに漢字の拡張用として使われることになったのです。このハングルの移動は83JISの区点位置入れ替えと同じく非互換な変更であり、当時Unicodeがほとんど使われていなかったとはいえ、批判の的となりま

した。ハングルの移動の批判を受けて、以降はUnicodeは非互換な変更を行わないようになったといいたいところですが、1999年のUnicode 3.0でギリシャ文字 ϕ（ファイ）の2つの字体の符号位置（`U+03C6`と`U+03D5`）を入れ替えた事実もあります。

■——その他の面

BMP以外の面として、面01、面02、面0Eを概観しておきます。

面01　SMP

面01は補助多言語面（*Supplementary Multilingual Plane*、略して**SMP**）と呼ばれ、歴史的な文字や専門分野の記号類等が入っています。古代の文字である線文字B（*Linear B*）や、128分音符などの音楽用の記号、数学用のスクリプト体やイタリック体の文字、麻雀牌の絵柄等があります。さらに、日本の携帯電話由来の絵文字のセットがここに入っているほか、変体仮名がUnicode 10.0（2017年）で追加されています。

変体仮名

現在、平仮名は1音につき1文字ですが、昔は同じ音に対して複数の書き方がありました。たとえば、平仮名の「か」は漢字「加」が元になっているもので、これ以外に「か」と読む平仮名はありませんが、かつては「可」を元にした仮名も使われていて同じく「か」と読まれました。そうした複数のバリエーションがあった仮名を明治33年に標準化したものが今の平仮名です。このとき採用されなかった異体が「変体仮名」と呼ばれます。今日では文章を綴るのには使われませんが、そば屋の看板などで装飾的に用いられることがあります。

変体仮名はUnicode 10.0（2017年）において、面01の`U+1B000-1B0FF`のKana Supplementブロックおよび`U+1B100-1B12F`のKana Extended-Aに入りました。たとえば、先ほど例に挙げた「可」に基づいた「か」は符号位置`U+1B019`にあり、文字名はHENTAIGANA LETTER KA-3とされています（字形例は**図3.25**）。読みを「KA」のように示して、複数ある異体は数字で区別されています。全部で285文字の変体仮名が収録されています。中には複数の読み方をする字もあります。たとえば「悪」に基づく1つの字が「あ/を」のいずれにも読まれます。こうした字は1つの符号位置にのみ置かれており、読みが違うからといって別字扱いされてはいません。濁点付きの符号位置は用意されておらず、濁点を付けるには合成用の濁点U+3099を用いて表現します。

面02 SIP

面02は補助漢字面(*Supplementary Ideographic Plane*、略してSIP)と呼ばれ、BMPに収まらなかった漢字が収録されています。

CJK統合漢字拡張Bと呼ばれる大規模な拡張(U+20000〜U+2A6DF)や、互換漢字の領域(U+2F800〜U+2FA1F)が用意されています。その後、CJK統合漢字拡張CがU+2A700からU+2B73Fまでに追加されました。拡張CはISO/IEC 10646の追補5において導入され、Unicodeが後からバージョン5.2で追随しました。

拡張Bには、JIS X 0213で追加された漢字のうち303文字が含まれています。また、拡張Cには日本の国字(日本で作られた漢字)に基づいて収録された漢字があります。

面0E

面0Eは普通の意味の文字ではない、特殊用途のメタ文字のようなもの専用の面です。タグや異体字セレクタ(Appendixを参照)といった、文字に付随する情報を表すのに使われます。

図3.25 変体仮名の字形例。「可」に基づく「か」※

※ 出典:Unicode 11.0より。 URL https://www.unicode.org/charts/PDF/U1B000.pdf

結合文字　1文字が1符号位置ではない

Unicodeの特徴の1つとして、複数の部品の合成によって1文字を表すことを可能にしていることが挙げられます。合成のために用いる文字を**結合文字**(*combining character*)と呼びます。

たとえば、ñという文字は、nと合成用のチルダ(~)との組み合わせによって表現できます(**図3.26**)。このとき、合成のベースとなる文字nを**基底文字**といいます。基底文字と結合文字はそれぞれが1つの符号位置を持ちますから、この場合は2つの符号位置の組み合わせによって1文字が構成されることになります。結合文字は合成のためにのみ用い、単独では用いません。

一方、ñという合成した形に対してもUnicodeは1つの符号位置を与えています。すなわち、1つの文字について、複数の符号位置を用いて合成によって表す符号化と、合成済みの単一の符号位置を用いる符号化との、両方が存在することになります。

先の例ではたまたま結合文字が1つだけですが、2つ以上の結合文字を連続させて、基底文字の上下に複数のダイアクリティカルマークが付くことも可能です。

文字合成はラテン文字だけではありません。平仮名や片仮名においても、合成用の濁点・半濁点が用意されています。ぱという文字は、U+3071で表せる一方、「は」(U+306F)の後に合成用の半濁点(U+309A)を続けて置くことでも表せるのです(**図3.27**)。Unicodeには合成用でない濁点(U+309B)・

図3.26　文字合成

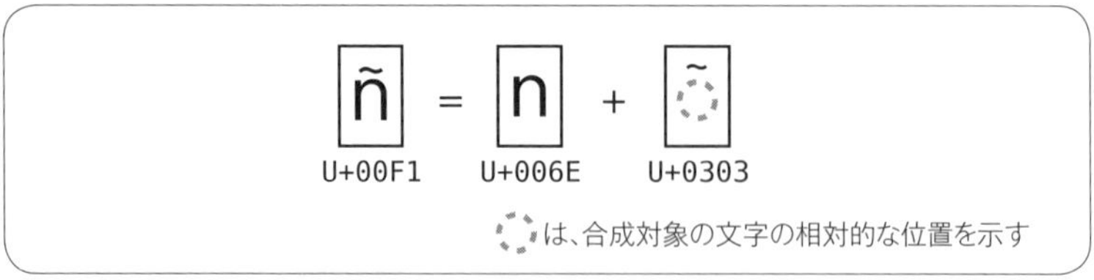

ñ = n + ◌̃

U+00F1　U+006E　U+0303

◌は、合成対象の文字の相対的な位置を示す

図3.27　平仮名の合成の例

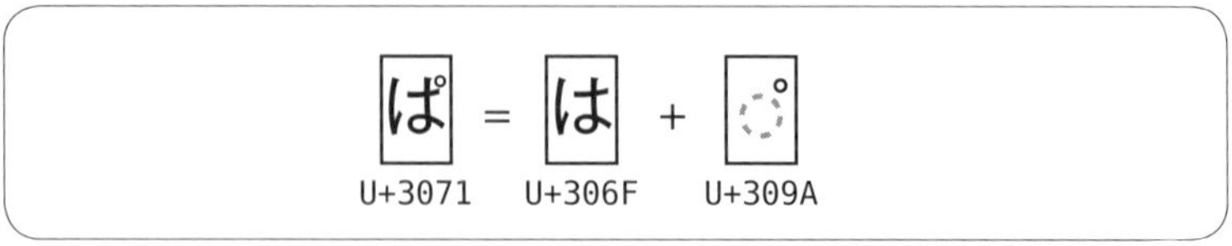

ぱ = は + ◌゚

U+3071　U+306F　U+309A

半濁点(U+309C)も用意されており、こちらはJIS X 0208における単独の濁点(゛)・半濁点(゜)と対応付けられます。

1つの文字が複数の符号化表現を持つことは、もちろん問題になります。そこで、いずれかの表現方式に揃える方法が、**正規化**という手法として用意されています。正規化については後述します。

既存の符号化文字集合との関係

後発の文字コードであるUnicodeは、既存の各種文字コードとの対応関係に配慮して設計されています。

Unicodeにおける文字名の定義　各文字に一意な名前を与える

Unicodeは、各文字について一意な名前(文字名)を与えています。たとえば、ラテン大文字のA(U+0041)については「LATIN CAPITAL LETTER A」、片仮名のア(U+30A2)には「KATAKANA LETTER A」といった具合です。

この文字名は、Unicodeの中の文字を特定する識別子としてだけでなく、他の符号化文字集合との間で文字の対応をとるためにも使われます。

Column

ちょっと気になるUnicodeの文字名

Unicodeの文字名を見ていると、文化的な視点のかたよりがあるのではないかと気になってしまうものに出会うことがあります。

たとえば、読点「、」の名前がIDEOGRAPHIC COMMAというちょっと首をひねるようなものだったり、Latin-1由来の中点が単なる「MIDDLE DOT」である一方でJIS X 0208の中点に対応するものが「KATAKANA MIDDLE DOT」であったり(公平を期すならばLatin-1由来の中点はLATIN MIDDLE DOTとでもすべきでしょう)、JIS X 0213で追加されたダブルハイフン(゠)の名前に「KATAKANA-HIRAGANA DOUBLE HYPHEN」というよけいな修飾語が付いていたり(ダブルハイフンはアイヌ語のラテン文字表記でも使われるので仮名文字専用であるかのような限定はおかしい)、といったことがあります。

文字名は必ずしも国際的に中立公平な観点から付けられているとは限らない、というつもりで見るのがよいように思われます。

つまり、Unicode以外の文字コード規格においても各文字に文字名を与えておき、両者でコード変換を行うには文字名の対応するものを対応させるというものです。

ISO/IEC 8859-1やJIS X 0201、JIS X 0208、JIS X 0213等は、1990年代以降の制定や改正において、各文字に文字名を与えています。この文字名を見ることでUnicodeとの対応がわかります。要するに、Unicode以外の文字コード規格の中に、Unicodeとのコード変換表を持たせているということです。

たとえば、JIS X 0201は大文字のAにLATIN CAPITAL LETTER A、片仮名のアにKATAKANA LETTER Aという名前を定義しており、Unicodeで同じ名前を持つ文字と対応することがわかるしくみになっています。

漢字については「名前」という言葉で通常想像されるようなものではなく、「CJK UNIFIED IDEOGRAPH-4E00」(U+4E00にある漢字「一」の文字名)といった形式で、単にUnicodeの符号位置を記しただけの文字名になっています。

▪——ISO/IEC 8859-1との関係

先述のとおり、Unicodeは最初の128符号位置をASCIIと同等に、その先の128符号位置はISO/IEC 8859-1と同等にしています。

このため、Latin-1からUnicode(UTF-16)に変換するには各バイトの先頭に00を入れるだけで済みます。

一方、この領域については文字の並び順が他の部分と整合的でなく、たとえば乗算記号×や除算記号÷がラテン文字の間に突然入る格好になってしまっています。また、マイクロ記号µがギリシャ文字μと重複して収録されています。

▪——全角･半角形

U+FF00からU+FFEFには、全角・半角形と呼ばれる互換用に導入された文字群があります。

Shift_JISやEUC-JPのような、1バイトコードと2バイトコードを併用する東アジアの符号化方式では、同じ文字が2つのコード値を持つことがあります。1バイトの「A」と2バイトの「A」といった具合です。このように、1つの文字が複数のバイト表現を持つことを**重複符号化**といいます。

こうしたコードからUnicodeへとコード変換を行うとき、1バイトと2バイトの「A」を同じU+0041に対応付けると、オリジナルデータに存在した違いが保存されないことになり、逆方向の変換を行って再び元のコードに戻したときに変換前のデータのバイト列と異なってしまう結果になります。

そこで、コード変換で情報が欠落しないようにするための特殊な符号位置として、互換用の文字が導入されました。これを**全角・半角形**と呼んでいます。たとえば、「全角」のAにあたる符号位置はU+FF21で、FULLWIDTH LATIN CAPITAL LETTER Aという文字名が与えられています。**図3.28**に、全角・半角形を使ったときのコード変換の様子を示します。

ただし、JIS X 0213で追加された二重の括弧｟ ｠は重複符号化でないにもかかわらず全角形の領域に追加されており、意味付けは必ずしも一定しません。

「全角」の文字には「FULLWIDTH」、「半角」には「HALFWIDTH」という修飾語が、元の文字名に付いています。たとえば、文字名COLONを持つコロン(U+003A)の全角形、つまり「全角のコロン」は「FULLWIDTH COLON」という具合です。ただし例外があり、JIS X 0201/0208のOVERLINEについては、全角形がFULLWIDTH OVERLINEになりそうなものですが、そういう文字名はUnicodeに存在せず、代わりに「FULLWIDTH MACRON」(U+FFE3)を用いることになっています。

なお、JIS X 0208の1区1点のスペース、俗にいう「全角スペース」、JISの通用名称「和字間隔」は、全角形の領域ではなくU+3000にあり、文字名を

図3.28　全角・半角形によるコード変換

全角・半角形のない場合
Shift_JIS　A 41 (1バイトのA)　A 8260 (2バイトのA)
Unicode　A U+0041
変換元の区別が保存されない

全角・半角形を用いる場合
Shift_JIS　A 41 (1バイトのA)　A 8260 (2バイトのA)
Unicode　A U+0041　A U+FF41
全角形によって区別が保存される

IDEOGRAPHIC SPACEとされています。U+0020のSPACEとの重複符号化ではないということです。

コード変換(第5章を参照)を逆方向に再度行って元に戻すことを、**往復変換**(*round-trip conversion*)と呼びます。Unicodeは全角・半角形などを用意することで、他の文字コードとの往復変換性の保証に配慮しています。

■——漢字統合　CJK統合漢字

Unicodeのよく知られている特徴として、日本・中国・韓国・台湾という東アジア各国・地域の漢字コードを一つにまとめた**漢字統合**(*Han unification*)があります。まとめられた漢字を**CJK統合漢字**といいます。CJKとはChina、Japan、Koreaの頭文字です。日本からはJIS X 0208とJIS X 0212が統合対象の規格として採用されています。この漢字統合の是非をめぐっては1990年代に多くの議論がありました。反対意見も少なくなかったのです。

漢字統合とは、各国・地域の漢字コード規格で形の違いがわずかなものは1つの符号位置に統合するというものです。たとえば、海という漢字は日本のJIS X 0208の例示字形では中に縦線が引かれていますが、中国や台湾や韓国の規格に見える字形では海のように点2つの形になっています。こうした違いは区別されずに、1つの符号位置U+6D77にまとめられています[注39](**図3.29**)。

原規格分離規則

一方で、統合漢字の元になったいずれかの規格で区別されている文字の違いは統合漢字でも区別するという、**原規格分離規則**(*source separation rule*)

注39　この字体差に関しては、JIS X 0208の包摂規準でも同様に包摂されています。

図3.29　漢字統合の例

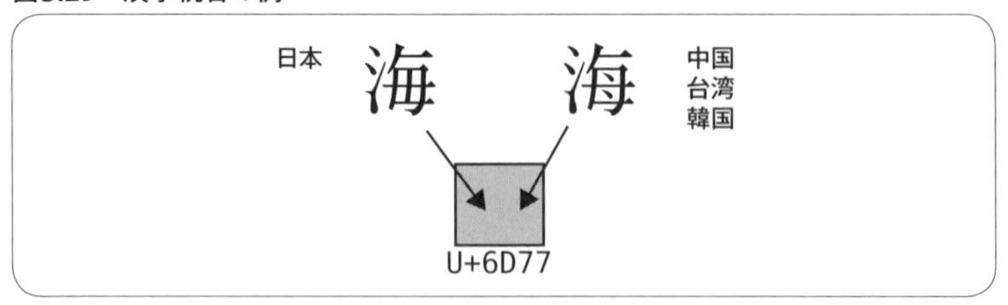

が適用されています。これにより、既存の文字コードとの間でコード変換をしたときに情報が欠落しないようにしています。もっとも、この分離規則のために字体包摂に一貫性を欠き、全体を見たときに複雑で理解の難しいものになってしまっているともいえます。たとえば、先ほど例として挙げた海-海の組が統合されるのならば、同じ形を持つ毎-毎の組も同様に統合されてよさそうに思えますが、この字体の組については統合されずにU+6BCEとU+6BCFという別の符号位置に分離されています。統合漢字の元の一つである台湾の規格においてはこれらは別の符号位置に分けられているため、原規格分離規則によってUnicodeでも分けているのです(**図3.30**)。

しかも、原規格分離規則が適用されるのは最初に統合漢字を作ったときの元になった規格だけに限られ、その後に制定されたJIS X 0213は対象になっていません。JIS X 0213が新たに分離した字体であっても、CJK統合漢字ですでに包摂されている字体はUnicodeにおいては分離の対象とならず、**互換漢字**という符号を使っての対応となり、これがまた複雑な結果をもたらすことになります。互換漢字については後述します。

統合漢字の数

統合漢字は、Unicodeの用語でCJK Unified Ideographといいます。元々20,902文字ありましたが、その後、拡張A(BMP)、拡張B〜F(それぞれ面02)という集合が別領域に追加され、また、元々の統合漢字の領域にもいくぶん文字を増やしています。現在では合計で8万字を超えています。

図3.30　原規格分離の例

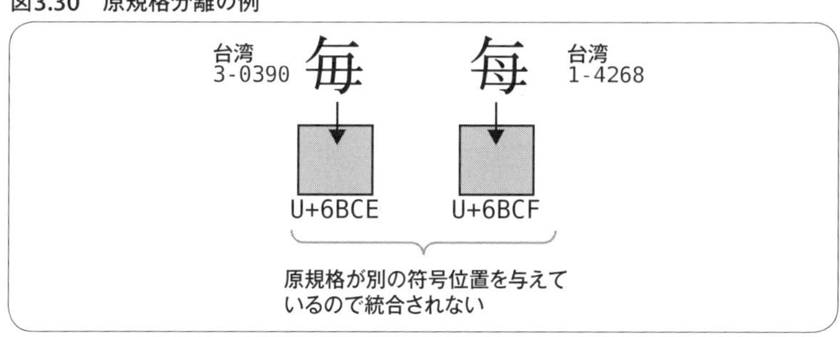

漢字統合と適切なフォントの選択

かつて議論された漢字統合への懸念としては、日本語の文書でも中国語用の字体で表示されるといったように、各国・地域の漢字の字体差がコンピュータ上に反映されなくなるのではないかという論点がありました[注40]。現実にUnicodeを実装した製品では、日本語環境では日本の、中国語環境では中国語用のフォントが選択されるのでそうした現象は目立っては発生していません。ただし、まったくないというわけでもありません。

設定の問題等で適切なフォントが選択されないと、危惧されたとおりの現象が発生することがあります。先日筆者があるアメリカ企業のソフトウェア製品をWindowsマシンにインストールした際、インストーラ画面に表示される文章が中国語用と思われるフォントで表示され、「与」などの字体がはっきりと違うのが見てとれました(**図3.31**)[注41]。

▪――互換漢字

互換漢字とは、他の文字コードとの互換性のために使うことを想定して設けられたUnicodeの漢字です。

たとえば、韓国の漢字コード規格は、読みの順に漢字が並んでおり、読みを複数持つ漢字は複数重複して出現します。一方、Unicodeでは重複を

注40　たとえば、太田 昌孝『いま日本語が危ない ―文字コードの誤った国際化』(丸山学芸図書、1997)。

注41　厳密にいうと、このソフトウェアのケースにおいては、Unicodeを使っていたために発生した現象であるという確実な証拠はないのですが、そう解釈するのが最も自然と考えられます。

図3.31　日本語文が日本向けでない書体で表示されている画面例

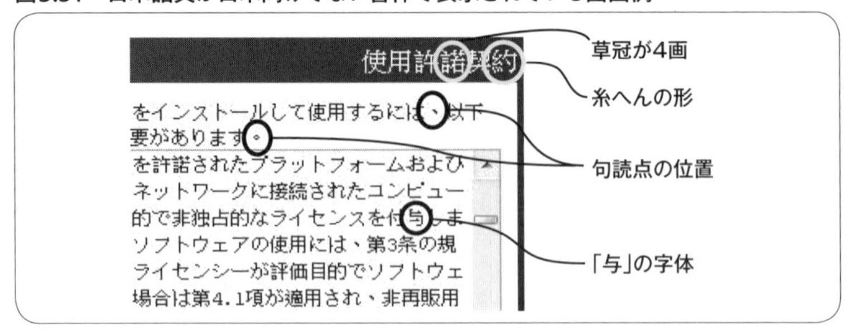

許さず、片方のみに対応する漢字がCJK統合漢字に設定されています。これでは韓国の文字コードからコード変換したときに、韓国側で区別されている情報がUnicodeに変換すると保てなくなってしまいます。前述の全角・半角形と同様の往復変換への対応が、互換漢字の導入された理由です。

JIS X 0213で漢字が追加された際にも、互換漢字による対応がなされています。Unicodeですでに統合されている漢字については、JISで分離されたからといって統合漢字を分離することはせずに、互換漢字を追加することによって対応しているのです。

たとえば、JIS X 0213で分離された海と海の字体差はCJK統合漢字においてすでに統合されているので(U+6D77)、JIS X 0213の新たな「海」(1-86-73)を統合漢字に追加することはせず、かといって何もしないとコード変換等で支障をきたすので、JIS X 0213の「海」を互換漢字に追加する(U+FA45)ことで対応を図っています[注42]。図3.32に概念を示します。

互換漢字の領域

互換漢字の領域は、BMPにはU+F900からU+FAFFにあります。JIS X 0213に関係する互換漢字は、この領域に含まれています。また、面02のU+2F800からU+2FA1Fにも互換漢字が追加されており、こちらには台湾の規格に由来

注42 JIS X 0213におけるこうした分離は理由なしに行われたわけではなく、国の文字政策との整合性をとるための措置です。将来、各国・地域の文字政策に変更が生じたときには、やはりUnicode側で何らかの対応が必要になるものと考えられます。

図3.32 互換漢字

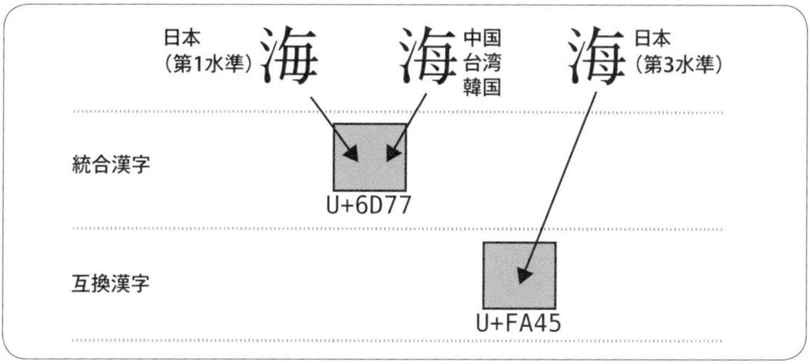

する互換漢字が含まれています。互換漢字の文字名はCJK COMPATIBILITY IDEOGRAPH-FA45(U+FA45、「海」の文字名)のような形式をとります。

もっとも、歴史的理由によって、互換漢字の領域にありながら例外的にCJK統合漢字とみなすことになっている文字も12文字だけ存在しており、互換漢字は一筋縄ではいかないものになっています。たとえば﨏という漢字[注43]はU+FA0Fという互換漢字の領域にあり、文字名もCJK COMPATIBILITY IDEOGRAPH-FA0Fと定義されますが、これは統合漢字とみなすことになっています。**表3.3**は、互換漢字の領域にありながら統合漢字とみなす符号位置の一覧です。

互換漢字と正規化

互換漢字には、Unicodeの正規化という操作によって、対応する統合漢字に置き換えられてしまうという性質があります。たとえば、前出の「海」(U+FA45)は正規化処理によって「海」(U+6D77)に変わってしまいます。互換漢字の問題は、後に正規化と異体字セレクタの項でまた述べます。

JIS X 0213との関係 プログラムで処理する上での注意点

JIS X 0213:2000は、当時のUnicodeになかった文字を収録しました。これらの文字はUnicodeに追加提案がなされ、2002年のUnicode 3.2においてすべての文字を追加したことになっています。

しかし、プログラムで処理するうえでは、従来JIS X 0208の範囲の文字をUnicodeで処理していたときとは異なる要注意点があります。以下の3つの点に沿って考えてみましょう。

注43 「さこ」などと読み、名字や地名に用例があります。JIS X 0213の第3水準1-15-43。

表3.3 互換漢字の領域にある統合漢字と見なす符号位置の一覧

U+FA0E	U+FA13	U+FA21	U+FA27
U+FA0F	U+FA14	U+FA23	U+FA28
U+FA11	U+FA1F	U+FA24	U+FA29

❶BMP以外の面の漢字の存在

❷結合文字の使用の必要

❸互換漢字の正規化の問題

❶BMP以外の面の漢字の存在

問題点❶は、JIS X 0213の漢字のうち、303文字がBMPでなく面02に配置されていることです。これに対応するためには、UTF-16ではサロゲートペアを扱えること、UTF-8では4バイトの範囲を扱えることが必要です。

Unicode対応のはずのソフトウェアであっても、BMP以外の面にある文字を正しく扱えなかったり、挙動がおかしかったりすることが、古いソフトウェアなどではあります。たとえば、Windows XPのメモ帳は面02にある漢字を表示できますが、[Back space]キーで削除するとあたかも文字が2つあるかのような挙動を見せます。UTF-8対応とされているソフトウェアでも、実際には3バイトまで(つまりBMPの範囲だけ)しか扱えないものもあります。

たとえば、データベース管理システムのMySQL 5.1は4バイトのUTF-8を扱えません[注44]。MySQLの後のバージョンでは4バイトのUTF-8を扱えるようになりましたが、「utf8mb4」という名前による指定が必要で、「utf8」とすると3バイトまでしか対応しません。

BMP外の字だから対応の必要性が低いかというと、必ずしもそうはいえません。BMP外にある漢字であっても、JIS X 0213に収録されている漢字は現代日本で用例のあることが確認されているものばかりだからです。たとえば、面02のU+23594にある𣖔という漢字は、福島県いわき市の𣖔木作(ほうのきざく)という地名に使われている字としてJIS X 0213に採用されたものです(面区点番号2-15-10)。この文字は地元で実際に住所表示、看板、民家の表札、役所の文書などに使われている現代に生きた文字であり、古文献にしか見えない古代文字の類ではありません。**図3.33**に、現地の電柱の住所表示にこの字が使われている例を示します。

また、JIS X 0213の2004年改正において表外漢字字体表への対応として追加されたUCS互換10文字のうち、𠮟(シツ、1-47-52)についてはUnicode

注44 個別のデータベース実装における文字コードの扱いについては、文字コードそのものより実装に依存した話題になるため本書では取り上げていません。各データベースの附属文書などを参照してください。

の面02にあるU+20B9Fという符号位置に対応しています。さらに、この字は2010年に常用漢字表に入りました。つまり、常用漢字表に完全に対応しようとするとBMP外の符号位置を処理できる必要があるということです。

❷結合文字の使用の必要

さて、問題点❷は、アイヌ語表記用の片仮名や鼻濁音表記用の平仮名・片仮名など合計25文字に対して単一の符号位置が与えられておらず、結合文字を使って2つの符号位置の組み合わせで表現する必要があることです。**表3.4**に、こうした文字の一覧を示します。

たとえば鼻濁音を表すか゚(JIS X 0213の1-04-87)という文字は、Unicodeでは「か」(U+304B)の直後に合成用半濁点(U+309A)を置くことで表現します。このため、1文字が1つの符号位置だと仮定しているプログラムでは、問題を生じる可能性があります。文字列の先頭50文字を取るといったプログラムであれば、結合文字を考慮しないと、基底文字「か」と合成用半濁点の間で切ってしまう可能性があります。

実際、Unicodeに対応しているはずのソフトウェアであっても、結合文字については対応の程度がさまざまです。これらの文字をUnicodeで交換するには、Unicode対応だからうまくいくはずと決めてかかることはできず、使用するソフトウェアで正しく扱えるか事前に調査しておく必要があります。本書執筆中に遭遇した、さまざまなUnicode対応ソフトウェアの

図3.33 「椁木作」の電柱の住所表示※

※2009年8月、著者撮影。

画面例を図3.34に示します。鼻濁音やアイヌ語用の文字を自在に交換できるとは言い難い実態が見てとれます。表示の不具合はフォントが原因のこともあるので必ずしもソフトウェアの問題でないこともありますが、ここでは利用者から見た表示上の問題の例として示しています。

結合文字は新たに登場したものではなく、Unicodeに元々存在するものでしたが、従来JIS X 0208やLatin-1と同じ文字の範囲を扱っている限りでは大抵の場合、気にかけなくとも大丈夫だったものです。「か゚」という文字を表すのに「か＋合成用濁点」(U+304B U+3099)のように結合文字を使って表

表3.4　Unicodeに単一の符号位置のない25文字

文字	面区点番号	対応するUnicodeの符号位置の列
か゚	1-04-87	U+304B U+309A
き゚	1-04-88	U+304D U+309A
く゚	1-04-89	U+304F U+309A
け゚	1-04-90	U+3051 U+309A
こ゚	1-04-91	U+3053 U+309A
カ゚	1-05-87	U+30AB U+309A
キ゚	1-05-88	U+30AD U+309A
ク゚	1-05-89	U+30AF U+309A
ケ゚	1-05-90	U+30B1 U+309A
コ゚	1-05-91	U+30B3 U+309A
セ゚	1-05-92	U+30BB U+309A
ツ゚	1-05-93	U+30C4 U+309A
ト゚	1-05-94	U+30C8 U+309A
ㇷ゚	1-06-88	U+31F7 U+309A
æ̀	1-11-36	U+00E6 U+0300
ɔ̀	1-11-40	U+0254 U+0300
ɔ́	1-11-41	U+0254 U+0301
ʌ̀	1-11-42	U+028C U+0300
ʌ́	1-11-43	U+028C U+0301
ə̀	1-11-44	U+0259 U+0300
ə́	1-11-45	U+0259 U+0301
ɚ̀	1-11-46	U+025A U+0300
ɚ́	1-11-47	U+025A U+0301
˩˥	1-11-69	U+02E9 U+02E5
˥˩	1-11-70	U+02E5 U+02E9

現することも可能だったとはいえ、多くの場合は合成済みの「が」の符号位置（U+304C）で表現されていたためです。

❸互換漢字の正規化の問題

問題点❸は、先に互換漢字の説明として述べたもので、JIS X 0208から分離された人名用漢字の字体の一部がUnicodeでは互換漢字として扱われてしまうということです。互換漢字は、Uniocdeの正規化によって対応する統合漢字に置き換えられてしまいます。せっかく海と海を入力し分けても、正規化を施したら区別が消えてしまうということになります。Unicodeの正規化はJavaのAPIにも用意されており、いつ実行されるかわかりません。

＊　＊　＊

JIS X 0213に含まれる文字をUnicodeで扱うには、以上の特徴のため、名前こそ従来と同じUTF-16やUTF-8であっても、以前とは異なる符号化方式になったかのように注意を払う必要があります。プログラミング言語における例は第7章で紹介します。

なお、ここで述べた問題はUnicode特有の事情によるものであり、JIS X 0213の符号化方式（Appendixを参照）で処理する際には発生しません。

図3.34　Unicode対応ソフトウェアの画面例

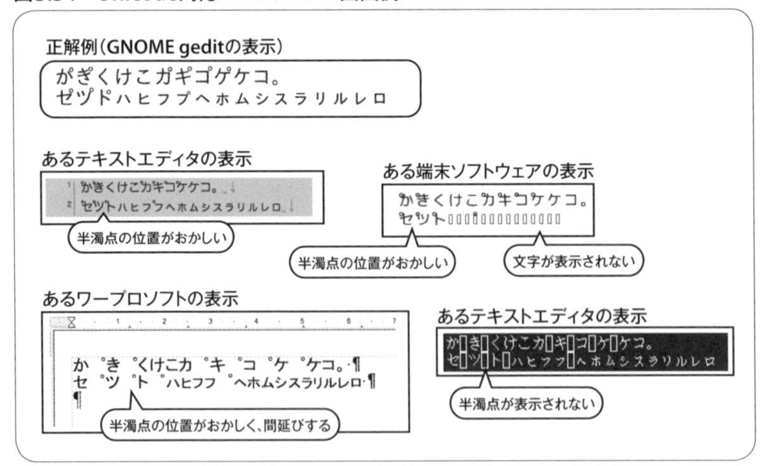

絵文字

Unicodeには日本の携帯絵文字に由来する多数の絵文字が取り入れられ、さらに発展しています。ここでは絵文字の概要と符号位置、また複数符号位置を利用した装飾を説明し、あわせて問題点を述べていきます。

▪——絵文字とは

本書において絵文字とは、2000年代初頭にiモード等の携帯電話で用いられて広まったものをおもに指します。類似する記号は携帯電話以前からピクトグラムと呼ばれるものなどが存在しますが、携帯電話に端を発しUnicodeに採用されたものは英語でも「emoji」と呼ばれて国際的に普及しています。

日本の従来型携帯電話のメールや情報サイトでは、JIS X 0208の未定義領域に携帯電話キャリア各社が独自に設定した絵文字によってGUI風のアイコンやさまざまな絵柄が使えるようになっていました。メールのテキストに笑顔や泣き顔などのニュアンスを簡単につけたりできます。

これが広く使われたことから、Unicodeにも採用されました。携帯キャリア各社の絵文字を統合して標準の符号位置を与え、さらに多くの絵文字を追加しています。のみならず、スタイルの調整など従来の携帯絵文字になかったしくみも定めています。

標準化されているのは絵文字の符号位置であり、Unicode仕様が絵文字の細かなデザインまで決めているわけではありません。したがって、送信側の端末と細部までまったく同じ絵が受信側の端末で見えているとは限りません。この点は通常の文字コードと同じです。

▪——符号位置概要

携帯電話に由来する絵文字は、符号位置は面01に設定されています。Miscellaneous Symbols and Pictographs(U+1F300～U+1F5FF)、Emoticons(U+1F600～U+1F64F)などいくつかのブロックに分かれています。そのほか、BMPには、携帯電話とは無関係にUnicodeに取り入れられていた☀☁☂

☃(U+2600～U+2603)のような絵文字もあれば、Dingbatsという装飾フォントに由来する符号位置(U+2700～U+27BF)にも絵文字に数えられるものがあります。図3.35に、Unicodeのコード表の絵文字の例を示します。

BMP外の符号位置が多く使われることから、UTF-16ではサロゲートペア、UTF-8では4バイトのコード範囲を処理できることが、プログラムには求められます。

■――複数符号位置による装飾

絵文字の符号位置は、基本的には単独の符号位置で1つの絵文字を表します。さらに、結合文字等によって複数の符号位置を用いた装飾も可能です。

上記の太陽の絵文字☀(U+2600)は、それ単独でも用いられますが、通常は白黒の地味な記号として表示されます。これを「絵文字スタイル」で装飾すると、色のついた、いかにも絵文字という体裁で表示します(図3.36)。「絵文字スタイル」の指定にはU+FE0Fを用います。つまり、<U+2600 U+FE0F>

図3.35　Unicode仕様書の絵文字のコード表の一部。白黒で表現されている※

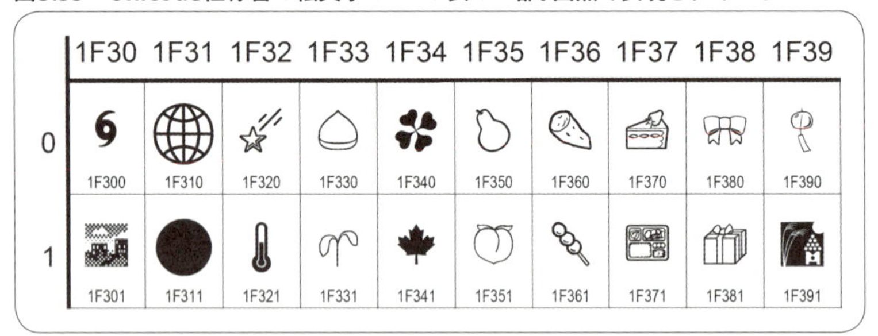

※ 出典：「The Unicode Standard, Version 11.0.0」より。
URL https://www.unicode.org/Public/11.0.0/charts/CodeCharts.pdf000.pdf

図3.36　絵文字スタイル※

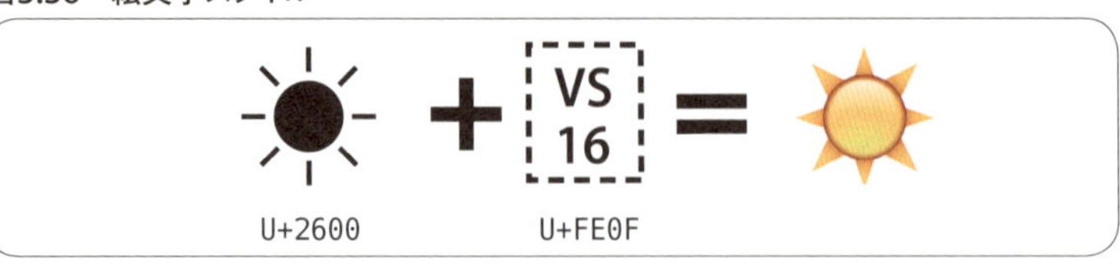

※ VS16はVariation Selector-16の略。

という列で絵文字スタイルの太陽の絵文字を表します。逆に、絵文字スタイルでないこと(テキストスタイル)を明示するにはU+FE0Eが用いられます。

このように後置する符号位置で修飾する方法は、肌の色の表現のためにも用いられます。Unicodeの絵文字の仕様では人の絵文字の肌の色を人種的に中立な表現にしておき、肌の色を表す5種類の符号位置のいずれかを後置することで多様性に対応しています(図3.37)。皮膚科学におけるフィッツパトリック分類(*Fitzpatrick scale*)という6段階の分類が用いられます。ただし、この分類のタイプIとIIはUnicodeでは一つに統合されています。符号位置U+1F3FB〜U+1F3FFの範囲に、EMOJI MODIFIER FITZPATRICK TYPE-1-2、TYPE-3〜TYPE-6が用意されています。

ここまでに見た例はベースになる絵文字は1つでしたが、さらに進んで、複数の絵文字を組み合わせて1つの絵文字を表現するものもあります。このために用いられる符号位置がU+200D ZERO WIDTH JOINER(以下ZWJ)です。これは本来アラビア文字等の表示形の制御に用いられるものですが、絵文字に転用されています。HTMLの文字参照では「‍」です。

たとえば、女性(U+1F469)にZWJを続けてPCの絵文字(U+1F469)をつなげると、PCを使っている女性の絵文字になります(図3.38)。

図3.37 肌色の調整※

※ UTR#51の「2.2 Diversity」に掲載の図を引用。符号位置は筆者による付記。

図3.38 ZWJで組み合わせる例。画像例はTwitterに表示されるもの※

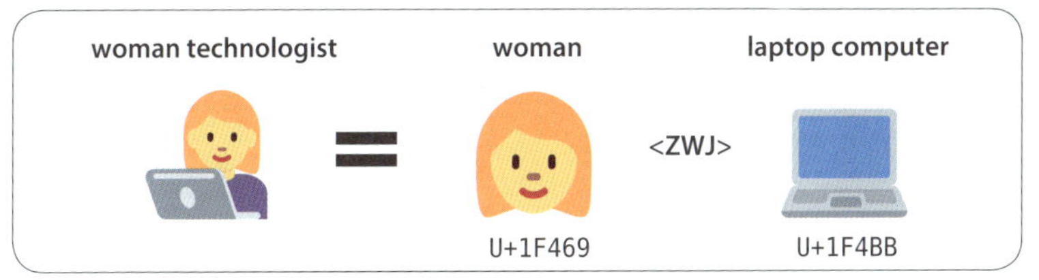

※ テキストのUnicode絵文字を画像にしてサーバから返す。

性別に関しても、ZWJによる表現が可能です。絵文字「person running」(U+1F3C3)は単独では性別に中立です。その後にZWJを使って男性記号「♂」(U+2642)をつなぐと「man runnning」という1つの絵文字になります。符号位置の列は<U+1F3C3 U+200D U+2642 U+FE0F>となります。女性記号「♀」(U+2640)を用いると「woman running」の絵文字になります。

より多くの絵文字を組み合わせて、1つの絵文字とするものも定義されています。**図3.39**の例は、4つの絵文字をZWJで組み合わせた家族の絵文字です(他の組み合わせも可能)。

このように、複数の符号位置を組み合わせたさまざまな表現方法があるため、定義されている絵文字の一覧を見るには、Unicodeの通常のコード表では不十分です。Unicodeコンソーシアムのwebサイトにて用意されている絵文字専用のチャートを見るのが便利です[注45]。

国旗の特殊な符号化

元々の携帯絵文字には10種類の国旗が入っていました。しかし、採用された国旗の種類は日本国内での使用を前提に恣意的に選択されたものでしかなく、国際的な使用に耐えるものではありませんでした。

Unicodeに絵文字を取り入れる際、国旗については特殊な符号化方法がとられることになりました。

国を表すアルファベット2文字のコード、日本ならJPを、U+1F1E6(A)〜U+1F1FF(Z)の特殊なアルファベットの符号位置で表します。このアルファ

注45 URL https://www.unicode.org/emoji/charts/

図3.39 家族の絵文字の例。4つの絵文字をZWJで組み合わせている※

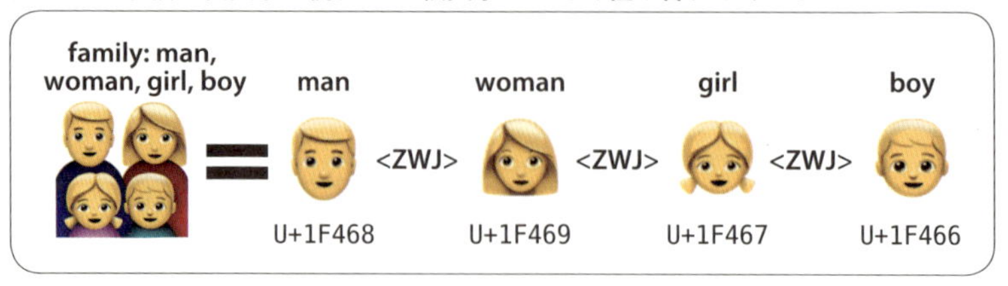

※ 出典:画像例は「Emoji List, v11.0」より。
URL https://www.unicode.org/emoji/charts-11.0/emoji-list.html

ベットは「Regional indicator symbols」と呼ばれます。コード表では点線の枠線に入った文字として描かれています。「J」に対応するのはU+1F1EF、「P」はU+1F1F5です。この2つの符号位置の列<U+1F1EF U+1F1F5>が、日本の国旗を表します(図3.40)。カナダならば、国コードがCAなので、<U+1F1E8 U+1F1E6>になります。国コードはISO 3166(国内一致規格JIS X 0304)に定められているものが用いられます[注46]。

■――絵文字の形の違い

Unicodeに絵文字を取り入れる標準化において、日本の携帯キャリア各社の絵文字を比較し、同じと認められるものは統合されました。CJK漢字統合を彷彿とさせる作業です。とはいえ、2つの絵文字が「同じ」かどうかの認定が必ずしも自明でないことは漢字以上です。送受信の端末によって絵文字が違うということが起こり得ます。Unicode仕様が絵文字のデザインを決めているわけではないことは、前述のとおりです。

したがって、一種の文字化けのようなことが起こり得ます。UnicodeコンソーシアムのWebサイトの「Full Emoji List」[注47]にあたって各社実装を比較すると、興味深い例が見つかります。このリストは元になった携帯キャリア各社の絵文字をはじめ、Apple、Google、Twitter、Windows等の実装例を掲載しています。

たとえば、サッカーボールの絵文字(U+26BD、文字名SOCCER BALL)に対応するソフトバンクの絵文字は、サッカー選手がボールを蹴ろうとしている絵柄になっています。一方、NTTドコモとKDDIの絵文字はサッカー

注46 URL https://www.iso.org/iso-3166-country-codes.html
注47 URL https://www.unicode.org/emoji/charts-11.0/full-emoji-list.html

図3.40 国旗の絵文字

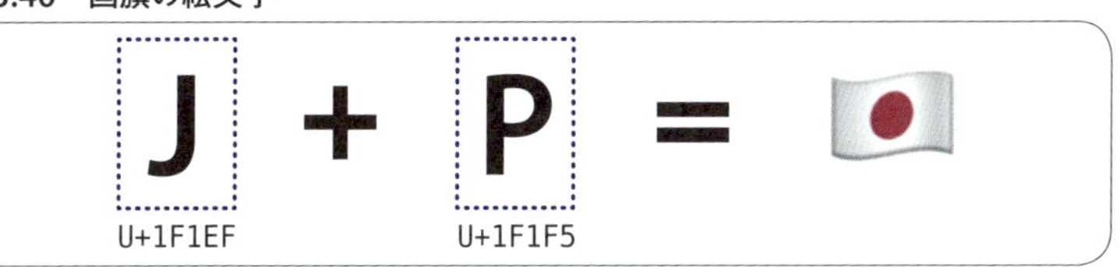

ボールそのものが描かれています(**図3.41**)。これらを1つの符号位置に統合したことには疑問の余地があります。

天の川の絵文字(`U+1F30C`、文字名milky way)は、多くの実装は地上から見た天の川の絵柄ですが、Windowsのものは銀河系を外側から見た格好の図、ちょうど地球からアンドロメダ銀河を見るような形になっています(**図3.42**)。どちらも天の川という意味では間違いではないものの、メールに「今夜＜天の川の絵文字＞を見ました」と書いたとき、この絵柄の差異は誤解の元となります。

■――絵文字に未来はあるか

絵文字は国内でも国際的にもよく使われるようになっている一方で、批判的な見方も根強くあります。絵文字を文字コードのしくみで実現するのが適当かどうかは、文字コードの本質に関わる批判です。ネットメディアに絵文字の記事が掲載されると、Unicode絵文字に批判的な声が寄せられるとの証言があります[注48]。

注48 小形克宏「これからの絵文字の実装指針、UTR #51 "Unicode Emoji" とはなにか」(Internet Watch、2015年1月31日) URL https://internet.watch.impress.co.jp/docs/special/686161.html

図3.41 U+26BD SOCCER BALLに対応付けられる携帯キャリア3社の絵文字※

※ 出典：各画像は「Full Emoji List, v11.0」より。
URL https://www.unicode.org/emoji/charts-11.0/full-emoji-list.html

図3.42 天の川(milky way)の絵文字実装例※

※ 出典：各画像は「Full Emoji List, v11.0」より。
URL https://www.unicode.org/emoji/charts-11.0/full-emoji-list.html

当のUnicodeコンソーシアムが発行する絵文字についての技術文書UTR#51も、絵文字の長期的な展望として埋め込み画像による対応に言及し、Unicodeへの追加をせずに済む利点を挙げています[注49]。

絵をやり取りしたいならば、LINEやFacebook Messengerのスタンプのように画像を用いたほうが、表現力が豊かだし、端末によって別の絵になってしまうこともないので良いといえるでしょう。この意味では、絵文字にたくさんの符号位置を占拠させることは適当でないということもできます。しかしながら、プレーンテキストの中で絵文字を使いたいケースがあるのも確かです。記号を組み合わせた「(^_^)」のような顔文字は昔からあるのだから、その代替品としての需要はあるといえます。

記号性の高さがポイントになる、と筆者は考えます。図像に対応する概念について共通理解がとりやすく、図像自体もまた、それが表す意味も他のものと区別しやすい場合は、文字コードのしくみに馴染みます。たとえば、天気の絵文字☀☁☂☃のようなものは伝える概念がわかりやすく、図像の形が多少変わっても意図の伝達に支障ありません。

一方、記号的な使用というよりは、むしろ図像そのものの細部にニュアンスを託したい場合には、抽象化した符号として通信する文字コードのしくみは不適当であり、画像としてやり取りしたほうが良いのです。文字サイズの枠に縛られない利点もあります。

絵文字のような画像をテキストと併用して通信する使いやすい汎用的な手段が普及すれば、Unicode絵文字に取って代わられるかもしれません。その場合でも、記号性の高い絵文字は文字コードのしくみの中で使われ続けるでしょう。

注49 URL https://unicode.org/reports/tr51/#Longer_Term

Column

UnicodeとUTF-8とUCS-2の関係

Webを見ていると、しばしば、UnicodeとUTF-8とUCS-2、UCS-4などの関係の理解で混乱があるように見受けられます。第2章で説明した経緯や、第3章と第4章の内容を順を追って読んでいただければきちんと理解されることと思いますが、ここで簡単に整理してみます。

まとめると、Unicodeは整数値で表される符号位置と文字とを対応付けています。そして、その整数である符号位置をコンピュータで用いるバイト列の形で表現するための方式として、UTF-8やUTF-16やUTF-32といった各種の符号化方式が定められており、用途に応じて使い分けるようになっています。

たとえば、「山」という文字の符号位置は`U+5C71`だということがUnicodeとして決まっています。符号位置の整数値`0x5C71`をUTF-16で符号化すると`5C 71`という2バイトに、UTF-8で符号化すると`E5 B1 B1`という3バイトに、UTF-32では`00 00 5C 71`という4バイトになるということです(ここではUTF-16とUTF-32のバイト順としてビッグエンディアンを採用しています)。

ただし、歴史的な経緯としては、上に述べたような「整数値の符号位置を符号化方式によってバイト列に符号化する」という概念が元々あったわけではありません。当初は、Unicodeといえば16ビット固定長のコードというのが売り文句だったように、「山」という文字に`5C71`という16ビットのビット組み合わせが対応するというのがUnicodeで定義される内容でした。これはISO/IEC 10646で規定されるUCS-2と同じです。

Windowsのメモ帳のファイル保存のダイアログで、文字コードの選択肢として現れる「Unicode」は、実際にはUTF-16を意味しています。これは、かつてUnicodeが16ビット固定長の文字コードであったことの名残りといえるでしょう。メモ帳ではUTF-8は「Unicode」とは別に「UTF-8」として選択肢に現れます。

時々、「UCS-2は符号化文字集合なのか文字符号化方式なのか」といった悩みを見かけることがあります。UCS-2は符号化文字集合だと聞いたけど、UTF-16は符号化方式のはずだ。でもUTF-16はUCS-2の拡張だという。すると一体……?ということでしょう。

用語はひとまずおくとして、肝心なのは中身です。UCS-2が定める内容というのは、上に記したような、「山という文字に`5C71`という16ビットが対応する」といった対応付けの規則の集合です。それを符号化文字集合と呼ぶか文字符号化方式と呼ぶかは、用語の定義次第でどちらにも言えます。用語法にはいくつかの流派があるので、どれを採用するかによって呼び方も変わります。ただ、こうしたUCS-2の定義内容が、ISOで以前から使われている「符号化文字集合」(第1章で引用したJISの定義と同じ)にちょうど合致することは確かです。

第4章
代表的な文字符号化方式

4.1　JIS X 0201の符号化方式 p.127

4.2　JIS X 0208の符号化方式 p.130

4.3　Unicodeの符号化方式 p.145

第2章において、複数の符号化文字集合を組み合わせたり、符号を計算によって変形したりといった運用方式が発達した経緯を述べました。本書では、こうした運用方式のことを「文字符号化方式」と呼びます。英語ではcharacter encoding schemeという用語が使われます。本書で単に「符号化方式」というときには、画像や音声の符号化ではなく文字の符号化方式のことを指します。

この説明は用語の定義として厳密でも形式的でもありませんが、符号化方式という概念が必要となった経緯に忠実なものです。つまり、文字コードというものは元々第1章で説明したような単純な符号化文字集合の概念だけで説明できていたのですが、符号化文字集合を複数組み合わせたり計算で変形したりすることが行われるようになると、別の用語があったほうが具合が良いということで、後付けで「符号化方式」「文字符号化方式」という用語が使われるようになったのです。

前章(第3章)の符号化文字集合は、実際にはこの文字符号化方式と呼ばれる運用規則に則って利用されています。本章では、現在使われている主要な符号化方式のうち日本の文字に関連するもの、第3章で紹介した符号化文字集合にかかわる符号化方式の代表的なものを中心に見ていくことにしましょう。

- JIS X 0201の符号化方式
  - 8ビット符号
  - 7ビット符号
- JIS X 0208の符号化方式
  - 漢字用7ビット符号
  - EUC-JP　※国際基準版・漢字用8ビット符号
  - ISO-2022-JP　※RFC 1468符号化表現(附属書2)
  - Shift_JIS　※シフト符号化表現(附属書1)
- Unicodeの符号化方式
  - UTF-16
  - UTF-32
  - UTF-8

4.1
JIS X 0201の符号化方式

JIS X 0201の符号化方式について、8ビット符号、7ビット符号でどのような方式が定義されているのかを見ていくことにしましょう。

JIS X 0201の符号化方式の使い方

JIS X 0201は、ラテン文字集合と片仮名集合というそれぞれ7ビットで表現可能な符号化文字集合を定義しています。これらを実際に使うには、8ビット符号表に両方を一度に呼び出して使うか、あるいは7ビットの範囲だけを使って文字集合を切り替えつつ使うか、あるいは組み合わせずにいずれか片方の文字集合のみを単独で用いるかという、合計4種類の選択肢があります。

■――8ビット符号

JIS X 0201の8ビット符号は、8ビット符号表のGL領域にラテン文字集合を、GR領域に片仮名集合を呼び出して用いる符号化方式です。**図4.1**にこの符号化方式の構造を示します。8ビットの1バイトですべての文字を表します。

GLに呼び出すということは第8ビット(最上位ビット)が`0`の状態で、GRに呼び出すということは第8ビットに`1`をセットして用いるということです。

すなわち、コード値が`0x7F`以下のバイトはラテン文字集合、`0xA0`以上のバイトは片仮名集合の文字を表すのに使われます。ただし、片仮名集合が94文字の領域を使い切っていないことから、`0xE0`以上の領域は未定義となっています。

たとえば、「1モジヲ1 byteデ。」という文をこの符号化方式によって符号化すると**図4.2**のようになります。JIS X 0201には濁点付きの片仮名がないため、独立した濁点を清音の文字の後ろに置くことによって濁音を表しています。

8ビットが使用可能な環境でJIS X 0201を使う場合は、通常この方式を用いることになるでしょう。7ビットしか使えないという制限がある場合には後述の7ビット符号を用います。7ビットしか使えない環境としては、インターネットの電子メールなどがあります。

この符号化方式は、後述のShift_JISのベースとしても使われています。

■——7ビット符号

JIS X 0201の7ビット符号としては、3種類のものがJIS X 0201に定義されています。

- ラテン文字用7ビット符号
- 片仮名用7ビット符号
- ラテン文字・片仮名用7ビット符号

最初の2つは、GL領域に対してラテン文字集合または片仮名集合のいずれかのみを呼び出し、切り替えなしに用いるものです。どちらか片方の文

図4.1　JIS X 0201の8ビット符号の構造

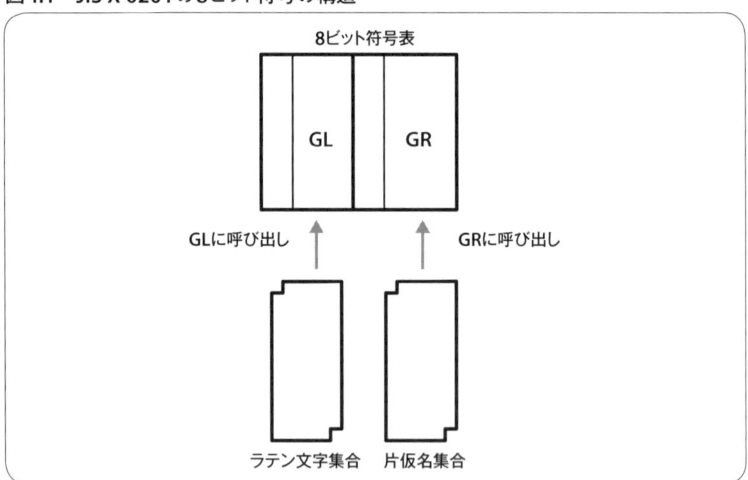

図4.2　JIS X 0201の8ビット符号による符号化の例

31	D3	BC	DE	A6	31	20	62	79	74	65	C3	DE	A1
1	ﾓ	ｼ	ﾞ	ｦ	1	SP	b	y	t	e	ﾃ	ﾞ	｡

字集合だけがあればよい場合にはこれが使えます。

3つめのものは、ラテン文字集合と片仮名集合とをともにGL領域に呼び出すようにし、制御文字によって切り替えつつ用いるものです。用いる制御文字はSHIFT-OUT(シフトアウト、略称SO、コード値`0x0E`)とSHIFT-IN(シフトイン、略称SI、コード値`0x0F`)です。この符号化方式の構造を**図4.3**に示します。

文字集合の切り替えは以下によります。

- **初期状態はラテン文字集合**
- **SOが現れると片仮名集合に切り替え**
- **SIが現れるとラテン文字集合に切り替え**

ただし初期状態は、送受信者間の取り決めによって片仮名集合としてもよいことになっています。たとえば、「1モジヲ1 byteデ。」という文をこの符号化方式によって符号化すると**図4.4**のようになります。

SO/SIで切り替えるこうした方式は近年あまり使われないようですが、符号化文字集合の切り替えにはこういう制御文字を使うこともあるという例として知っておくとよいでしょう。

図4.3　JIS X 0201のラテン文字･片仮名用7ビット符号の構造

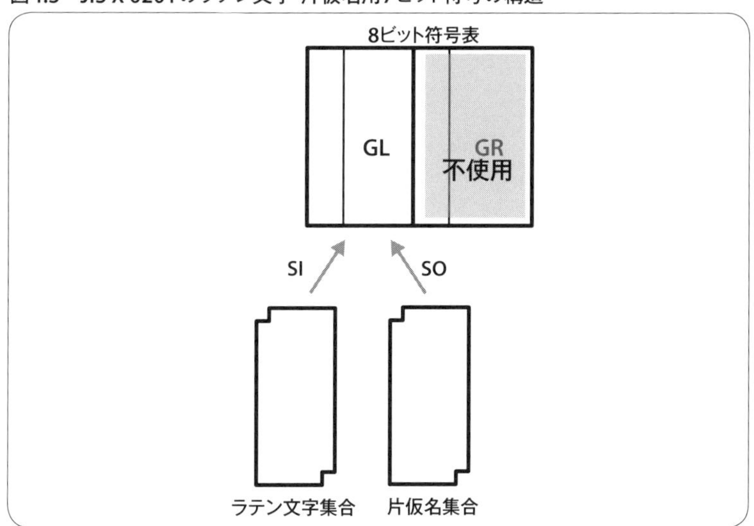

図4.4　JIS X 0201の7ビット符号による符号化の例

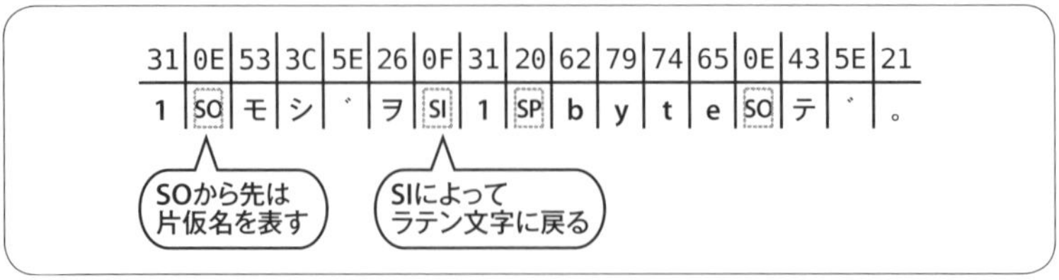

31	0E	53	3C	5E	26	0F	31	20	62	79	74	65	0E	43	5E	21
1	SO	モ	シ	゛	ヲ	SI	1	SP	b	y	t	e	SO	テ	゛	。

SOから先は
片仮名を表す

SIによって
ラテン文字に戻る

4.2 JIS X 0208の符号化方式

JIS X 0208には、お馴染みのShift_JIS、ISO-2022-JP、EUC-JPを含む、計8種類の符号化方式が定められています。

JIS X 0208で定められた符号化方式

JIS X 0208の符号化方式としてよく知られているのは次の3種類でしょう。

- EUC-JP
- ISO-2022-JP
- Shift_JIS

一方、JIS X 0208:1997は規格本体に6種類、附属書に2種類の符号化方式を定めています。以下に97JISの8種類の符号化方式を列挙します。

- 漢字用7ビット符号
- 漢字用8ビット符号
- 国際基準版・漢字用7ビット符号
- 国際基準版・漢字用8ビット符号　➡EUC-JPの中核部分に相当するサブセット
- ラテン文字・漢字用7ビット符号
- ラテン文字・漢字用8ビット符号
- シフト符号化表現（附属書1）　➡Shift_JIS相当
- RFC 1468符号化表現（附属書2）　➡ISO-2022-JP相当

これらのうち、シフト符号化表現はShift_JIS、RFC1468符号化表現はISO-2022-JPにそれぞれ相当します。「国際基準版・漢字用8ビット符号」はEUC-JPの中核部分に相当するサブセットです。

本節では上記のうち、**漢字用7ビット符号**、**EUC-JP**、**ISO-2022-JP**、**Shift_JIS**を詳しく取り上げます。ただし、EUC-JPの説明の中で「国際基準版・漢字用8ビット符号」にも触れます。

漢字用7ビット符号

漢字用7ビット符号は、JIS X 0208の最もシンプルな使用方法です。

■——符号の構造

JIS X 0208をGLに呼び出した状態を固定したものが、漢字用7ビット符号です(**図4.5**)。1バイトコードとの混在はありません。第8ビットの立ったコード範囲は使用しません。エスケープシーケンス等による文字集合の切り替えもありません。

図4.5　漢字用7ビット符号

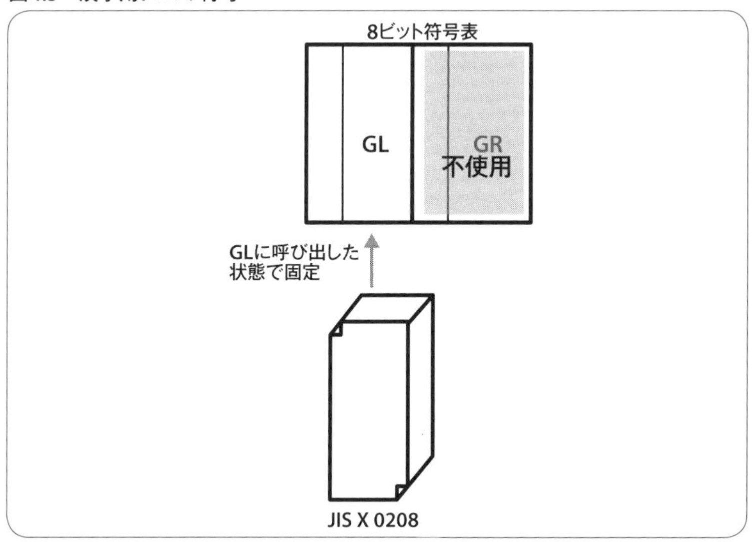

文字を表す各バイトは、JIS X 0208がGLに呼び出されたときのバイト値が使われます。つまりは、JIS X 0208の文字コード表に記されているビット組み合わせそのものということです。区点番号との対応としては、区番号と点番号のそれぞれに`0x20`を足した値がそれぞれ第1・第2バイトになります。なぜ`0x20`という値かというと、ISO/IEC 2022準拠の94 × 94文字集合は図形文字に用いるコード範囲が`0x21`から始まりますが、一方、JISの区番号・点番号はそれぞれ1から始まるので、JISの1区および1点にあたるコード値は`0x21`となり、差が`0x20`となるのです。

たとえば、「空」という文字すなわち22区85点の場合なら、第1バイトは22に`0x20`を足した`0x36`、第2バイトは85に`0x20`を足した`0x75`となります。

図4.6に、漢字用7ビット符号で文字列を符号化する例を示します。各文字が2バイトで符号化されていることが見てとれます。この例に現れる数字は「全角数字」を意味しているのではないことに注意してください。1バイトコードとの混在がないので、数字の「1」を示す符号化表現は`23 31`という2バイトのものしか存在せず、「全角・半角」という使い分けはありません。

■——漢字用7ビット符号の特徴

すべての文字が2バイト固定で、かつ7ビットで表現されるのが最大の特徴です。文字集合の切り替えも存在しません。n文字の文字列を格納するのに必要なバイト数は、きっかり2 × nです。

図4.6　漢字用7ビット符号による符号化の例

例題　漢字用7ビット符号で「特価¥100!」という文字列を符号化する

46 43	32 41	21 6F	23 31	23 30	23 30	21 2A
特	価	¥	1	0	0	!

■——適した用途

データの格納や交換の形式として使われることがあります。明示的に「漢字用7ビット符号」という名称を用いていなかったとしても、1バイトコードとの混在がなく、JIS X 0208のビット組み合わせをそのまま用いるような符号化を採用している場合は、漢字用7ビット符号そのものといえます。

具体例として、企業間のデータ交換(EDI、*Electronic Data Interchange*)に用いられる**CIIシンタックスルール**(JIS X 7012)というフォーマットを挙げてみましょう。このフォーマットでは、フィールド(データ項目)ごとに1バイトコードか2バイトコードかが決められています。つまり、フィールドの中では1バイトと2バイトの混在がありません。漢字を使える2バイトのフィールドにおいては、JIS X 0208の7ビットコードを用いると決められています。これはまさに漢字用7ビット符号の利用であるといえます。

EUC-JP

EUC-JPは、ASCIIとJIS X 0208を同時に用いる8ビットの符号化方式です。Extended Unix Codeという名称のとおり、Unix系OSの環境で広く使われています。日本語EUCと呼ぶこともあります。

EUC-JPは業界団体が定めたものであり、JISの定義の中にはありません。ただし、EUC-JPの中心的な部分は以下で見るようにJISに合致します。

■——符号の構造

EUC-JPの符号の構造を**図4.7**に示します。

8ビット符号表のGL領域は、ASCIIを呼び出した状態に固定されています。つまり、`0x7F`以下の値はいつもASCIIの文字を表します。

GR領域にはJIS X 0208が呼び出されています。つまり、`0xA1`から`0xFE`までの値は2バイト並べることでJIS X 0208の文字を表します。ただし、制御文字SS2(`0x8E`)の直後の1文字分はJIS X 0201片仮名、制御文字SS3(`0x8F`)の直後の1文字分はJIS X 0212補助漢字を表します。1文字分を過ぎた後は自動的にJIS X 0208に戻ります。SS2とSS3は**シングルシフト**と呼ばれ、1文字分だけの効力を持つ文字集合切り替えを意味します。

GRに呼び出すということは、つまり第8ビットに1をセットして用いるということです。GRに呼び出されるJIS X 0208、JIS X 0201片仮名、JIS X 0212補助漢字はいずれも、各バイトの第8ビットに1がセットされます。

シングルシフトのコードSS2、SS3の存在のため、あたかもJIS X 0201片仮名が2バイトで、補助漢字が3バイトで符号化されているかのようにも見えます。ただし、SS2やSS3はあくまでも制御文字であり、文字自体の表現に使われているのはJIS X 0201片仮名は1バイト、補助漢字は2バイトです。

図4.8に、EUC-JPで文字列を符号化する例を示します。JIS X 0208にな

図4.7　EUC-JPの構造

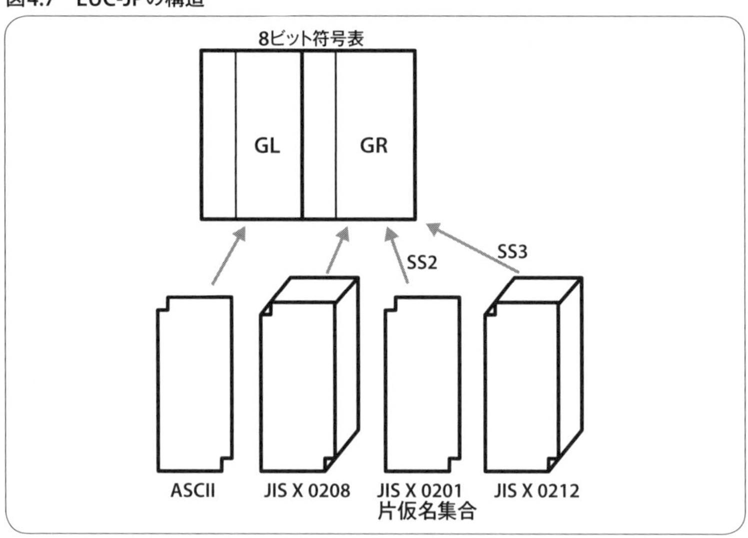

図4.8　EUC-JPによる符号化の例

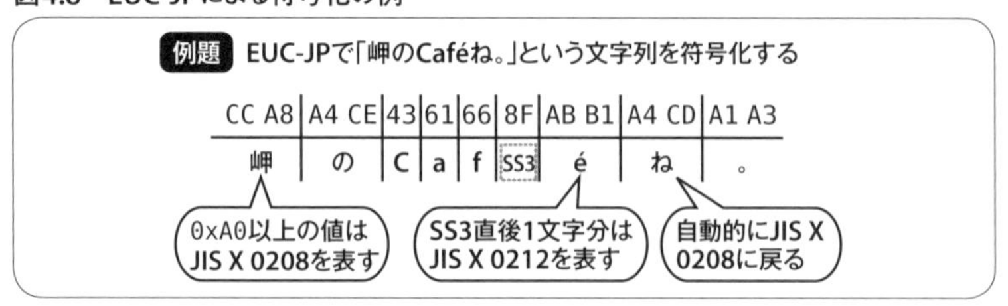

いéという文字を表すのにJIS X 0212を使っています。SS3の直後1文字分だけJIS X 0212に切り替わっている様子が理解できるでしょう。

区点番号からEUC-JPの第1・第2バイトを求めるには、区番号と点番号のそれぞれに`0xA0`を足すだけで済みます。たとえば、「愛」という漢字が割り当てられている16区6点ならば、16に`0xA0`を足した`0xB0`、6に`0xA0`を足した`0xA6`がそれぞれ第1・第2バイトになります。

EUC-JPにおけるJIS X 0201片仮名とJIS X 0212補助漢字は、オプション扱いとして実装されていないこともあります。とくに補助漢字については、実際のソフトウェアでは実装されていないことも少なくありません[注1]。

国際基準版・漢字用8ビット符号との関係

JIS X 0208:1997で定義されている国際基準版・漢字用8ビット符号は、GLにASCIIを、GRにJIS X 0208を呼び出して使用する符号化方式であり、ほぼEUC-JPと同じです。違いは、JIS X 0201片仮名とJIS X 0212補助漢字を用いないことです。図4.9に国際基準版・漢字用8ビット符号の構造を示し

注1 たとえば、Windows 10 バージョン1709に付属のMicrosoft Edgeでは、EUC-JPのテキストの補助漢字部分を正しく表示できませんでした。

図4.9 国際基準版・漢字用8ビット符号の構造

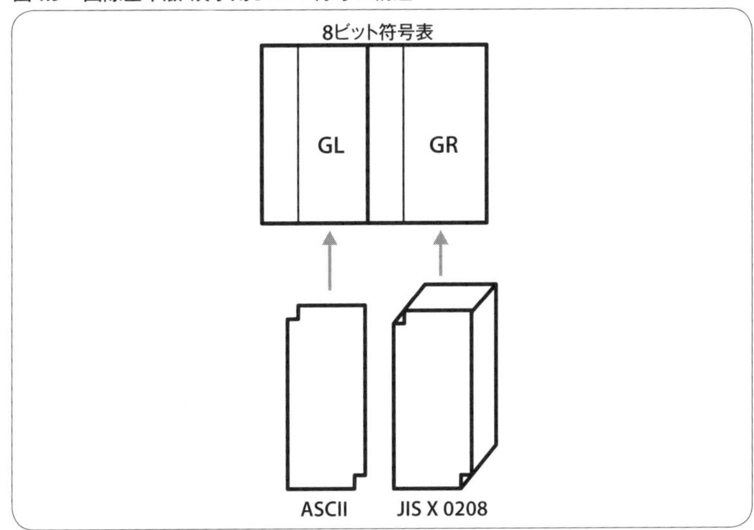

ます。

EUC-JPで符号化されたテキストデータのうち、1バイト片仮名や補助漢字を用いていないものは、国際基準版・漢字用8ビット符号という公的標準にも合致することになります。

ここで「国際基準版」というのは、ISO/IEC 646国際基準版のことを指しています。つまり、国際基準版・漢字用8ビット符号という名称は「ASCII・漢字用8ビット符号」といっているのと同じことです。

■――EUC-JPの特徴と注意

2バイトコードは、必ず第8ビットが立った状態で表されます。ASCII以外の文字は第8ビットが`0`のコード範囲にはこないので、`0x7F`以下のバイト値を見たら常にASCIIとして解釈できます。

この特徴のため、ASCIIにしか対応していない処理系(プログラミング言語等)でも、8ビットが素通しされていると、2バイトコードが悪影響なしに通ることがあります。

2バイトコードの1バイトめと2バイトめは同じ範囲のバイト値なので、2バイトコードの連続の途中だけ見ても文字の区切りが判別できません。たとえば、「文字」という文字列を表す4バイト`CA B8 BB FA`の真ん中2バイトを取り出すと`B8 BB`になりますが、この2バイトは「源」という別の文字として解釈できてしまいます。EUC-JPを知らないプログラムで文字列検索を行うと、「源」という文字列を探そうとしたら「文字」という文字列がヒットしてしまうことになり、予期せぬ結果の元となります。また、JIS X 0208の文字列の途中で通信エラーなどによってバイトが欠けると、それ以降、JIS X 0208以外の文字が現れるまで文字化けすることになります。

■――重複符号化の問題

ASCIIとJIS X 0208を同時に使うため、ラテン文字や数字のように双方に存在する文字は2つのコード値を持つことになります。たとえば、ラテン文字「A」は、1バイトの`41`と2バイトの`A3C1`という2通りの表現が可能です。1つの文字が複数のコード値を持つのは、一意な符号化という第1章で述べた文字コードの原則に反してしまい、問題です。

97JISの国際基準版・漢字用8ビット符号の規定においては、ASCIIとJIS X 0208の両方にある文字については原則としてASCIIのほうのコード値を用いると定めることで、重複符号化の問題に対処しています。つまり、「A」という文字のコード値として用いるのはA3C1ではなく41だということです。

ただし、過去の実装やデータとの互換性のためには、もう片方のコード値を使ってもよいことになっています。

平たい言い方をすれば、「『全角』のAでなく『半角』のAをもっぱら使ってください」ということです。ここで、全角、半角を二重カギ括弧に入れているのは、語の用法として適切でないためです。全角・半角の問題については第8章も参照してください。

■——適した用途

EUC-JPは、後述のShift_JISとの対比を考えた場合、ASCIIの拡張であること、ISO/IEC 2022に整合的であることから理解しやすく扱いやすい符号化方式といえます。EUC-JPと同様の形式をとる符号化方式は東アジア各国・地域の文字コードでも使われているので、日本の特殊事情を知らない日本以外の技術者にも理解されやすいと期待できるという利点もあります。このため、Unix環境に限らず広く利用されてよい資格を持っているといえます。

ISO-2022-JP

ISO-2022-JPは、ASCII、JIS X 0201ラテン文字、JIS X 0208を混在して使うことのできる7ビットの符号化方式です。

元々はインターネットが日本で使われ始めた頃に、日本語のデータをどうやって電子メールやネットニュース[注2]に流すかということで考案されました。RFC 1468として仕様が公開されています。

注2　NNTP（*Network News Transfer Protocol*）によって記事を伝送する、電子掲示板のようなしくみ。

■——符号の構造

第8ビットが1の(つまり0x80以上の)コード範囲はまったく使用せず、**エスケープシーケンス**によってGLの文字集合を切り替えます。構造を**図4.10**に示します。初期状態はASCIIです。

エスケープシーケンスとしては**表4.1**のものを使います。

ただし、JIS X 0208の1983年版と1990年版とは区別せず、1983年版のエスケープシーケンスを指示した後で90JISの追加2文字(凜と熙。3.3節を参照)が出てきてもいいことになっています。これはISO/IEC 2022としてはおかしいのですが、2文字しか違わないためか便宜的にこうなっています。本来、90JISのエスケープシーケンスとしては1B 26 40 1B 24 42という

図4.10 ISO-2022-JPの構造

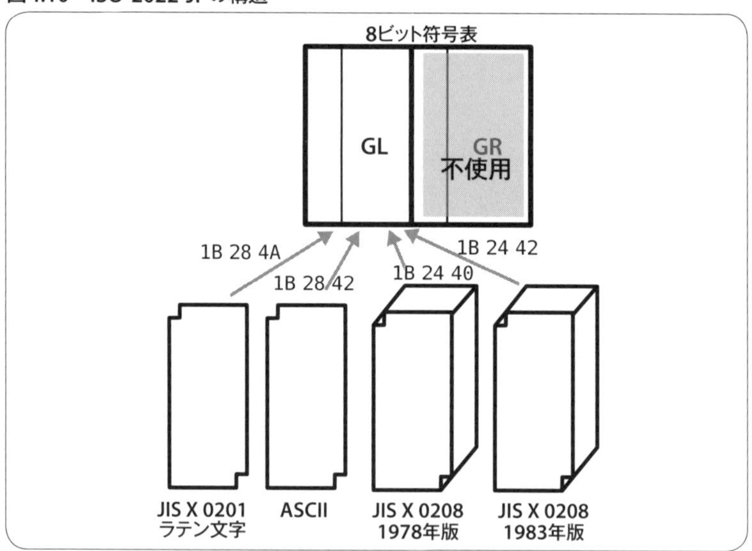

表4.1 ISO-2022-JPで用いるエスケープシーケンス

符号化文字集合	エスケープシーケンス	文字列表現
ASCII (ISO/IEC 646国際基準版)	1B 28 42	ESC (B
JIS X 0201 ラテン文字	1B 28 4A	ESC (J
JIS X 0208 1978年版	1B 24 40	ESC $ @
JIS X 0208 1983年版	1B 24 42	ESC $ B

6バイトのバイト列が定義されています。しかし、ISO-2022-JPの定義ではこのエスケープシーケンスを使うようにはなっていません。

4つの符号化文字集合を切り替えられるようになってはいますが、単純化すれば、ISO-2022-JPとはASCIIと83JIS(実質的には90JIS)の2つを切り替えて使うものだと考えることができます。78JISのエスケープシーケンスが使えることに一応なっているものの、今日のソフトウェアが生成するデータではまず使われないでしょう。また、ASCIIとJIS X 0208が使えるので、JIS X 0201ラテン文字がなくても文字の符号化に支障はありません。JISラテン文字にあってASCIIにない2文字(円記号とオーバーライン)は、JIS X 0208に含まれているためです。

JIS X 0201片仮名集合は、ISO-2022-JPの仕様には含まれていません。「インターネットの電子メールで『半角片仮名』は使えません」といわれるのは、このことに由来しています。片仮名を符号化するのにはJIS X 0208を用います。

改行(`0D 0A`の2バイト)の前にはエスケープシーケンスによってASCIIまたはJISラテン文字の状態に、またファイル終端の前にはASCIIの状態に戻すことに決められています。通信エラーなどの影響が及ぶ範囲を最小限に抑えるための工夫です。

文字を表す各バイトについては、各文字集合がGLに呼び出されたときのバイト値となります。JIS X 0208の区点番号との対応としては、区番号と点番号のそれぞれに`0x20`を足した値がそれぞれ第1・第2バイトになります。ISO-2022-JPによる文字列の符号化の例を**図4.11**に示します。

図4.11　ISO-2022-JPによる符号化の例

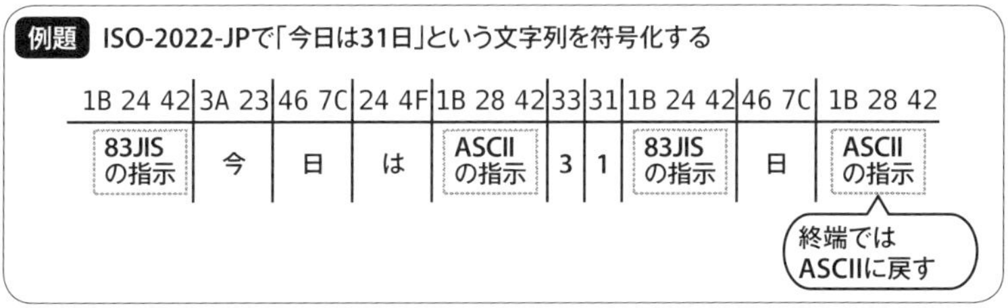

例題 ISO-2022-JPで「今日は31日」という文字列を符号化する

1B 24 42	3A 23	46 7C	24 4F	1B 28 42	33	31	1B 24 42	46 7C	1B 28 42
83JIS の指示	今	日	は	ASCII の指示	3	1	83JIS の指示	日	ASCII の指示

終端ではASCIIに戻す

■——符号の性質

エスケープシーケンスによる文字集合の切り替えがあることから、状態を持つ符号化方式[注3]となっています。つまり、同じバイト値でも状態によって表す文字が違うということです。

この様子を**図4.12**に示します。同じ33 31というバイト列が、ASCIIの状態では「31」という数字2文字の文字列として、83JISの状態では「咳」という漢字1文字として解釈されることを表しています。

ISO-2022-JPには、文字集合をエスケープシーケンスで指示するので符号化方式が明示されていない場合に自動判別がしやすいという特徴もあります。

■——適した用途

ISO-2022-JPは、7ビットの環境に適しています。逆にいえば、8ビットを通す環境では使う意味に乏しいといえます。7ビットの環境としては、インターネットの電子メールが代表的です。

また、状態を持つ符号化方式であるため、内部処理には向きません。あくまで情報交換用といえます。

Shift_JIS

Shift_JISは、JIS X 0201の8ビット符号の隙間に、JIS X 0208を変形のうえ押し込んだものです。変形というのは、JIS X 0208で定義されているビット組み合わせを一定の計算式によって変換しているということです。

注3 「状態を持つ」ということを、英語ではstatefulという用語で表します。対義語はstatelessです。

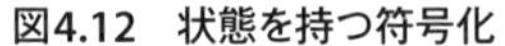
図4.12 状態を持つ符号化

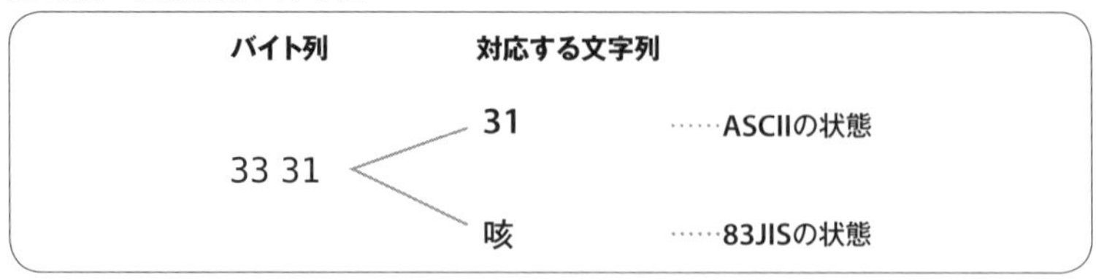

元々JISの定義にはなかった符号化方式ですが、1980年代を通じて各社のPCで広く実装されるようになった事実上の標準です。97JISでは公的標準の一部として取り入れられることになりました。

名称としては、一般に「シフトJIS」といったり「SJIS」と略したり、97JISでは「シフト符号化表現」であったりします。以前は「MS漢字コード」と呼ばれることもありました。本書ではShift_JISと表記することにします。これは第6章で紹介するIANAの登録簿に載っている表記法です。別段これが正式名称というわけではありませんが、JIS X 0213で定義されているShift_JIS-2004（Appendixを参照）との対応が良いということもありこの表記を用います。

■——符号の構造

Shift_JISは、JIS X 0201の8ビット符号を元にしています。

符号表の右半分における図形文字の割り当てのない部分、つまり（GR領域に呼び出されている）JIS片仮名の未定義領域とCR制御文字領域とを使って、2バイトコードの第1バイトとして用います。

第1バイトになり得る値は、`0x81`から`0x9F`、それに`0xE0`から`0xEF`です。第2バイトは`0x40`から`0x7E`、それに`0x80`から`0xFC`までの範囲を用います。

Shift_JISの符号の構造を図4.13に示します。

図4.13　Shift_JISの構造

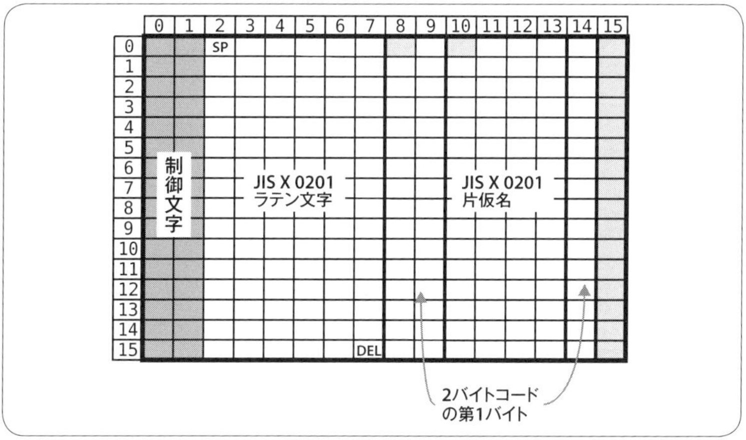

Shift_JISで文字列を符号化する例を**図4.14**に示します。2バイトコードの1バイトめとして`0x82`や`0x93`など、制御文字の領域(CR領域)にあたるバイトが使われているのが見てとれます。

Shift_JISの計算方式

Shift_JISは、EUC-JPやISO-2022-JPに比べると複雑です。まずは、計算方式から見てみましょう。

元々のJIS X 0208では第1バイトと第2バイトとして同じコード範囲を用いますが、Shift_JISでは第1バイトとして使える空間が狭いため、第1バイトを狭めてその分第2バイトを広げるような格好になっています。したがって、EUC-JPやISO-2022-JPの場合と異なり、区番号・点番号のそれぞれが第1・第2バイトに直接相当するわけではありません。

区点番号からShift_JISの第1・第2バイトを求めるには以下の計算を行います。ここで、区番号をk、点番号をtとします。また、記号÷は整数除算(小数点以下切り捨て)を表すものとします。第1バイト(S_1)は、以下の計算によります。

$1 \leqq k \leqq 62$のとき、$S_1 = (k-1) \div 2 + 0x81$

$63 \leqq k \leqq 94$のとき、$S_1 = (k-1) \div 2 + 0xC1$

第2バイト(S_2)は、以下によります。

- kが奇数の場合

  $1 \leqq t \leqq 63$のとき、$S_2 = t + 0x3F$

  $64 \leqq t \leqq 94$のとき、$S_2 = t + 0x40$

- kが偶数の場合

  $S_2 = t + 0x9E$

図4.14　Shift_JISによる符号化の例

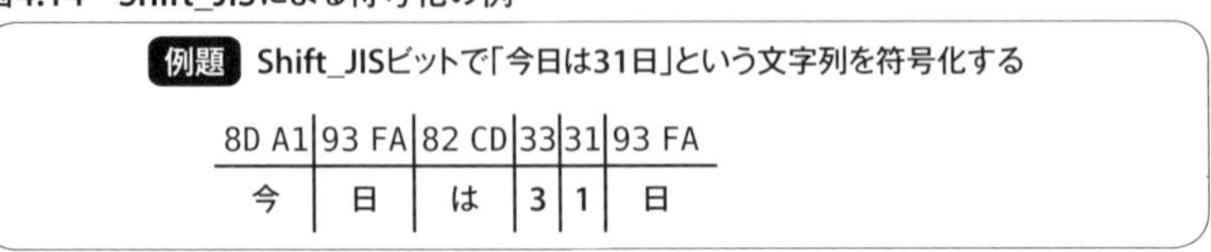

■── Shift_JISの問題点

次に、問題点を取り上げます。計算の結果、2バイトコードの第2バイトが0x7F以下になることがあります。このため、2バイトコードを正しく解釈しないプログラムでは、2バイトコードの第2バイトを1バイトコードと誤認することがあります。

とくに、0x5C、すなわちASCIIのバックスラッシュにあたる値は、特殊な意味を持つことがあるので注意が必要です。たとえば、「表」という漢字をShift_JISで表すと第2バイトが0x5Cになります。日本語に対応していない、Shift_JISを知らない処理系において次のようなコードがあると、最後の引用符がエスケープされたとみなされてエラーになることがあります。

```
print "表"
```

■── 重複符号化の問題

JIS X 0201とJIS X 0208を同時に使うため、EUC-JPと同様に重複符号化の問題があります。

97JISの「シフト符号化表現」の規定においては、以下の規則を原則として適用することで、重複符号化の問題に対処しています。

- JIS X 0201ラテン文字とJIS X 0208の両方にある文字
  ➡JIS X 0201のほうのコード値を使用
- JIS X 0201片仮名とJIS X 0208の両方にある文字
  ➡JIS X 0208のほうのコード値を使用

つまり、「A」という文字のコード値として用いるのは8260ではなく0x41であり、「ア」という文字のコード値として用いるのは0xB1ではなく8341だということです。平たい言い方をすれば、「全角英数字」ではなく「半角英数字」を、「半角片仮名」ではなく「全角片仮名」をもっぱら使うということです。

ただし、過去の実装やデータとの互換性のためには、もう片方のコード値を使ってもよいことになっています。「A」という文字が0x41でなく、8260で表現されたデータも有効だということです。

■——適した用途

Shift_JISはJIS X 0201の8ビットコードを拡張したものなので、JIS X 0201との互換性が必要な状況に最も適しているといえます。ただし、現在ではJIS X 0201自体が重要である場面は多くありません。結局、Shift_JIS自体が広く普及したため、JIS X 0201との互換性とはあまり関係なく使われています。JIS X 0201の上位互換であることは、第8章に詳述する円記号問題の元であったり、本来不要な1バイト片仮名が小さくない領域を占めているといったデメリットのほうが今日では大きいという見方もできます[注4]。

Shift_JISは現在、どこでも通用する、いわば日本語環境のベースラインとしての役割を果たしています。1980年代を通じてPCの日本語処理が一般化する過程で使われたため、広く普及したのです。Shift_JISの範囲にある文字は、日本語対応と称している環境ならどこでも使えます。一方、Shift_JISに含まれない文字は、内部コードがUnicodeになって何万文字表現できるようになっていようとも、依然としてオプション扱いとなることがあります。このことは、Shift_JISで符号化できないJIS X 0212を思い出すと納得できるでしょう。

■——機種依存文字付きの変種

Shift_JISには、第3章で説明した、空き領域に独自に文字を定義したいわゆる機種依存文字を独自に実装した変種が多くあります。

Windowsの機種依存文字付きのShift_JISは、CP932、MS932、あるいはWindows-31Jと呼ばれることがあります。Windowsの機種依存文字には、重複して複数の符号位置に配置されている文字があることが知られています。

旧Mac OSの機種依存文字付きのShift_JISはMacJapaneseと呼ばれます。

その他、機種ごとにさまざまな機種依存文字のあった頃には、とくに名前の付いていない変種が多くありました。現在でも、携帯キャリア各社の機種依存文字(絵文字)があります。

注4　iモードなど携帯電話向けのサイトでShift_JISの1バイト片仮名が多く使われるようになったのは、登場当時の通信速度が遅かった(9600bps程度)ために、できるだけデータ量を減らそうとしたからではないかと考えられます。

機種依存文字について、巻間の説明や文字コード表では「115区」といった用語を見ることがありますが、JIS X 0208には本質的に94区までしか存在し得ません。JIS X 0208の最終区である94区までは、Shift_JISの第1バイトが`0xEF`までの範囲に収まります。「115区」のような番号は、Shift_JISの1バイトが`0xF0`以上の値から逆算してあたかも区番号のようにみなした便宜的な呼称です。第1バイトが`0xF0`以上のコード値は、Shift_JISの上位互換の符号化方式でありJIS X 0213版のShift_JISであるShift_JIS-2004（Appendixを参照）においては、漢字集合2面の文字の領域となっています。

4.3 Unicodeの符号化方式

Unicodeの符号化というと、かつては「UCS-2とUnicodeは同じ16ビットのコードで、その上位2バイトに`0000`を付けるとUCS-4になる」という、比較的単純なことがらを記憶しておけばほぼ十分でした。しかしその後、Unicodeの拡張やUTF-8の普及のために状況が変化しています。今日では、Unicodeの符号化方式は「UTF」という名前のもとにまとめられています。

UTF概説

Unicodeは16ビット固定長の文字コードとして出発しました。「16ビット固定」という前提は現在では変容していますが、出自の影響は今も色濃く残っています。現在のUnicodeは、整数で表現される100万あまりの符号位置を8ビット単位・16ビット単位・32ビット単位といったさまざまな符号化方式で表現するという形になっています。それぞれ、UTF-8、UTF-16、UTF-32という名前が付いています。UTFという頭字語は、UCS（もしくはUnicode）Transformation Formatの略です。

16ビット単位のUTF-16が、元々のUnicodeの直系といえる方式です。ただし、16ビットだけではすべての文字を表せなくなってしまったので、16ビットの符号単位2つの組み合わせを使うことでBMP外の面の1つの符号位置を表現します。一方、32ビット単位のUTF-32は、32ビット固定幅で全符号位置を表現できます。

Unicodeの先頭から128文字はASCIIの文字コード表のコピーになっていますが、UTF-16で表すと文字「A」が`00 41`になるといったようによけいな`00`のバイトが文字ごとに付くため、バイト単位でASCII互換とはなりません。

ASCIIとの互換性が必要な場合にはUTF-8が使われます。この符号化方式は1バイトから4バイトの可変長で表され、1バイトの部分はASCIIと互換になっています。

本章で取り上げる3種類のUTF以外にも、インターネットの電子メールでの使用を想定したUTF-7などがありますが、あまり使われていないので本書では割愛します。

UTF-16

UTF-16は、Javaの文字列表現等で使われています。ファイルやネットワークでのテキスト交換よりも、プログラミング上の処理において接することが多いでしょう。UTF-16の仕様はUnicode仕様やISO/IEC 10646で定義されているほか、Web上でRFC 2781として読むこともできます。

■──符号の構造

UTF-16は16ビットの符号単位を用い、BMPの文字は符号単位一つによって、BMP以外の面の文字は符号単位2つの組み合わせによって表す符号化方式です。

UTF-16で「そのチェㇷ゚は𩸽」という文字列を符号化する様子を**図4.15**に示します。チェㇷ゚とはアイヌ語で魚の意味、𩸽はホッケと読みます。

つまり「その魚はホッケ」という意味です。「ㇷ゚」と「𩸽」はJIS X 0213ではじめて符号化された文字です。「𩸽」はUnicodeの面02に取り入れられましたが、「ㇷ゚」には独立した符号位置が与えられておらず結合文字によって表現する必要があります。「𩸽」の表現には以下に説明するサロゲートペアが使われています。図4.15ではバイト順として**ビッグエンディアン**を採用しています。バイト順については後述します。

■――サロゲートペア

UTF-16ではBMP以外の面の文字を表すために、**サロゲートペア**(*surrogate pair*)というしくみを用います。surrogateとは代理という意味で、サロゲートペアという用語は日本語では「代用対」という言い方もします。

サロゲートペアとは、BMPの中の文字の割り当てのない符号位置2つを用いて、BMP外の面の符号位置を指すものです。

サロゲートペアのために用いる領域としては、

- U+D800～U+DBFF：上位サロゲート
- U+DC00～U+DFFF：下位サロゲート

上位サロゲートと下位サロゲートの組み合わせによって、1つの符号位置を表します。たとえば、符号位置U+28277(面02)にある𨉷という漢字[注5]をサロゲートペアによって表すと、D860 DE77という2つのサロゲートの組み合わせになります。

■――UTF-16の計算方法

Unicode符号位置からUTF-16によるビット組み合わせを求める方法を見てみましょう。

符号化したい文字の符号位置(整数)をnとします。ただし、符号位置の上限をn≦0x10FFFFとします。

もしnが0x10000より小さければ、nを16ビットの符号なし整数として

注5　JIS X 0213の1面92区41点にあり、歌舞伎の「近江源氏𨉷講釈」(おうみげんじしかたこうしゃく)に用いられる文字です。筒井康隆の作品「影武者騒動」がこの歌舞伎を元にしていることでも知られます。

図4.15　UTF-16による符号化の例

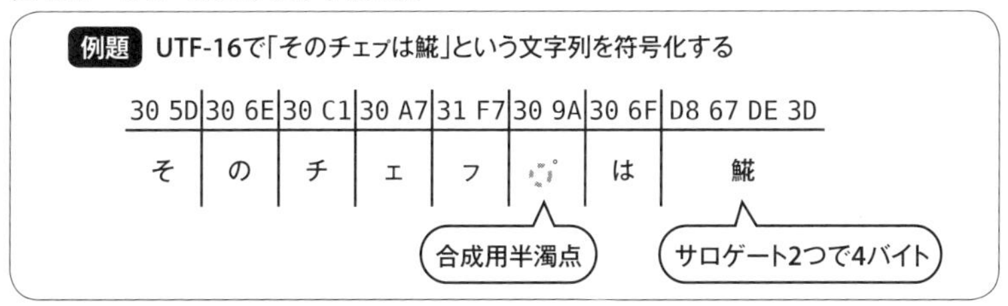

表現して終了です。これはBMP内の文字の場合です。nが0x10000以上、すなわちサロゲートペアの必要な場合には次に進みます。

n'＝n－0x10000とおきます。また、w_1＝0xD800、w_2 = 0xDC00とします。

こうすると、n'は上記の符号位置の上限の制約から20ビット以内で表現可能であり、またw_1とw_2はそれぞれ下位10ビットが0になっています。そこで、n'の各ビットをw_1とw_2にそれぞれ10ビットずつ割り振ります。図式的に表すと、以下のようになります。

n'＝yyyyyyyyyyxxxxxxxxxx
w_1＝110110yyyyyyyyyy
w_2＝110111xxxxxxxxxx

こうして得られたw_1が上位サロゲート、w_2が下位サロゲートになります。

UCS-2との関係

UTF-16は、UCS-2を拡張したものです。表現可能な文字数がUCS-2よりも大幅に増えています。一方、UCS-2の特徴である、1つの符号位置が2バイト固定幅で表現されるという利点は失われました。

■——UTF-16のバイト順の問題 ビッグエンディアンとリトルエンディアン

UTF-16は16ビット単位であるために、8ビットのバイトの列として表現するときにはバイト順の問題が発生します。これはUTF-16において、特徴的な問題です。

UTF-16は、16ビット単位の符号です。16ビットのデータを8ビット単位のバイト列にするときには、上位8ビットから先に並べるか、下位8ビットから先に並べるかという問題があります(図4.16)。これを**バイト順**(*byte*

図4.16　バイト順の問題

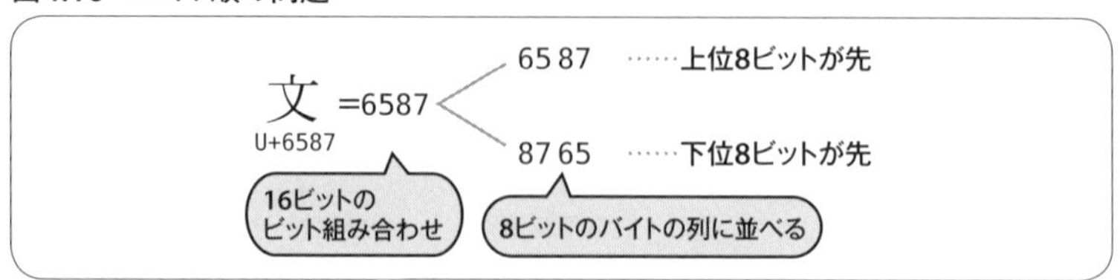

order、バイトオーダー）といいます。

通例、上位8ビットが先頭にくるバイト順を**ビッグエンディアン**（*big-endian*）、下位8ビットが先頭にくるバイト順を**リトルエンディアン**（*little-endian*）と呼びます[注6]。Unicodeに特有の用語というわけではなく、ビット列をバイト単位で表現するときにはしばしば使われます。UTF-16のバイト順としては、どちらを採用することもできます。ビッグエンディアンのUTF-16を**UTF-16BE**、リトルエンディアンのUTF-16を**UTF-16LE**と呼ぶことがあります。

なお、JIS X 0208のように第1・第2バイトがあらかじめ決まっている2バイトコードでは、バイト順の問題は発生しません。JIS X 0208の「山」のコード値が3B33だというのは、実際には第1バイトが0x3B、第2バイトが0x33と定義されているのを短く表記した記法に過ぎないので、どちらのバイトが先かということは問題にならないのです。

■—— BOM（バイト順マーク）

どちらのバイト順を採用しているかを示すために、データの先頭に**バイト順マーク**（BOM/*Byte Order Mark*）と呼ばれる印を付けることがあります。BOMにはU+FEFFの符号位置を用います。この符号位置は、ビッグエンディアンではFE FF、リトルエンディアンではFF FEという2バイトの列になります。

もしデータの先頭にFF FEというバイト値が来ていれば、BOMがリトルエンディアンで表されているのだということがわかり、同様にデータの先頭がFE FFならばビッグエンディアンであることがわかる、というしくみです（図4.17）。FEとFFを入れ替えたU+FFFEの符号位置は文字として使用しないことになっているので、ビッグエンディアンのUTF-16のデータにおいて文字の表現としてFF FEというバイト列が現れることはありません。

なお、U+FEFFという符号位置は本来はZERO WIDTH NO-BREAK SPACEという文字と定義されています。機能としてはNBSPと同様ですが、表示上の幅を持たない文字です。2つの文字の間での改行を禁じる印として使えます[注7]。データの先頭でなく途中にU+FEFFが現れた場合には、BOMでは

注6　この用語は、『ガリバー旅行記』（Jonathan Swift）において玉子を太いほうの端から割る人をbig-endianと呼んだエピソードによるとされています。

注7　U+2060に定義されるWORD JOINERという文字も同じ意味を持っており、BOMとの混同を避けるために、この意味としては現在ではWORD JOINERの使用が推奨されています。

なくこの文字そのものとして解釈されます。

文字コードの指定において、UTF-16BEやUTF-16LEのように明示的にバイト順が指定されている場合には、BOMは不要です。

■――適した用途

内部処理で用いられることの多い形式です。プログラミング言語の内部コードとして採用されていて、好むと好まざるとにかかわらず使わざるを得ない場合も少なくないでしょう。

用いる言語やライブラリにおいて、サロゲートペアを扱うためのAPIがどのように用意されているか、確認しておくとよいでしょう。

UTF-32

UTF-32はUCS-4と同じで、各符号位置が4バイト固定幅で表現されます。現状ではあまり使われませんが、内部処理に使用可能なことがあります。

■――符号の構造

Unicode符号位置の整数をそのまま32ビットで表現したものが、UTF-32です。UTF-32で「そのチェプは鮴」という文字列を符号化する様子を図4.18に示します。UTF-16とは違い、サロゲートペアを使う必要がありません。1つの符号位置は必ず4バイトで表されます。

図4.17　BOMのしくみ

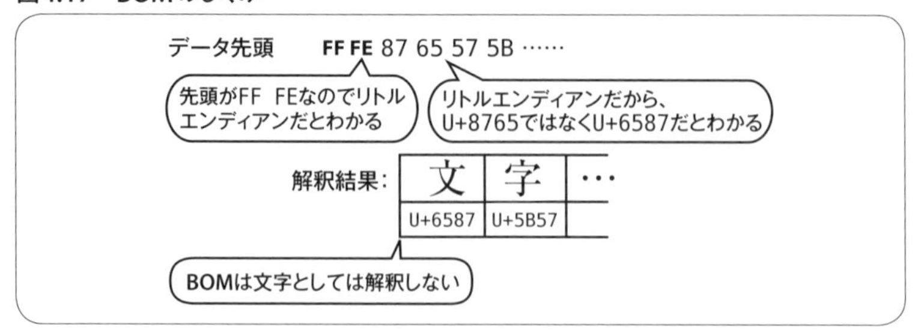

UCS-4との関係

かつては、UTF-32はUCS-4のサブセットといえましたが、現在ではまったく同一のものです。UCS-4全体のうち、群00の面00から面10までの符号位置のみの使用を許しているのがUTF-32だというのが過去の規定でしたが、現在はこれ以外の群と面はUCS-4から削除されたので、UTF-32とUCS-4は同じものになりました。

■──UTF-32の特徴

すべての符号位置が4バイトで表されます。

ただし、結合文字の問題があるので、すべての「文字」が4バイトで表されるわけではありません。普通に考える意味での「文字」を表すには、複数の符号位置を並べなければならないことがあります。図4.18の例にも出ているとおりです。このことは、Unicodeのどの符号化方式を採用しても同じです。

UTF-16同様、バイト順を示すためにBOMを用いることができます。UTF-32のBOMにもやはり符号位置U+FEFFを用いますが、バイト列の長さが4バイトになります。ビッグエンディアン、リトルエンディアンそれぞれのBOMは、以下のバイト列で表します。

- ビッグエンディアン：`00 00 FE FF`
- リトルエンディアン：`FF FE 00 00`

BOMを用いずにバイト順が決まっている場合は、UTF-16のときと同様に、UTF-32BE(ビッグエンディアン)、UTF-32LE(リトルエンディアン)のように呼びます。

図4.18　UTF-32による符号化の例

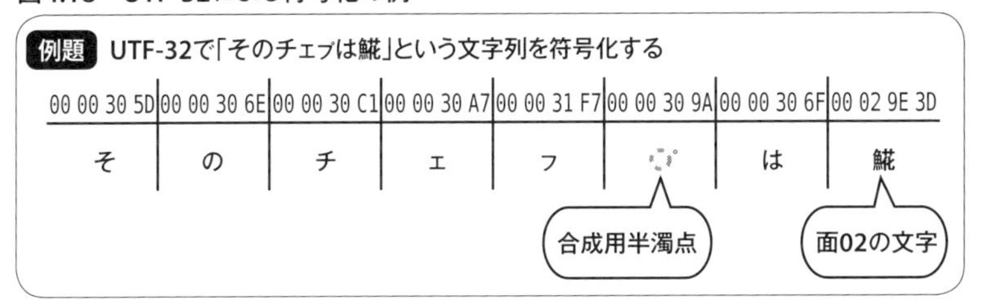

■──適した用途

1つの符号位置の表現が固定長になるのは、かつてのUCS-2と同じ特徴です。かつてUCS-2を採用し現在ではUTF-16になっている適用例には、今からゼロベースで設計し直したらUTF-32を採用することになるものもあるかもしれません。

一方、00になるバイトが多いため、記憶容量の無駄だと考える人もいるでしょう。ASCIIやLatin-1と同じ文字を扱っている限りでは、データのうち実に4分の3もの分量を00というバイトが占めることになります。

Pythonでは、内部処理上のUnicode文字列の表現として、UTF-16に代えてUTF-32が選択できるようになっています。今後は、こうしたものも増えてくるかもしれません。

UTF-8

UTF-8は、8ビット単位のUnicodeの符号化方式で、ASCIIと互換性があることから広く使われています。UTF-8の仕様はUnicode仕様やISO/IEC 10646で定義されているほか、Web上でRFC 3629として読むこともできます。

■──符号の構造

1つの符号位置の表現に1バイトから4バイトまでの長さをとり得る、可変長の符号化方式です。かつての規定では最大6バイトまでありましたが、現在はサロゲートで表せる範囲以外の領域は符号空間から削除されたため、最大4バイトに収まります。

UTF-8で「そのチェプは鮱」という文字列を符号化する様子を図4.19に示します。「鮱」の表現に4バイト必要です。

計算方法

符号位置がUTF-8でどのようなバイト列になるかを、表4.2に示します。

符号化すべき符号位置が決まると、表の左側の列を見ることで4つの行のうちのいずれに該当するかが決まります。そして、16進の符号位置を

2進法で表したときのビット列を、表の右側の列のxの並びに左からあてはめていきます。これによってUTF-8のバイト列が求まります。

例として、平仮名の「あ」という文字U+3042をUTF-8で符号化すると、次のようになります。以上が、UTF-8による符号化の結果です。

- U+3042は、符号位置の範囲としては表4.2の3行めにあたる
- 16進の3042を2進法で表すと00110000 01000010となる
- このビット列を表の3行めの「1110xxxx 10xxxxxx 10xxxxxx」のxの位置にあてはめると、11100011 10000001 10000010となる
- すなわち、E3 81 82というバイト列が得られる

ASCIIとの互換性 UTF-8の特徴

UTF-8の特徴として、ASCIIと互換であるという利点があります。

UTF-8はASCIIの上位互換とみなせます。ただ単に、ASCIIと同じ文字の表現にASCIIと同じバイト値を用いているだけでなく、複数バイトで1文字を表す場合にも2バイト以降に0x00〜0x7Fのバイトがくることはありません。つまり、0x7F以下のバイトは常にASCIIとみなしてよいことになります。

複数バイト文字の1バイトめになる値は他の位置に現れることがないため、バイト列の途中から見た場合でも、文字の区切りを誤認することがあ

図4.19 UTF-8による符号化の例

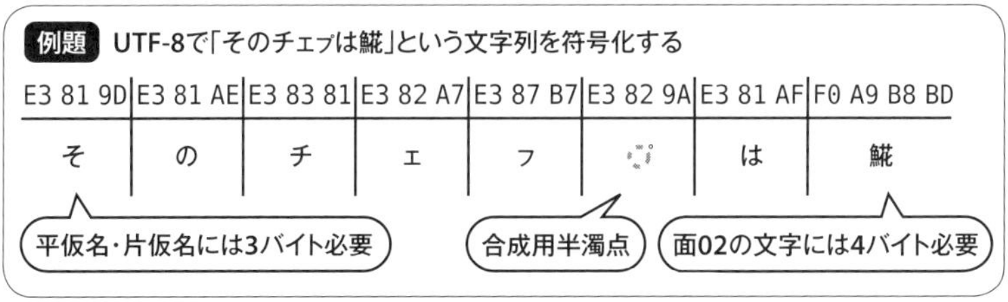

例題 UTF-8で「そのチェㇷ゚は𩸽」という文字列を符号化する

E3 81 9D	E3 81 AE	E3 83 81	E3 82 A7	E3 87 B7	E3 82 9A	E3 81 AF	F0 A9 B8 BD
そ	の	チ	ェ	ㇷ	゚	は	𩸽

平仮名・片仮名には3バイト必要
合成用半濁点
面02の文字には4バイト必要

表4.2 UTF-8における符号位置とバイト列の対応

符号位置(16進)	UTF-8のバイト列(2進)
00000000〜0000007F	0xxxxxxx
00000080〜000007FF	110xxxxx 10xxxxxx
00000800〜0000FFFF	1110xxxx 10xxxxxx 10xxxxxx
00010000〜0010FFFF	11110xxx 10xxxxxx 10xxxxxx 10xxxxxx

りません。これは、EUC-JPなどにはない利点です。

■――冗長性の問題

UTF-8には、ASCIIと互換であるという大きな特徴がある一方で、いくつか注意すべき点もあります。UTF-8では、1つのUnicode符号位置を符号化するのに複数の方法が可能です。

たとえば、!という文字(`U+0021`)をUTF-8で符号化することを考えてみましょう。普通なら表4.2の1行めに該当するのでUTF-8のバイト列としては`0x21`という1バイトの結果になるはずです。しかし、2行めに適用してしまうと、`11000000 10100001`すなわち`C0 A1`という異なるバイト列が得られてしまいます。この`C0A1`というバイト列を素朴に復号すると、`00000100001`というビット列だから16進で`0x21`だ、`U+0021`だ、ということになります。

つまり、UTF-8のバイト列として`21`だけでなく、`C0 A1`でも同じ`U+0021`の文字と解釈されてしまうということです。

こうした冗長性は、危険な文字列、たとえばディレクトリをさかのぼる「`..`」などがチェックをすり抜けてしまうセキュリティ上の脅威の元になることがあります。そこで、現在のUTF-8の仕様では、冗長な表現を避けて最も短いバイト列に符号化することを要求しています。先の例でいえば、`U+0021`を`C0 A1`に符号化するのは不可で、必ず`0x21`にしなければならないということです。

計算方法を知っているからといって自分で迂闊(うかつ)にUTF-8の計算をすると、この問題を許してしまいかねません。コード変換を自力で実装するよりも、実績のある変換ライブラリの利用をまず検討するのがよいでしょう。

■――BOM付きUTF-8の問題

BOMすなわちバイト順マークが必要なのは、16ビットや32ビットのビット組み合わせをバイトの並びとして表現するとき、つまりUTF-16やUTF-32でのことです。バイト順が問題になることのないUTF-8にはBOMは本来関係がありません。

ところが、BOMをUTF-8で表現した3バイトの値(`EF BB BF`)が、UTF-8のデータ列の先頭に付いていることがあります。バイト順の印という元々の意味を離れて、UTF-8のデータであることの印として利用価値があるという考えもあります。

UTF-8の先頭にBOMが付くことを想定していないプログラムがこうしたデータに出会うと、予期しない結果になることがあります。

UTF-8はASCIIにある文字しか使わなければASCIIと同じバイト列になりますが、BOMが付くとASCIIとして通用しないバイト列になってしまうので注意が必要です。

■——CESU-8とModified UTF-8

UTF-8においては、UTF-16で扱える範囲のBMP外の符号位置、つまりU+10000からU+10FFFFまでの符号位置は4バイトで符号化されます。

ところが、BMP外の符号位置を直接UTF-8で符号化するのでなく、UTF-16のサロゲートペアの上位下位それぞれの符号位置をUTF-8で符号化してつなげた方式が、内部処理などで使われていることがあります。これはCESU-8と呼ばれます[注8]。この方式でたとえば面02の文字を符号化すると、上位サロゲートのために3バイト、下位サロゲートのために3バイト、合計6バイトで1つの文字を表すことになります。

また、Javaのクラスファイルでも類似の形式が使われており、これはModified UTF-8と呼ばれています。U+0000を表すのにC0 80という2バイトを用いるという点でCESU-8と違いがあります。

これらの符号化方式を扱う機会はあまりないはずですが、歴史的理由からこういう変則的なバリエーションも一部には存在します。

■——適した用途

UTF-8はASCIIとの互換性があるため、元々ASCIIで構成されていたデータフォーマットやプロトコルを拡張するのに向いています。

一方、漢字や仮名文字を表現するには3バイト以上が必要となるため、従来のJIS系の符号化方式よりもサイズが増えること、また1バイトや2バイ

注8　Unicode Technical Report #26、Compatibility Encoding Scheme for UTF-16: 8-Bit(CESU-8)
URL https://unicode.org/reports/tr26/

トで済むラテン文字との不公平さといった点を気にする人もいるでしょう。

Column

機種依存文字における重複符号化

Windowsの機種依存文字(CP932、Windows-31J等と呼ばれます)には、同じ文字が複数の符号位置に存在する重複符号化がいくつかあることが知られています。これは、起源の異なる複数の機種依存文字が取り込まれた結果のようです。

たとえば、ローマ数字のⅠという字は8754とFA4Aの両方にあります(以下、本コラムでは符号位置はShift_JISの16進で記します)。また、漢字についても、「蓜」(ハイ)という字がED44とFA60の両方にある、「彅」という字がED4BとFA67にある、というように重複しています。

JIS X 0208にある文字であっても、空き領域に機種依存文字として定義されていて重複しているものがいくつかあります。たとえば記号「∠」(角(かく)記号)はJIS X 0208の2区60点にあってShift_JISでは81DAというコード値になりますが、Windowsの機種依存文字では同じ記号がさらに8797の位置にもあります。

さらに、記号「∵」(学術記号なぜならば)は、JIS X 0208で空き領域となるFA5Bと879Aとの2ヵ所にあり、JIS X 0208の本来の位置である81E6と含めると、合計3ヵ所に存在していることになります。

こうした重複符号化があると、Shift_JISからUnicodeに変換した後で逆変換をしてShift_JISに戻すと、元通りのデータには戻らないことがあります。第3章で説明したように、Unicodeでは韓国の漢字コードの重複やいわゆる「全角・半角」の重複符号化については救済のために互換用の符号位置を設けてコード変換による情報損失がないよう図られていますが、このコラムで紹介しているような機種依存文字の重複符号化については、そうした配慮はなされていないのです。

上記の「∠」や「∵」のように、JISにある字についても機種依存文字として重複符号化が行われていると、テキストデータに機種依存文字が使われているかどうかは見た目で判別がつかないことになります。JISにある字しか使っていないつもりでも、実は機種依存文字のほうのコード値が入力されていたということがあり得るわけです。

筆者の経験でも、かなり以前のことですが、自分で作成した文書について、JISにある文字しか使っていないはずなのに機種依存文字が使われていると指摘されたことがあります。なぜだろうかと16進ダンプ(第8章参照)して調べてみたら、記号「∠」が機種依存文字のほうの符号位置で入力されていたことがわかりました。

もっとも、今日のIMEで入力する場合、JIS X 0208にある文字についてはJISの正式な符号位置のほうがもっぱら入力され、機種依存文字のほうは出ないようになっているはずです。

第5章 文字コードの変換と判別

5.1 コード変換とは p.159

5.2 変換の実際 変換における考え方 p.167

5.3 文字コードの自動判別 p.179

5.4 まとめ p.186

前章までで、文字コードの基礎概念から始めて、現在使われている各種の文字コードについて説明してきました。ここまでは、いわば基礎編にあたります。本章以降（第5章〜第8章、Appendix）は、文字コードの適用において用いられる技術の実際を扱う応用編になります。

応用編の入口、本章では、文字コードの実用上頻繁に必要となるコード変換という処理のその概念と実際、あわせて文字コードの判別という技術について解説します。

まず、コード変換の基本的な概念と、そもそもなぜ変換が必要なのかを知っておきましょう。コード変換には、実用的なツールがすでに存在します。以下の二つを例に、使い方を見てみましょう。

- iconv（アイコンブなどと呼ばれています）
- nkf

そのうえで、コード変換が正しく行われるための原則を示します。この原則は、コード変換にまつわるトラブルを考察するうえで必要になります。実際にはさまざまな問題が起こり得ますが、原則を拠りどころに複雑なトラブルを少しでも整理して理解できるようにしておきたいものです。

コード変換の実際としては、二つの手法に大別できます。

- 計算によって変換できる場合
- 変換表を引く必要のある場合

どういったケースの場合にどちらの手法が適しているのか、それぞれを使い分けできるように例を挙げながら考えます。前者はJIS X 0208の符号化方式の間での変換やUnicodeの符号化方式の間での変換、後者はJIS X 0208とUnicodeの間の変換が代表例です。

文字コードの自動判別についても説明します。どのような手がかりをもとに実現されるか、うまくいかない場合もあることも押さえておきましょう。

5.1 コード変換とは

コード変換の基本的な概念を確認するとともに、実用上便利な変換ツールを紹介します。

なぜ変換が必要か

前章までで見たように、文字コードは用途や状況に応じて多様なものが使われます。したがって、テキストデータを移動する際には、ある文字コードから他の文字コードへと変換することが必要になることがしばしばあります。

コード変換はさまざまな場面で行われます。利用者が明示的に操作して変換することもあれば、それと気付かないうちにプログラムが自動的に変換していることもあります。典型的には以下のような例があります。

- ISO-2022-JPで符号化された受信メールを内部処理用のUTF-16に変換する
- Unixで作ったEUC-JPのファイルをWindowsに持っていくためにShift_JISに変換する
- 内部的にUTF-16で表現されている文字列データをファイルに保存するときに、Shift_JISやUTF-8に変換する
- Shift_JISで符号化されているテキストファイルを他のアプリケーション用のフォーマットに取り込むために、UTF-8に変換する

図5.1に、EUC-JPからShift_JISへと変換する例を示します。

変換のツール

変換には各種のツールが利用できます。本項では、iconv、nkfを例に使い方を見てみましょう。iconvは、世界のさまざまな文字コードに対応した変換ツールです。nkfは、日本語環境で古くから使われているプログラムであり、日本の文字コードに対応しています。

■—— iconv

まずiconvを利用する例を示します。iconvは、Unix系の環境では大抵問題なく使えるコマンドです。Windows 10ではWSL(*Windows Subsystem for Linux*)から使えます。それ以前のWindowsでもCygwin[注1]をインストールすると使えます。

iconvによってEUC-JPのテキストをShift_JISに変換するには、コマンドラインから以下のように入力します。

```
$ iconv -f EUC-JP -t SHIFT_JIS from-file.txt > to-file.txt
```

ここで`from-file.txt`は変換元のファイル、`to-file.txt`は変換先のファイル名とします。オプション`-f`と`-t`でそれぞれ変換元、変換先の文字コードを指定しています。

iconvで使用可能な文字コードの種類は、`iconv --list`と入力すると確かめることができます。世界各地の文字コードのほか、ベンダー定義の外字(いわゆる機種依存文字)付きの変種も異なる文字コードとして定義されているので大量のリストが出てきますが、実際に使うものはそう多くはありません。日本での使用であれば、EUC-JPやSHIFT_JIS、ISO-2022-JP、UTF-8、UTF-16といったおなじみの符号化方式が中心となるでしょう。

注1　Unixのコマンドや開発ツールをWindowsで使えるようにするソフトウェアです。
URL https://www.cygwin.com/

図5.1　EUC-JPからShift_JISへの変換の例

例題 EUC-JPで「今日は21日」と記したテキストをShift_JISに変換

変換元(EUC-JP)		変換先(Shift_JIS)
BA A3	今	8D A1
C6 FC	日	93 FA
AC F4	は	82 CD
32	2	32
31	1	31
C6 FC	日	93 FA

変換できない場合

変換元のテキストに含まれる文字が、変換先の文字コードにない場合は変換できません。UTF-8からShift_JISに変換する場合などに、そうしたことが起こり得ます。UnicodeはJIS X 0208にない文字をたくさん含んでいますし、そしてJIS X 0208にない文字というものは案外身近にあるものです。

たとえば、UTF-8で「Tōkyō」と書かれたテキストファイルtokyo-u8.txtがあったとします。このテキストをShift_JISに変換するために、iconvを以下のように実行してみましょう。

```
$ iconv -f UTF-8 -t SHIFT_JIS tokyo-u8.txt > tokyo-s.txt
iconv: illegal input sequence at position 1
```

エラーが出て止まってしまいます。「ō」がShift_JISにないためです。

iconvにオプション-cを付けて実行すると、変換できない文字は無視して先に進みます。

```
$ iconv -f UTF-8 -t SHIFT_JIS -c tokyo-u8.txt > tokyo-s.txt
$ cat tokyo-s.txt
Tky
```

今度はエラーなしに終わりますが、変換できない文字は単に無視されるので「ō」が全部脱落して、変換結果が「Tky」になっています。

情報の損失をできるだけ避けるには、Shift_JISの上位互換としてJIS X 0213で定義されているShift_JIS-2004(詳しくはAppendixを参照)を使うという手があります。iconvではSHIFT_JISX0213という名前で利用可能です。

```
$ iconv -f UTF-8 -t SHIFT_JISX0213 tokyo-u8.txt > tokyo-s2.txt
$ cat tokyo-s2.txt
Tōkyō
```

これで、エラーも文字の脱落もなしにコード変換が完了します。ただし、上記のサンプルの最後の行が正しく表示されるためには、端末ソフトウェアがShift_JIS-2004に対応している必要があります。mltermやktermでは対応可能です。Windowsのコマンドプロンプトでは正しく表示されません。

■—— nkf

nkfは日本の文字コードに対応した古くからあるコード変換ツールです。Network Kanji Filterという名のとおり、ネットワークで送受信するテキストの変換をおもな用途として想定して開発されました。たとえば、ISO-2022-JPで受信した電子メールをEUC-JPに変換して表示するといった使い方です。

nkfは元々EUC-JP、ISO-2022-JP、Shift_JISに対応しており、最近のバージョンではUTF-8などにも対応しています。

次のように実行すると、`mail.txt`をEUC-JPに変換して標準出力に出力します。

```
$ nkf -e mail.txt
```

オプション`-e`は、出力の文字コードとしてEUC-JPを指定するものです。もしShift_JISに変換したければ代わりに`-s`を、ISO-2022-JPに変換したければ`-j`を指定します。

ここで、先のiconvの場合と異なり、入力の文字コードを指定していないことがわかります。nkfには文字コードの自動判別機能があるので、多くの場合は明示的に入力コードを指定せずとも正しく機能します。もっとも、あらかじめ変換元のコードがわかっている場合には明示することも可能です。そうすれば、万一の判別ミスによるトラブルがありません。たとえば、オプション`-S`を指定すれば入力がShift_JISであることを示します。EUC-JPの場合は`-E`、ISO-2022-JPの場合は`-J`と、それぞれ大文字のオプションを付けると入力文字コードの指定になります。

nkfは、単なる文字コードの変換だけでなく、電子メールのヘッダに使われるMIME形式（次章で説明）に符号化された文字列を復号するといった、インターネットに特化した機能も備えています。

変換の原則

コード変換とは、どのような条件を満たせば正しく行われているといえるのでしょうか。一見自明なように思えるかもしれませんが、コード変換にまつわるトラブルというのは現実に少なくないので、基本原則を確認しておきましょう。

コード変換とは、符号化されたテキスト[注2]の文字を変えずにコードだけを変換するものです。正しいコード変換が行われた場合、変換元と変換先のバイト列をそれぞれの文字コードの定義に従って解釈した結果が、同じテキストとなることが期待されます(図5.2)。

つまり、コード変換が正しく行われたかどうかは、変換元・変換先の双方の文字コードの定義に照らして判断する必要があるということです。

JIS X 0208からUnicodeへの変換であれば、変換元のバイト列をJIS X 0208の仕様に則って解釈したテキストと、変換先のバイト列をUnicodeの仕様に則って解釈したテキストとが同じであったならば、正しく変換されたとみなせます。もし変換元と変換先とで文字が食い違っていたならば、正しい変換とはいえません。

ごく当たり前のことのように思えるかもしれませんが、コード変換にまつわるトラブルに関して変換結果の妥当性が論じられる際、こうした当たり前の原則が忘れられていることがしばしば見受けられますので、気を付けたいものです。

■── 異なる文字集合体系の間の変換の問題

変換元と変換先とで、文字集合が同一であり符号化表現だけが異なるようなコード間の変換では、変換元と変換結果が「同じテキスト」かどうかという判断は容易であり、問題になる余地がありません。たとえば、EUC-JP

注2　ここで「テキスト」とは、文字の並びという程度の意味で用いています。コンピュータ上のバイト列ではなく、人間が認識する文字そのものを指しています。テキストを符号化するとバイト列になります。

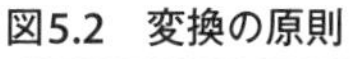
図5.2　変換の原則

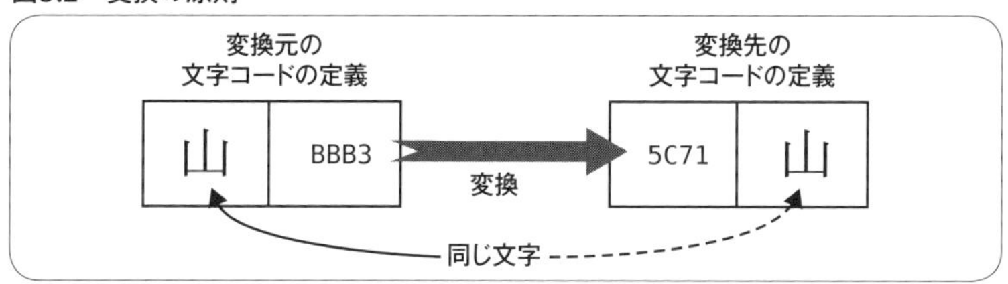

とISO-2022-JPにおけるJIS X 0208の符号化表現を変換する場合が該当します。バイト表現が変わってもバイトの指し示すものが同一規格の同一符号位置であれば、解釈に揺らぎが生じ得ないからです。

しかし、異なる文字集合体系の間で変換する場合には、「同じテキスト」という判断が自明でないことがあります。

例として、JIS X 0208とUnicodeの間で変換することを考えてみましょう。図5.3❶❷❸に示す「姫」の3つの字体をJIS X 0208は明示的に単一の符号位置(41-17)に包摂していますが(JIS X 0213も同様)、Unicodeはこの3種類に対して2つの異なる符号位置を与えています[注3]。

このとき、JISの41-17をU+59EBに変換する、あるいは逆にU+59EBを41-17に変換するのはどの程度適切といえるでしょうか。

というのは、JISの41-17は図5.3の3つの字体のどれでもあり得るのに対し、UnicodeのU+59EBは❶の字体でしかあり得ないからです。U+59EBを41-17に変換するのはさほど問題がありませんが、逆方向つまり41-17からU+59EBへの変換では、元々U+59EBにはあり得ない字体がU+59EBになってしまう可能性があります。

図5.3の❸の字体(女偏に𠕇)が書かれた文書があったとしましょう。この文字はJIS X 0208では41-17に符号化されます。JIS X 0208のテキストデ

注3　そのように判断できる根拠は、ISO/IEC 10646の規格票がCJK統合漢字について示している日本・中国・台湾・韓国・ベトナムの各国・地域の字形例です。

図5.3　包摂の範囲が異なる例

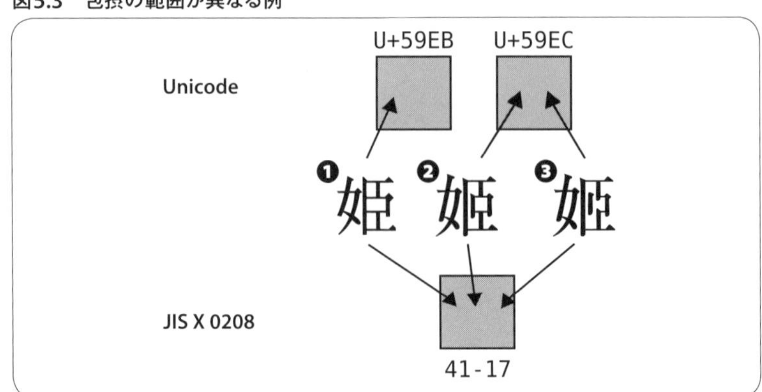

ータをUnicodeに変換すると、通常この符号位置はU+59EBに変換されます。しかし、元の文書を最初からUnicodeによって符号化するならば、図5.3の字形を見てわかるとおり、U+59EBではなくU+59ECとして符号化される可能性が高いといえます[注4]。

この様子を図5.4に示します。最初にJISに符号化してからUnicodeへ変換した結果(❶❷)と、直接Unicodeに符号化した結果(■1)とが異なり得ることを表しています。JISからUnicodeへの変換において図5.4中の破線の変換は通常行われず、もっぱら実線の経路をたどるため、Unicodeに直接符号化したときと結果が異なることになります。

以上から、包摂の範囲の異なる文字集合間で変換を行うと問題が発生する可能性があるということがいえます。もっとも、これは字体に厳密な運用をする場合のことであり、一般のビジネス文書やビジネスアプリケーション等の処理ではほとんど問題にならないでしょう。

通常JISとUnicodeの間で漢字のコード変換を行う場合は、各文字が一対一対応するただ一通りの変換規則によって変換して済ませており、いま述べたような問題はあたかも存在しないかのように扱われています。しかし、文字コード表の例示字形だけでなく包摂の範囲まで考慮すると、一対一に対応付

注4　断定を避けているのは、元の文書において図5.3の字体3種類を区別する意味がなかったとしたらU+59EBに符号化される可能性もあるためです。

図5.4　包摂の範囲が異なる文字集合間の変換の例

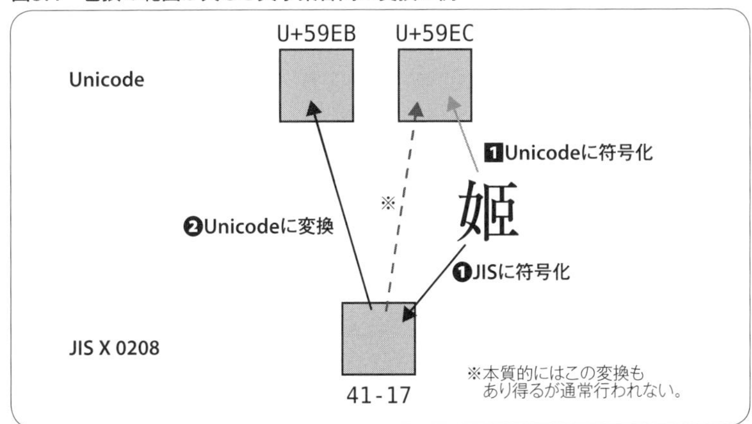

けられた変換規則を絶対のものとみなすことはできなくなるということです。

コード変換と文字変換

現実に行われるコード変換の結果をよく見ると、実際には「コード」を変換する際に「文字」そのものを変換してしまっていることがしばしば見られます。コード変換というのは同じ文字に対して用いるコードを変えるものであり、文字そのものが変わってしまうのをコード変換とはいいません。

そこで、本書では文字の変換をとくに「文字変換」と呼ぶことにします。この用語はあまり一般的でないように思われますが、現実に起こっている現象を説明するのに便利なので本書では用いることにします。

文字変換には、意図的に文字を変換していることもあれば、そうでないこともあります。意図的な文字変換の例としては、アルファベットの大文字・小文字の変換や、平仮名・片仮名変換が挙げられます(**図5.5**)。キリル文字をラテン文字に置き換えるような翻字(*transliteration*)は文字変換の一種といえます。ここでいわゆる「全角・半角」の変換を思い起こした読者もあるかもしれませんが、それは同じ文字の符号化表現を変えているだけなので文字変換ではなくコード変換です。

意図しない文字変換の例として、たとえば、JIS X 0201ラテン文字からASCIIにコード変換を行うことを考えます。

図5.6のケースでは、明示的なコード変換の操作はとくに必要ありません。JIS X 0201のシステムからテキストデータをそのままASCIIのシステムに持ってくる、つまりただ単にデータを素通しするだけの「変換」です。

しかしこのとき、暗黙のうちに文字変換が行われています。それは`0x5C`と`0x7E`のコード値で表される文字についてです。`0x5C`と`0x7E`は、JIS X 0201ではそれぞれ¥(円記号)と‾(オーバーライン)を表します。同じ値がASCIIではそれぞれ\(バックスラッシュ)と~(チルダ)を表します。

図5.5　文字変換の例

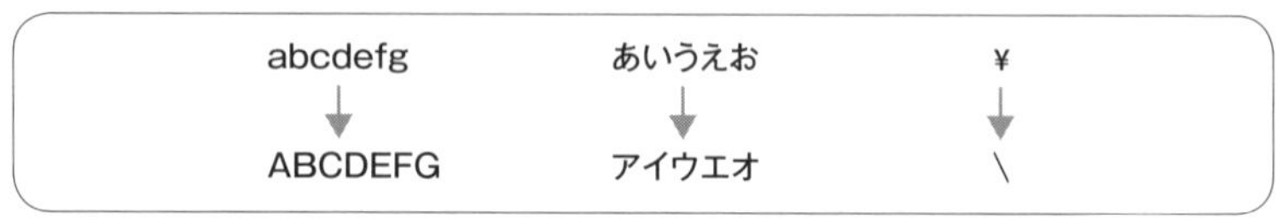

図5.6　JIS X 0201からASCIIに素通ししたときに起こる文字変換

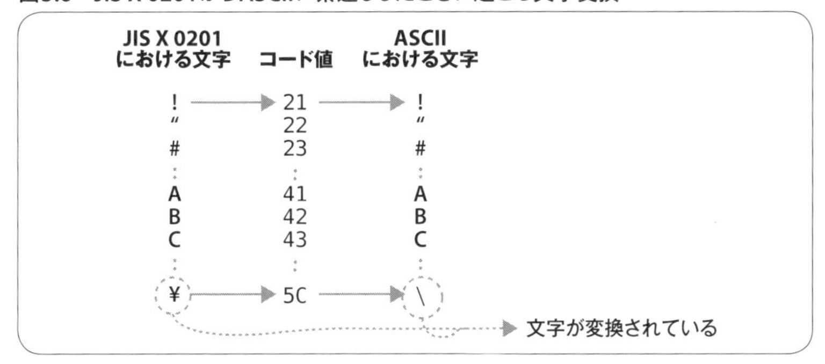

つまり、JIS X 0201のシステムにおける円記号をASCIIのシステムに移動したら、バックスラッシュに変わっているということです。文字が変換されているので文字変換と呼んでいるわけです。

ここで、文字変換とは文字化けのことかと思った読者もいるでしょう。実際、客観的な現象としては文字変換と文字化けには違いがありません。文字変換のうち、意図に反して予期せず起こったものを文字化けと呼ぶのだということができます。円記号がバックスラッシュに変わるという一つの現象が観察されたとき、それが意図せず起こったものなら文字化けと呼べばよい、予期されたとおりの変換動作であるなら文字化けという不穏当な語を避けて文字変換と呼べばよい、ということです。

以降本書ではコード変換の際に文字そのものが変わってしまうようなケースについて、必要に応じて文字変換という用語を使って注意を促します。

5.2 変換の実際
変換における考え方

コード変換では、大まかにいうと2通りの処理方法から選択することになります。計算によってアルゴリズム的に変換できる場合は、アルゴリズム的な変換で処理を行います。そうできない場合には、もう一つの方法として変換表を引いて変換する処理をしなければなりません。

コード変換の処理方法

コード変換の処理においては、計算によってアルゴリズム的に変換できるケースもあれば、そうはできずに変換表を引いて変換しなければならないケースもあります。

計算だけで変換できる場合というのは、同一の符号化文字集合を元に定義された符号化方式同士の間で可能です。たとえばJIS X 0208の各種符号化方式、Unicodeの各種符号化方式の間での変換といった場合です。一方、変換表が必要になるのは、まったく異なる符号化文字集合の間での変換、つまりJIS X 0208とUnicode、あるいはJIS X 0201とJIS X 0208の間での変換といったケースです。

計算だけで変換できる場合のほうがシンプルに済みます。変換表を引いて変換する場合には、時として大きな変換表を用意しなければならなかったり、用いる変換表に間違いや見解の違いがあるため実装によって変換結果が異なってしまったりすることがあります。

アルゴリズム的な変換

アルゴリズム的な変換の例として、JIS X 0208の符号化方式の間での変換と、Unicodeの符号化方式の間での変換をそれぞれ取り上げます。

■──JIS X 0208の符号化方式の変換

第4章で説明したJIS X 0208の符号化方式の間では、アルゴリズム的な変換が可能です。

ISO-2022-JPとEUC-JPの間の変換　エスケープシーケンスと0x80の足し引き

ISO-2022-JPからEUC-JPに変換することを考えてみましょう。ISO-2022-JPは状態を持つ符号化方式なので、文字列を先頭から読み込んでいく際、その時点で注目しているバイトがどの符号化文字集合によるものなのか(ASCIIなのか、JIS X 0208なのか)という情報を記憶しておく必要があります。

具体的には、ESC $ Bというエスケープシーケンスが出現したならばそこから先はJIS X 0208のコード値として解釈し、ESC (Bが出現したならばそこから先はASCIIのコード値として解釈する必要があります。**図5.7**に例を示します。本来、データの先頭ではASCIIに切り替えるエスケープシーケンスは不要ですが、図5.7では説明のためあえて付けています。また、データの終端ではASCIIに戻すエスケープシーケンスが必要ですが、図5.7では簡単のため省いています。

ISO-2022-JPにおいて、JIS X 0208はGL領域に呼び出された状態で使われます。一方のEUC-JPではGR領域です。

GLとGRのそれぞれに呼び出したときでコード値の何が違うかというと、各バイトの第8ビットが0か1かだけです。整数演算でいうと0x80の足し引きにあたります。つまり、GLに呼び出したときの値(ISO-2022-JPでのコード値)の各バイトに0x80を足すと、GRに呼び出したときの値(EUC-JPでのコード値)になるということです。

ASCIIについては、ISO-2022-JPにおいてもEUC-JPにおいてもGL領域に呼び出されています。つまり、コード変換においては何も操作する必要がなく、単に素通しすればよいということになります。

まとめると、ASCIIの状態のときには単に素通しするだけ、83JISの状態のときには各バイトに0x80を足すだけ、というのがISO-2022-JPからEUC-JPに変換するのに必要なこととなります。ここでは簡単のため、JIS X 0201ラテン文字と78JISは用いないことにしています。

図5.7　ISO-2022-JPの解釈

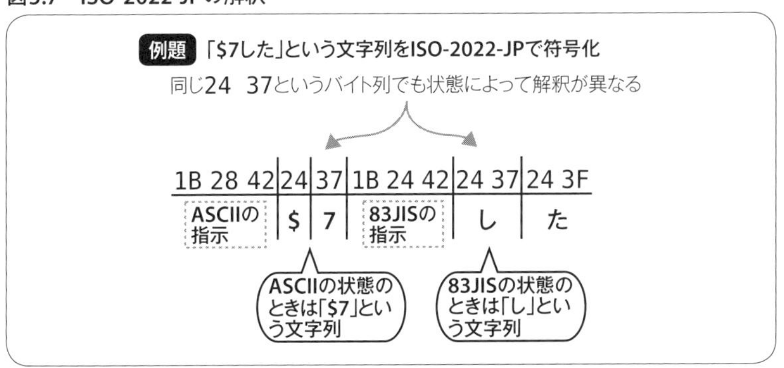

EUC-JPからISO-2022-JPに変換するには逆のことをすれば可能です。つまり、2バイトコードの各バイトから0x80を引けば、ISO-2022-JPでのコード値になります。ASCIIと83JISの切り替えの時点で、エスケープシーケンスを適宜挿入することがもちろん必要です。もしEUC-JPのデータの中にJIS X 0212が出てきたら(8F xx xxという3バイト)、ISO-2022-JPに変換することはできません。また、JIS X 0201片仮名が出てきたら(8E xxという2バイト)、やはりそのままではISO-2022-JPに変換することはできないので、JIS X 0208の片仮名に変換したうえでISO-2022-JPにする必要があります。

Shift_JISの関係する変換　区点番号を介した計算

前述のISO-2022-JPとEUC-JPの変換が簡単なのは、両者ともISO/IEC 2022の枠組みを利用していて、符号化文字集合は単にGLやGRに呼び出されるだけだからです。Shift_JISが関係するとこれほど単純にはいきません。

ISO-2022-JPからShift_JISに変換することを考えてみましょう。

Shift_JISの第1・第2バイトのそれぞれを計算する方法は、4.2節に記しました。4.2節で紹介した計算式は区点番号から求める方法です。

ISO-2022-JPにおけるJIS X 0208の表現はGLへの呼び出しですから、区番号と点番号のそれぞれに0x20を足したものがISO-2022-JPでの実際の値となっています。つまり0x20を差し引きすれば、4.2節に掲げた計算式を適用してShift_JISのコード値を求めることができます。

EUC-JPの場合も同様です。EUC-JPでの2バイトコードの各バイトは区番号・点番号それぞれに0xA0を足したものなので、ISO-2022-JPの場合とは差し引きする値が0x20でなく0xA0になります。

■――JIS X 0201とASCIIの違いの問題　Shift_JISの0x5C、0x7E

ここまで、Shift_JISとEUC-JP、ISO-2022-JPの間の変換では2バイトコードだけが問題であるかのような扱いをしてきました。実運用上もそのように処理されることが少なくありません。しかしながら、厳密には正しくありません。0x20～0x7Eの1バイト部分にも問題があるのです。

これら3種類の符号化方式における0x20～0x7Eの範囲の1バイト符号化文字集合は、以下のとおりです。

- Shift_JIS：JIS X 0201 ラテン文字
- EUC-JP：ASCII
- ISO-2022-JP：エスケープシーケンスにより、ASCIIかJIS X 0201ラテン文字のいずれか

こうした違いが存在するのには理由があります。Shift_JISはその由来がJIS X 0201の8ビット符号(4.2節参照)を拡張したものなので、1バイト部分はJIS X 0201なのです。一方、EUC-JPはUnixの標準的な文字コードであるASCIIを拡張したものですから、1バイト部分はASCIIです。

したがって、`0x5C`というコード値に対応する文字は、Shift_JISでは¥(円記号)であり、EUC-JPでは\(バックスラッシュ)だということになります。同様に、`0x7E`はShift_JISでは‾(オーバーライン)であり、EUC-JPでは~(チルダ)です。

ただし、JIS X 0201の仕様では`0x7E`の表示の形としてチルダのような波形を用いることも許容されています。このためWindowsのメモ帳でShift_JISのテキストを表示したときのように、`0x7E`が直線でなく波形に表示されるのは仕様上問題ありません。しかしながら、表示形がどうであろうと、文字の種類としてはオーバーラインとして扱うことに決められています。このことはコード変換の際に問題となります。

Shift_JISからEUC-JPに変換する際に`0x20`〜`0x7E`の値を素通しすると(多くの実装はそうします)、`0x5C`に対応する円記号はバックスラッシュに、`0x7E`に対応するオーバーラインはチルダにと文字変換されることになります。

文字コードの定義に忠実なコード変換とその問題

もし文字コードの定義に忠実にコード変換を行うならば、Shift_JISの`0x5C`はEUC-JPの`A1EF`に、`0x7E`は`A1B1`に変換されるのが正しいといえます。この変換方法に従えば、円記号がバックスラッシュに文字変換されることはなく、円記号のままです。逆方向に変換するときは、EUC-JPの`A1EF`をShift_JISの`0x5C`に変換すればよいことになります。

もっとも、文字コードの定義に忠実な変換を行うとかえって問題が発生する場面もあります。

Shift_JISで符号化されたプログラムのソースコードに次のような行がある、と考えればわかります。

```
print "¥n"
```

ここではバックスラッシュの代わりとして円記号が用いられているものであり、EUC-JPの環境に持っていく場合には円記号として2バイトのA1EFに変換してしまうと期待通りの動作をしません。この場合には、0x5Cという値を素通ししてバックスラッシュに文字変換するのが望ましい動作です。

つまり、同じShift_JISの同じ0x5Cというコード値に対する操作であっても、物の値段を表示するときのように円記号という文字そのものが重要である場合にはA1EFにコード変換するのが望ましく、そうではなくプログラムなどの文脈でメタ文字としての用法が重要である場合にはバックスラッシュに文字変換する(コード値は素通し)という、操作の使い分けが必要になるということです。

とはいえ、広く使われている実装は一律に0x5Cを素通しするものが多いので、コード変換の実行によってShift_JISの1バイトの円記号がいつバックスラッシュに変換されるかわからない、また逆に、EUC-JPの1バイトのバックスラッシュがいつ円記号に変換されるかわからない、というのが実情です。

この「円記号問題」については第8章で再び取り上げます。

■──Unicodeの符号化方式の変換

Unicodeの各符号化方式の間の変換は、いったんUnicode符号位置の整数に変換することで実現できます。4.3節にUTF-8やUTF-16のコード値の求め方を記しました。逆に、UTF-8やUTF-16のコード値からUnicodeの符号位置を求めることも、第4章に記した内容から可能です。

UTF-8からの変換

たとえば、UTF-8で符号化した結果としてE3 81 82という3バイトがあったならば、11100011 10000001 10000010というビット組み合わせの中から、1110xxxx 10xxxxxx 10xxxxxxのxにあたるビットを取り出して

0011000001000010になり、16進で3042、つまりU+3042という符号位置だとわかります。

UTF-8からUTF-16やUTF-32にするには、一度こうして符号位置の整数を求めればよいわけです。ただし、第4章に記したように、UTF-8の変換は冗長性の問題に対処しないとセキュリティ上の脆弱性となり得るので、自分で実装するよりも実績のある変換ライブラリを用いることをまず検討すべきです。

UTF-8の冗長性の問題があるかどうかは、実際に冗長な表現のUTF-8バイト列を作ってプログラムに読み込ませてみるとわかります。第4章で挙げたC0 A1という2バイトは、記号!を表す冗長表現ですから、この2バイトからなるファイルを用意しておき、UTF-8のファイルとしてプログラムに与えるのです。もし!という記号として解釈してしまえば、問題があります。C0 A1という2バイトからなるファイルを作るには、たとえば次の1行のRubyプログラムの実行結果をファイルに出力することで可能です。

```
print ["C0A1"].pack("H*")
```

C0 A1という2バイトをUTF-8としてコード変換プログラムに与えると、たとえばiconvは不正な入力としてエラーを発生しますし、nkfは単に無視するようです。いずれも記号!としては扱わないことがわかります。

UTF-16からの変換

UTF-16におけるBMPの範囲のコード値は自明なので、説明を要さないでしょう。2バイトの値がそのままUnicode符号位置の整数として解釈できます。問題となり得るのは、サロゲートペアを用いるBMP以外の面の符号位置です。

たとえば、サロゲートペアで符号化された結果としてD8 60 DE 77というバイト列があるとします。第4章で見たとおり、元の符号位置の整数から0x10000を引いた値の2進表現をyyyyyyyyyyxxxxxxxxxxとおいたとき、上位サロゲートは110110yyyyyyyyyy、下位サロゲートは110111xxxxxxxxxxという構造をしています。つまり、符号位置を求めるのに必要なのは上位・下位サロゲートそれぞれの下位10ビットということです。

これを上の具体例にあてはめれば、上位サロゲートD8 60すなわち11011000 01100000の下位10ビットをとって0001100000、下位サロゲートDE 77すなわち11011110 01110111の下位10ビットをとって1001110111、この2つを連結すると00011000001001110111という2進数が得られます。16進で表すと0x18277になり、これに0x10000を足して0x28277が得られます。この値からU+28277が元の符号位置であったとわかります。

こうして一度符号位置の値に戻したならば、UTF-8なりUTF-32なり好きな符号化方式に変換することが可能です。

テーブルによる変換

対応関係に規則性のない文字コード間で変換を行うには、変換表(変換テーブル)を参照した変換が必要です。

■── JIS X 0208とUnicodeの間の変換

Unicodeの文字の並びはJIS X 0208とはまったく異なっているので、JIS X 0208の符号化方式とUnicodeの符号化方式との間で変換するには変換表を引く必要があります。

変換表とはつまり、「2121には3000、2122には3001、2123には3002、2124には002C、2125には002E、……」といったコード間の対応付けを延々と各文字について記した表ということです。

JISとUnicodeの間の変換表の定義としては、それぞれの規格で定めている文字名を用いることができます。文字名については第3章で説明しました。Unicodeでは各文字について一意な文字名を定めている一方、Unicode以外の文字コード規格においても同様の文字名を各文字に定義することで、Unicodeとの対応関係がわかるというものです。JIS X 0208やJIS X 0213はこの方針に則って文字名を定義しています。したがって、JISとUnicodeと変換の際には同じ文字名を持つ文字同士を対応付ければよいのです。

たとえば、6区33点のギリシャ小文字αにはJIS X 0208の規格においてGREEK SMALL LETTER ALPHAという文字名が与えられているので、

Unicodeでは同じ文字名を持つ文字、すなわち符号位置U+03B1の文字に変換することになります。

JIS X 0208の上位互換であるJIS X 0213とUnicodeの文字名に基づいた変換表は、インターネットから入手できます[注5]。JIS X 0208とUnicodeとの間の標準に基づいた変換には、これが使えます。

しかしながら、変換表を使った変換には、実装によって変換の内容が異なることがあるという問題が存在します。日本語関連では、実装によって以下のような問題があります。

❶¥(円記号)と\(バックスラッシュ)
❷‾(オーバーライン)と~(チルダ)
❸～(波ダッシュ)など

❶❷は、JIS X 0201とASCIIの違いに起因するものです。Shift_JISにおいては、先に見たように、0x5Cを円記号(文字名YEN SIGN)、0x7Eをオーバーライン(文字名OVERLINE)と解釈するのが本来の姿です。しかし、Unicodeに変換する際にこの定義に忠実に実装すると運用上の問題を生じることがあるので、ASCIIと同様の扱いをするよう、本来の定義と異なっている場合があります。

❸の「波ダッシュなど」というのは、JIS X 0208の「～」などの記号を変換した先のUnicodeの符号位置が、実装によって違いがあるというものです。たとえば、波ダッシュ「～」(JIS X 0208の1区33点、WAVE DASH)をUnicodeに変換したとき、U+301C(WAVE DASH)に変換するものとU+FF5E(FULLWIDTH TILDE)に変換するものとがあることが知られています。

計算によって変換する方式であれば、変換先は規則的に決まりますからこのようなことは起こりません。しかし変換表による方式では、変換表の実装の間違いあるいは見解の違いによって、まったく異なる符号位置が割り当てられてしまうことがあるのです。

円記号ならびに波ダッシュの問題については、第8章で詳しく取り上げます。

注5 URL http://x0213.org/codetable/

■—— JIS X 0208とASCII/JIS X 0201の間の変換

JIS X 0208は、多くの場合Shift_JISやEUC-JPのような1バイト・2バイトの混在する符号化方式の構成要素として使われますが、一方で、JIS X 0208単独の純粋な2バイトコードとして使われることもあります。これを「漢字用7ビット符号」と呼ぶことは第4章で述べました。

データの格納や内部処理のために漢字用7ビット符号を使っているときに、外部から(たとえばWebのフォームから)入力されるデータがShift_JISだったりすると、1バイトコードを2バイトコードに変換する必要が生じます。1バイトの「A」を2バイトの「Ａ」に変えるような、いわゆる「全角・半角変換」という処理です。こうしたケースを考えてみましょう。

JIS X 0201ラテン文字集合の変換の例題

例として、利用者が住所入力フォームに文字列を入力したという状況で、得られたテキストデータが「南町3丁目2-1」という文字列をShift_JISで符号化したものだったとします(**図5.8**)。このテキストを、格納用の文字コードであるJIS X 0208の漢字用7ビット符号に変換したいとします。

2バイト文字の「南町」「丁目」については、Shift_JISとJIS X 0208との変換なので、ISO-2022-JPとの変換と同じ計算方法で対処できます(漢字用7ビット符号とISO-2022-JPとで、2バイトコードの値は同一です)。問題になるのは1バイト部分すなわち「3」「2-1」です。

JIS X 0201とJIS X 0208とは文字の並びが異なっているので、単純な計算では変換できません。JIS-Unicode間の変換と同様に、変換表を用いる必要があります。

実装の仕方としては、JIS X 0201ラテン文字の94文字それぞれについて、対応するJIS X 0208のコード値を引けるようなテーブルを用意しておけばよいことになります。JIS X 0201の`0x33`すなわち数字の3はJIS X 0208にお

図5.8　例題

93 EC	92 AC	33	92 9A	96 DA	32	2D	31
南	町	3	丁	目	2	-	1

ける3区19点すなわち2333に、同様に0x32の2は3区18点すなわち2332に、0x31の1は3区17点すなわち2331に対応します。

ハイフンマイナスの問題

問題は、1バイトのハイフンです。ASCII/JIS X 0201のこの文字は、実は「ハイフンにもマイナスにも用いられる曖昧な記号」という意味が与えられており、HYPHEN-MINUSという文字名が付けられています。しかし、JIS X 0208にはそういう曖昧なものはなく、ハイフンとマイナスのそれぞれに別個の符号位置が割り当てられています。HYPHEN-MINUSに相当する文字は、JIS X 0208にないのです。

仕方がないので、JIS X 0208においてはハイフンかマイナスのどちらかに寄せて対応付けることになります。どちらを選んでもよく、プロジェクトの中で一貫していれば問題ありません。ハイフンなら1区30点(213E)、マイナスなら1区61点(215D)です。

ハイフンマイナス同様に、JIS X 0201およびASCIIにおいてJIS X 0208に直接対応付けられない文字については、第3章の図3.15を参照してください。これらの文字をJIS X 0208に変換するときは、便宜的に似た文字を割り当てておくことになるでしょう。JIS X 0208でなくJIS X 0213を使えば、これらに対応する専用の文字が明確に定義されているので、変換が容易になります。ASCII/JIS X 0201ラテン文字とJIS X 0213の対応表は、インターネットから入手できます[注6]。

最終的な変換結果は、**図5.9**のように得られます。ここでは、JIS X 0201のハイフンマイナスをJIS X 0208のハイフンに対応付けています。

注6 URL http://x0213.org/codetable/

図5.9 変換結果

46 6E	44 2E	23 33	43 7A	4C 5C	23 32	21 3E	23 31
南	町	3	丁	目	2	-	1

JIS X 0201片仮名集合の場合

上ではJIS X 0201のラテン文字集合の場合を見ましたが、片仮名集合(1バイト片仮名)についても同様の考え方が適用できます。ラテン文字集合のときとの違いは次の点です。

- 片仮名集合のすべての文字は、JIS X 0208に対応するものが存在する(先のハイフンマイナスのようなケースはない)
- 濁音・半濁音は、前の文字と合わせてJIS X 0208の濁音・半濁音に対応付けることができる

一つめの点については、ラテン文字集合のときよりも簡単だということです。JIS X 0208との対応が付かない文字はありません。

二つめの点については、JIS X 0201が「ガ」のような濁音を表すのに「カ」と濁点の並びとして表現しなければならないものを、JIS X 0208でどう表すかということです。

考えられる方針としては、何も手を加えずにJIS X 0201のものとまったく同じ文字の並びにする(つまり「ガ」は「カ」の直後に独立した濁点を置く)か、濁点を見つけたら直前の清音が何かを見て単一の濁音の字(「ガ」のこと)に置き換えるか、という2通りがあります。もしJIS X 0208に変換した結果を画面や紙に出力するのであれば、後者の処理をしたほうが見た目がきれいになります。

■――変換の必要性　使い勝手の向上のために

さて、上の例題ではフォームから利用者が文字を入力するという想定をしましたが、この場合に考えられる別の対処法として、プログラムが変換するのでなく、利用者に対して「全角文字で入力してください」と指定することも考えられます。これにより、1バイト・2バイトの変換をする必要がなくなります。こうした「全角で入力」あるいは「半角で入力」という指定は、現実のアプリケーションでしばしば見かけます。

しかし、単にコード変換を内部で施せば済むものを、利用者に対して負担をかけるのは良いやり方とはいえません。利用者に「全角・半角」の使い

分けを意識させるのではなく、内部的にコード変換を行って対処すれば使いやすいアプリケーションになります。使い勝手の向上のためには、ここで説明したような変換が必要になるのです。

5.3 文字コードの自動判別

文字コードの変換と関係して、コードの自動判別という処理が行われることがあります。自動判別にはどのような手法があり、どのようなしくみで実現されているのかについて見ていきましょう。

自動判別の例

自動判別とは、テキストデータの文字コードの種類が明示されていないときに、バイト列の特徴から文字コードの種類を判断することです。

テキストエディタやビューワには、読み込んだファイルがどの文字コードによるものなのかを自動的に判別して表示するものが多くあります。単なるテキストファイルには使われている文字コードを明示するしくみがないので、テキストデータの内容から判別する必要があります。

また、Webからテキストデータを読み込むときにも自動判別はよく使われます。Webの場合はHTMLやHTTPのメタ情報として文字コード種別を明示する機構がありますが(次章で説明)、そうした情報が提供されていないときには、やはりテキストデータの内容を手がかりとして判別する必要があります。

自動判別には、以下のようなケースがあります。

- Shift_JISかEUC-JPかISO-2022-JPかを判別する(JIS系統)
- UTF-16かUTF-8かUTF-32かを判別する(Unicode系統)

これらはいずれか片方だけが判別できることもあれば、両方を合わせて、JIS系統もUnicode系統も一度に調べることができることもあります。

■——判別のツール　nkf

5.1節で取り上げたnkfは、コード変換だけでなく自動判別の結果を調べるのにも使えます。オプション-g(guessのg)を用います。以下のように実行します。

```
$ nkf -g unknown1.txt
EUC-JP    ←unknown1.txtの文字コードはEUC-JP
$ nkf -g unknown2.txt
UTF-8     ←unknown2.txtの文字コードはUTF-8
```

文字コードのわからないテキストファイルunknown1.txtとunknown2.txtについて、それぞれEUC-JPとUTF-8であることがわかったという例です。nkfの場合は、一つのコマンドでJIS系統でもUnicode系統でも扱えます。

なぜ自動判別できるか

自動判別のしくみを見てみましょう。判別するためには手がかりが必要です。手がかりとしては、UnicodeのBOMやISO/IEC 2022のエスケープシーケンスのようにかなりの確度で判別できるものもあれば、バイト値の出現の仕方を見る、あまり確実でないものもあります。

■——BOMによる判別

Unicodeの符号化方式の判別には、バイト順マーク(BOM)を使うことができます。BOMについては、4.3節のUnicodeの符号化方式の節で説明しました。

BOMに基づくと、データ先頭の3〜4バイトの列によってUnicodeのどの符号化方式を使っているかがわかります。以下のパターンによって判別できます。ただしここで、xx xxは00 00以外の2バイトとします。

- FE FF xx xx：UTF-16ビッグエンディアン
- FF FE xx xx：UTF-16リトルエンディアン

- 00 00 FE FF：UTF-32ビッグエンディアン
- FF FE 00 00：UTF-32リトルエンディアン
- EF BB BF：UTF-8

UTF-8においてはBOMがないことが多いので(4.3節で述べたように、UTF-8にはバイト順を示すという本来の意味におけるBOMはありません)、上記のパターンで必ずUTF-8が検出できるというわけではありません。もし上記の3バイトが出てきたとしたら、それはBOM付きUTF-8と考えられるが、それ以外のバイト値であった場合でもUTF-8であり得るということです。

■——エスケープシーケンスによる判別

日本語のテキストによく使われる符号化方式、Shift_JIS、EUC-JP、ISO-2022-JPを判別することを考えましょう。以下では一応これら日本の文字コードを想定しますが、日本以外の東アジア圏の2バイトコードにおいても共通の考え方が適用できるでしょう。

先に挙げた3種類の符号化方式のうち、エスケープシーケンスを用いるのはISO-2022-JPだけです。このため、エスケープシーケンスを見つけたらISO-2022-JPだと考えることができます。具体的には、1B 24 42(ESC $ B、83JISの指示)だとか1B 28 42(ESC (B、ASCIIの指示)だとかのバイト列が出てくるならば、ISO-2022-JPだとみなせるということです。

もっともこれらのエスケープシーケンスはISO-2022-JP-2(RFC 1554)やISO-2022-JP-2004(JIS X 0213:2004附属書2)にも現れ得るので、それらの符号化方式との区別が必要な場合には、ほかにどのようなエスケープが出現するかによって決定する必要があります。たとえば、前述の83JISやASCIIのエスケープシーケンスのほかに、JIS X 0213:2004の漢字集合1面を表す1B 24 28 51(ESC $ (Q)というエスケープシーケンスも出現したならば、それはISO-2022-JP-2004だと判断できます。

■──バイト列の特徴を読む　EUC-JPとShift_JISの判別例

BOMやエスケープシーケンスのような特定の目印がない場合は、文字を表すバイト列としてどのような値が出てきているかという特徴を読むことで判別を行います。典型的な例として、EUC-JPとShift_JISのいずれであるかを判別することを考えましょう。この二つの符号化方式は出現するバイト値の範囲がオーバーラップしているため、ある程度は判別が可能でありながら、ケースによっては困難にもなり得ます。

EUC-JPの場合、`0x80`〜`0x9F`までは制御文字の領域なので図形文字の表現としては使用されません(実際には、制御文字としてもほとんど用いられません)。2バイト文字の範囲は`0xA1`〜`0xFE`までです。

一方、Shift_JISではEUC-JPの制御文字の領域も図形文字の表現のために使います。またShift_JISには1バイト片仮名が`0xA1`〜`0xDF`までありますが、一般的なテキストではこの領域の使用頻度は相対的に低いと考えられます。

こうした、テキストの中の出現するバイトの特徴を利用することで、EUC-JPなのかShift_JISなのかを判別することができます。

たとえば、`0x80`〜`0x9F`の値が出てくるようなら、それはまず間違いなくShift_JISであってEUC-JPではないといえます。また、1バイト片仮名を使っていないと仮定できるなら、`0xA1`〜`0xDF`が出てきたらEUC-JPだとみなすことができます。

あるいは、`0xA4`が頻繁に出てくるようなら、EUC-JPの平仮名かもしれないという推測もできます。平仮名のある4区はEUC-JPでは第1バイト`A4`になるからです。ただし、この場合はShift_JISの1バイト片仮名かもしれないという可能性もなくなりはしません。

以上のように、いずれかの符号化方式にしか出現しないバイト値や、あるいは傾向として特定の一方である可能性が高いというバイト値を見ることによって、EUC-JPかShift_JISかを判別することができます。

どのような特徴を見るか、あるいは重視するかは、実装によって異なります。したがって、同じデータを判別させても判別結果は実装によって異なることがあります。

■——自動判別を助けるテクニック

特定の文字コードに特有なコード値を持つ文字をわざとテキストデータに入れることで、自動判別しやすくなることがあります。

たとえば、EUC-JPで「入」という文字を符号化するとC6 FEという2バイトになります。ところが、Shift_JISのコード体系ではFEというバイトは現れないので、このバイト列を見るとShift_JISではなくEUC-JPだとわかることになります。Shift_JISの第1バイトは0xEFまで、第2バイトは0xFCまでだからです。

一方、同じ文字をShift_JISで符号化すると93 FCという2バイトになりますが、93というバイトはEUC-JPでは使用されないので、EUC-JPではなくShift_JISだというように、やはり容易に判別できます。

こうした性質を利用して、自動判別したいファイル(HTML文書など)の先頭のほうに、コメント等の形で判別の容易な文字列をわざと入れておくと、Shift_JISかEUC-JPかの自動判別の助けになるというテクニックが使われたことがありました。たとえば、「入口」などの文字列がこの目的に使えることが知られています[注7]。「入口」はEUC-JPではC6 FE B8 FDという4バイトになります。各文字の第2バイトのFE、FDはいずれもShift_JISでは現れない値なので、Shift_JISではなくEUC-JPに違いないと判断でき、自動判別を助けることになります。また、同じ文字列をShift_JISで符号化すると93 FC 8C FBとなりますが、各文字の第1バイトの93と8CはEUC-JPでは使われない値なので、やはり自動判別の助けとなります。

実際にやってみましょう。判別させたいテキストの例として「完璧な牛丼」という5文字からなる少々奇妙な例文を記したEUC-JPのファイルがあるとします。このテキストファイルの文字コードを判別する実験をしてみます。自動判別を行うソフトウェアの例として、ここではWindows 10バージョン1709に付属のMicrosoft Edgeを使います。

例文のテキストファイルをEdgeで読み込んでツールバーから自動判別させると、Shift_JISと誤認して正しく表示されません(図5.10)。そこで、こ

注7 URL http://www.asahi-net.or.jp/~SD5A-UCD/essay/htmlcharset.html

の文字列の先頭に「入口」という2文字を付加して再び自動判別を試みると、今度はEUC-JPに判別されて正しく表示されます(**図5.11**)。判別を助けるテクニックが功を奏しました。

もっともこの場合は、文字列の長さが変わってしまっていることが判別結果に影響している可能性がないとはいえません。そこで、先頭に付加するのでなく先頭の2文字を「入口」に置き換えて「入口な牛丼」にして試してみると、やはり自動判別がうまくいっていることがわかります(**図5.12**)。

少々寄り道になりますが、図5.10の誤認のパターンを詳しく見てみましょう。最初の「完」にあたるバイト列`B4 B0`はShift_JISの1バイト片仮名として認識され、「ｴｰ」と表示されています。次の「璧」の`E0 FA`はShift_JISでも漢字になり、瓏(ロウ)にあたります。このように、EUC-JPでもShift_JISでも漢字になる領域は自動判別しづらいのです。「璧」のような第2水準

図5.10　EUC-JPのテキストがShift_JISと誤認される

図5.11　EUC-JPのテキストが正しく認識される

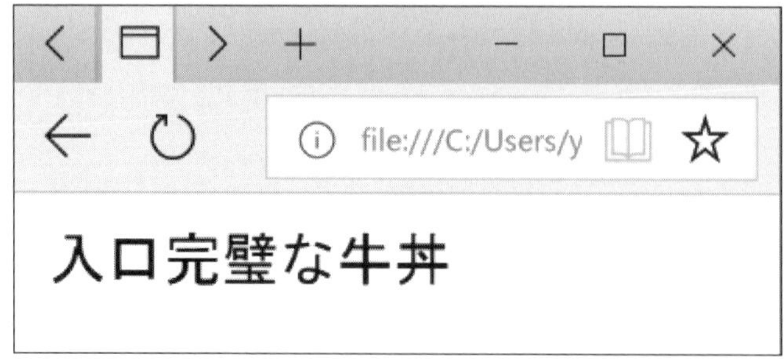

漢字がこれにあたります注8。続いて3バイトがそれぞれ1バイト片仮名として認識された後、EUCの「牛」の2バイトめEDが1バイト片仮名の領域外なのでShift_JISの2バイト文字の第1バイトとして解釈され、後続の「丼」のEUCにおける1バイトめD0と合わせてEDD0という2バイト文字になっています。ただし、Shift_JISにおけるEDD0、区点番号にすると90-50は第2水準外の符号位置であり、Windowsの機種依存文字(槢、シュウ、JIS X 0213の1-86-02)が表示されています。Shift_JIS-2004ではEDD0というコード値は第3水準漢字腨(セン)を表します。

自動判別の限界

Shift_JISとEUC-JPの判別は、理論的に完全なものではなく、おおかたの場合にはうまくいくだろうという程度の推測でしかありません。とくに、文字列が短い場合には手がかりが少なく判別に失敗することがあります。

また、上記に示した考え方ではShift_JISとEUC-JPの間だけしか考慮していません。このため、たとえばEUC-JPと同様のコード範囲を用いる韓国のEUC-KRをも一緒に自動判別の対象としたいというと大変困難になってしまいます。Webブラウザの自動判別メニューを見ると、日本語テキストの自動判別、韓国語テキストの自動判別といったように、言語ないし地域によって自動判別の範囲を限定しています。世界中のどのような場面に

注8　ここで用いた奇妙な例文は、第2水準漢字を含むという理由で採用したものです。

図5.12　テキストの長さを変えない例

でも適用できる単一の自動判別というのは困難なのです。

さらに、自動判別のロジックはソフトウェアによって異なるので、同じバイト列でもソフトウェアによって判別結果が異なることがあります。実際、先に示した「入口」という文字列を入れると判別がうまくいくというテクニックはMicrosoft EdgeやInternet Explorer 11では機能しますが、他のブラウザでうまくいくとは限りません。しょせんは小手先のテクニックに過ぎないと考えるべきでしょう。

自動判別に頼らずに、用いている文字コードを明示的に指定するのが、正しく復号するための確実な方法です。インターネットにおける文字コードの指定方法は、次章で説明します。

5.4 まとめ

本章では、文字コード変換の基本的な概念や、実際に利用できるツールを解説しました。どのようなときにコード変換が正しくできたといえるかという条件、さらにコード変換に対する文字変換という概念を提示することで現実に行われているコード変換の実態を理解するための基礎としました。

変換の実際の方法としては、アルゴリズム的な変換とテーブルによる変換とがあります。アルゴリズム的な変換にはJIS X 0208の符号化方式の間での変換とUnicodeの符号化方式の間での変換をそれぞれ題材として取り上げ、テーブルによる変換としてはJIS X 0208とUnicodeの間の変換およびJIS X 0208とASCII/JIS X 0201の間の変換を取り上げました。

コード変換に関連して、文字コードの自動判別もしばしば利用される技術です。判別の手段として、UnicodeのBOMやISO/IEC 2022のエスケープシーケンスを使う場合や、バイト値の出現の様子から推測する方法を紹介しました。自動判別を助けるためのテクニックが存在する半面、自動判別には限界があり常に正しく動作するとは限りません。文字化けしない確実な復号のためには、自動判別に任せずに、文字コード種別を明示することが必要です。

第6章 インターネットと文字コード

6.1 電子メールと文字コード p.189
6.2 Webと文字コード p.204
6.3 まとめ p.225

本章では、インターネット上でどのように文字コードが扱われているかを説明します。これは、メールやWebの文字化けを防ぐためには欠かせない知識です。

まず、インターネットの代表的なアプリケーションである電子メールでは、文字コードはどのように扱われているのでしょうか。メールは元々ASCIIで構成されていました。それを多言語に拡張するMIME（マイム）という規格が登場しました。そのMIMEによる文字コードの取り扱い、そこが電子メールにおける文字コードのポイントです。メールの本文、ヘッダ、添付ファイルと、メールを構成するパートを踏まえて、文字コードの扱われ方を整理していきましょう。メールの本文に対しては、charsetパラメータでの文字コードの指定に加え、以下のようなテキストデータの符号化が行われることがあります。

- quoted-printable
- base64

ヘッダには、B符号化、Q符号化が用いられます。また、添付ファイルではファイル名の文字化けが典型的です。原因と対処法を明らかにします。

次に、Webにおける文字コードを考えます。HTML、CSS、XML、URL、HTTP、HTMLフォーム（CGI/*Common Gateway Interface*）のそれぞれの場合において、文字コードはどのように扱われているのかを押さえます。

HTMLやCSS、XMLには、文書の符号化に用いている文字コードを文書中に示すためのしくみが設けられています。一方、それらの文書を伝送するプロトコルであるHTTPでもやはり、伝送する文書で用いられている文字コードを明示することができます。

一方、CGIでは文字コードを明示する標準的な方法が用意されていません。一般的にHTML文書と同じ文字コードが使われます。URLでASCII以外の文字を使うには16進のバイト値をエスケープする必要がありますが、どの文字コードに従った値かを示す方法は用意されていません。記述方法や注意点を挙げておきます。

インターネットを取り巻く文字コード事情を、さっそく見ていくことにしましょう。

6.1 電子メールと文字コード

本節では、いまやインターネットでは欠かせないアプリケーションとなった電子メールにおける文字コードの扱いを説明します。

メールの基本はASCII　日本語は7ビットのISO-2022-JPで

一通のメールは、宛先や送信者等の情報を記す**ヘッダ**と、**本文**とから構成されます。

当初の電子メールは、ヘッダにも本文にもASCIIを用いて符号化するものとして開発されました。ヘッダと本文両方合わせても、プレーンテキストになっているというシンプルなものです。使える文字コードがASCIIなので、英語くらいしかまともに書くことはできません。

もっとも、ASCIIといったところで、メールの(ヘッダではなく)本文にはプロトコルも何もなく、何を書いてもいいので、要はなんらかの7ビットの文字コードであれば支障なく通るものと解釈できます。

そこで、ASCIIと同じコード範囲の、7ビットのISO-2022-JPを用いて本文に日本語を書き、メールをやり取りする方法が開発されました。

バイナリデータを送るには、所定の計算方式によってASCIIの図形文字のコード範囲に収まるようデータを変形したうえで本文に貼り付けて送るuuencodeという方式が広く使われました。

バイナリファイルをuuencodeというプログラムに通すと、一定の規則によってASCII文字の意味不明な羅列に変換されます。その結果をメールに貼り付けて送るのです。メールの受け手は、uudecodeというプログラムにメール本文を通すことで元のバイナリデータに復元していました。当時はインターネットのメールの利用者は技術者や研究者などコンピュータの扱いに慣れた人に限られていたので、いちいちコマンドを駆使してファイルを復元するような方式でも運用できていたのです。

MIME

インターネットが普及するにつれて、多言語を扱う枠組みがないとかプレーンテキストしか送れず画像や音声を扱うことができないのは不便だということで、電子メールを拡張するMIME(*Multipurpose Internet Mail Extensions*)という規格が開発されました。

MIMEによって、メールの本文やヘッダにさまざまな文字コードが使えるようになったり、画像、音声などテキスト以外のデータも扱えるようになったりしました。添付ファイルのように、複数の部分から構成されるメールも送れるようになりました。現在一般に使われているメーラはMIMEに対応しています。

メールが複数の部分から構成される場合、それぞれの部分を**パート**と呼びます。自分の家の写真をメールで送ることを考えてみれば、まず「こんにちは。新居の写真を送ります」のようなプレーンテキストの文章を書いた後に、家の写った画像ファイルが1つ添付されているメールを送ることになるでしょう。こうしたメールならば、プレーンテキストのパート1つと画像のパート1つとから構成されることになります。

■――メールを多言語に拡張する

MIMEによって、メールで世界のさまざまな文字コードが扱えるようになりました。MIMEでは、本文とヘッダとで文字コードの扱い方が異なります。

本文については、パートごとに、本文のテキストで用いられる文字コードをヘッダで宣言することによって、ASCII以外のさまざまな文字コードを扱えるようにしています。

ヘッダに入る文字列については、ヘッダ全体の文字コードを指定するのではありません。ヘッダの文字列の中でASCII以外のコードが用いられる部分それぞれについて、文字コードの指定を付加したうえで、所定の方法によってASCII文字の範囲に変形(符号化)したデータが埋め込まれます。

たとえば、本文については「このパートの中身はISO-2022-JPです」とか、ヘッダについては「件名(Subject)のこの部分はISO/IEC 8859-1です」といったことを表すメタデータが付加されているわけです。以下に、どのような形で文字コードの情報が付加されるか例を通して見ていきます。

■── charsetパラメータで文字コードを指定する

MIMEではテキストデータが格納される各パートのヘッダ部分において、そのパートの中で用いる文字コードを指定できます。文字コード指定に関して頻繁に見かけることになるのが、charsetというパラメータ名です。

メール本文の文字コードの指定のためには、メールのヘッダ部分を用います。メールのヘッダは、たとえば以下のような形をしています。

```
Content-Type: text/plain; charset=iso-2022-jp          ←❶
Content-Transfer-Encoding: 7bit
Subject: test message
From: a@example.com
To: b@example.com
Date: Wed, 11 Jul 2018 21:46:35 +0900 (JST)
```

つまり、各フィールドはSubject(件名)やFrom(差出人)といった名前の後に、:(コロン)で区切ってその内容を記すという格好をしています。メールのヘッダにはさまざまなフィールドがあるのですが、ここではおもな部分だけ抜粋して掲げています。

上の例では、❶の行によって、そのパート本文の文字コードを宣言しています。Content-Typeは、内容がどのような形式であるかということを示すフィールドです。MIMEではテキストだけでなく画像やワープロ文書やさまざまな形式のデータを送れるので、どんな形式のデータをそのパートに含んでいるのかを明示する必要があるのです。

text/plainが、プレーンテキストを示す文字列です。もしテキストでなくPNG画像であれば、image/pngという文字列になります。HTML文書ならtext/html、PDF文書ならapplication/pdfです。こうした種別のことをメディアタイプあるいはMIMEタイプと呼びます[注1]。「MIMEタイプがimage/png

注1　メディアタイプという用語は、HTMLやCSSの文脈では画面や印刷や音声出力といった出力媒体の意味で使われることがあるので、どちらを指して使っているのか注意が必要です。

のときには画像ビューワが起動する」とか「CSSのMIMEタイプはtext/cssだ」といった言い方をよくします。

Content-Typeがtext/*の形式の場合は、;(セミコロン)で区切った後に文字コードを示すcharsetパラメータを付けることができます。❶行では`charset=iso-2022-jp`というパラメータ指定によって、プレーンテキストの符号化がISO-2022-JPによるものであることを示しています。

パラメータの値の大文字小文字は区別されません。大文字のISO-2022-JPと小文字のiso-2022-jpは同じものとして扱われます。また、値を" "(二重引用符)で括って`charset="iso-2022-jp"`のように記述することもできます。

■——charsetパラメータの値

charsetパラメータによる文字コード指定の機構を使うにあたっては、パラメータの値として、何という文字列によってどの文字コードを指すのかが定義されていないと、プログラムで処理できません。

charsetパラメータの値はIANAの登録簿によって管理されています。一覧がWebから見られます注2。よく使うものの例を以下に示します。

- US-ASCII ※ASCII(ISO/IEC 646国際基準版と同じ)
- ISO-2022-JP
- EUC-JP
- Shift_JIS
- UTF-8
- ISO-8859-1 ※Latin-1

ここでUS-ASCIIは、単なるASCII(ISO/IEC 646国際基準版と同じ)を意味します。ISO-8859-1はISO/IEC 8859-1、すなわちLatin-1のことです。

アルファベットの大文字小文字は区別しません。EUC-JPと書いてもeuc-jpと書いても同じに扱われます。-(ハイフン)と_(アンダースコア)は区別されるので混同しないよう注意が必要です。EUC-JPの場合はハイフン、

注2 URL https://www.iana.org/assignments/character-sets/

Shift_JISの場合はアンダースコアです。ハイフンやアンダースコアを省略してはいけません。

X-から始まる文字列は、私用のcharset名として予約されています。IANAの登録簿にない文字コードを指定したいときには、自分でX-から始まる名前を定義して使えます。もっとも、そのような名前が通用するのは、送受信者の間に合意がある場合に限られます。

上に示したcharsetパラメータの値は、MIMEだけでなく、HTTPやXML等でも文字コードを示すための文字列として使用されます。

IANAの登録簿には、どのように使われることを意図して登録したのか不明な「JIS_X0212-1990」や「JIS_Encoding」といったものが入っている一方、実際に使われているJIS X 0213の符号化方式が登録されていないといった問題もあります。

なお、IANAの登録簿はあくまでも現に存在する文字コードを識別するための名前を定義しているだけであり、文字コードそのものを定義したり認定したりしているわけではありません。

■――誤ったcharset指定

MIMEや後述のHTML等におけるcharset指定は、プログラムが出力したり、ときには手で書いたりして付加しますが、ときおり誤った指定を見かけることがあります。登録されていない名前を使うと正しく認識されず、文字化けの元になります。

誤ったcharset指定がなされたときのメーラやブラウザの挙動は実装に依存しますが、charsetパラメータによる判別ができなかった後に自動判別などの方法によってたまたま正しい表示ができると、あたかも指定が機能しているように見えて、誤りに気付かないので注意が必要です。この場合、テスト環境で自動判別がうまく効いていても、他の環境で同じ結果になるとは限りません。

次の例はよくある誤ったcharset指定です。あわせて、正しい指定を括弧の中に示します。

誤(➡正)

- SJIS(➡Shift_JIS)
- Shift-JIS(➡Shift_JIS)
- EUC_JP(➡EUC-JP)
- UTF8(➡UTF-8)

また、名前の綴りが間違っているというのでなく、charset指定とテキストの符号化方式とが食い違っている場合にも、もちろん文字化けの元になります。`charset=utf-8`としているのに中身がISO-2022-JPのようなときです。自分のプログラムでメッセージを組み立てる場合は、charset指定と実際に使われる符号化方式の間に齟齬(そご)がないよう気を付ける必要があります。

Column

character setという用語

少々蛇足ながら、ここでcharsetやその元になっているcharacter setという用語について注意を喚起しておきます。

英語ではcharacter setという言葉が非常に混乱して使われています。character setという用語を見る場合、大抵は文字通りのset of characters(文字の集合)を指しているのではなく、第1章で述べた意味のcoded character setとかあるいはcharacter encodingといった意味で使われています。MIMEのRFCでは頻繁に使われていたcharacter setという言葉が本来の意味から逸脱していることが問題視されるようになり、現在のIETFやW3Cではこの用語を避けるようになっています。その代わりに導入されたのがcoded character setとcharacter encoding schemeという概念なのですが、ややこしいことにISOで使われている同じ用語coded character setとは異なる定義を与えてしまっています[注A]。

用語の解釈においては、単一の定義にこだわらず、状況に応じて言わんとするところを汲み取るのがよいようです。英文に出てきたcharacter setという言葉を訳すときは、単に「文字セット」や「キャラクタセット」と直訳するよりも、文脈に応じて適宜「文字コード」などに意訳したほうがよいように見受けられます。

注A　たとえばRFC 2978。

テキストをさらに符号化する

さて、charsetパラメータで文字コードを指定できたとしても、8ビットを用いるコードについてはそのままの形ではメールとして送れないことがあります。前述のとおり、インターネットの電子メールは元々7ビットしか保証されなかった世界であったことが、今もなお尾を引いているのです。

ISO-2022-JPのような7ビットの文字コードはそのまま通せますが、Latin-1やUTF-8など8ビットを用いるものはquoted-printable、base64のいずれかの符号化を適用して、7ビットに収まるよう変形されることがあります。

これらは符号化の方式ですが、文字の符号化(文字コード)ではありません。バイト列を変形するための方式です。文字コードによって符号化された結果であるバイト列を、メールの伝送路の都合に合わせて変形するために使われます。quoted-printableやbase64の仕様はRFC 2045に記されていますので、詳細な定義を確認したいときには参照してください。

■——Content-Transfer-Encodingフィールド

さて、quoted-printableやbase64といった符号化を適用したならば、どの方式で符号化したかを明示しなければ、メールの受信側で復号できません。符号化そのものの前に、いずれの符号化を用いているかを示すヘッダのフィールドがContent-Transfer-Encodingです。

このContent-Transfer-Encodingというフィールドで、quoted-printableかbase64かを示します。いずれでもなく、特殊な符号化を施さずに通すとき、たとえばASCIIやISO-2022-JPのデータをそのまま送るときには、このフィールドの値は「7bit」になります。

そのほかのContent-Transfer-Encodingの値としては「8bit」と「binary」があります。「8bit」は、第8ビットが1であるようなバイトを含み得るデータ、たとえばUTF-8のテキストデータなどをbase64等の符号化なしにそのまま通すことを意味します。「7bit」や「8bit」は、いずれも改行コードCRLF(バイト列`0D 0A`)で区切られた行を単位として構成されるテキストデータですが、一方「binary」は単なるバイナリデータを意味します。

8ビットデータをそのまま通す「8bit」と「binary」を用いる場合は、通信経路が8ビットに対応している必要があります。もし8ビットを通さないシステムを経由するときは、7ビットで表現可能なbase64やquoted-printableに変換されます。

Content-Transfer-Encodingが指定されていない場合は「7bit」と解釈されます。つまり、ISO-2022-JPのデータをそのまま本文として含む場合には、Content-Transfer-Encodingフィールドはなくてもかまいません。

■── quoted-printable

quoted-printableは、第8ビットが0である0x7F以下のコード値については基本的にそのまま通し、0x80以上の値を用いるコード値については0x7F以下になるよう特殊な変形を施す符号化です。例を示します。

たとえば、Latin-1(ISO/IEC 8859-1)で「Münster」「Köln」という2つの行からなる本文を持つメールを送るとすると、以下のようになります。ヘッダについては、ここでの説明に必要な行だけ抜粋します。

```
Content-Type: Text/Plain; charset=iso-8859-1
Content-Transfer-Encoding: quoted-printable

M=FCnster
K=F6ln
```

このように記号=に続けて、2桁の16進数を記すことでバイト値を表現します。ヘッダでは文字コードとしてISO/IEC 8859-1を用い、quoted-printableによって変形されていることを示しています。本文中の=FCはISO/IEC 8859-1の0xFCすなわちü、=F6は0xF6すなわちöを表します。

=という記号が特殊な意味を持っているので、テキストの中に=自体が現れるときは=3Dに符号化されます。

行末の空白文字と長い行に関して、特別な決まりが設けられています。

- スペースとタブは、他の制御文字と異なり符号化せずに記せるが、行末にくる場合には符号化する必要がある

- 76文字以上の長い行については、改行を挿入したうえで、行末に記号=を付加する。復号の際は行末の=に続く改行を取り除いて元の長い行に戻す

quoted-printableは、欧米におけるLatin-1のように、「文中の多くの文字はASCIIの範囲で済むが、ときどき`0x80`以上のコード値も現れる」といったときに便利な方式です。

base64

文字単位に処置を施すのでなくデータ全体を変形してしまうのがbase64です。大部分のバイトが`0x80`以上であるようなケース(日本語のEUC-JPなど)では、1バイトずつ3文字で符号化するquoted-printableよりも、全部まとめてbase64符号化するほうが効率的です。ただしbase64の場合、ASCII部分も変形されるので、符号化後のデータを人間が見るとまったく理解できません。

以下は、base64で符号化されたデータの例です。

```
GyRCNmAkcyRHPzc9VSROJCo0biRTJHI/PSQ3PmUkMiReJDkbKEIK
```

ラテンアルファベットの大文字小文字、数字が使われており、記号/(スラッシュ)も含んでいるのが見てとれます。上のbase64文字列を復号すると、「謹んで新春のお喜びを申し上げます」というテキストをISO-2022-JPで符号化したバイト列になります。

base64による符号化のしくみ

base64による符号化のしくみを簡単に説明します。通常は「1バイト=8ビット」ですが、ASCIIの図形文字の範囲に収めるために、1バイトあたり6ビットまでの情報しか含めないように変形します。データのビット列を先頭から6ビットずつ取ってきて、各6ビットをASCIIの1文字に対応させて表します。

符号化結果の1バイトに用いる文字は、ASCIIにおけるアルファベットの大文字小文字52文字、算用数字10文字、記号の+と/の2文字合わせて64文字です。2^6は64ですから、6ビットの情報はこの64文字で表現できます。

6ビットの値とASCII文字との対応を**表6.1**に示します。

例として、第4章のISO-2022-JPの説明の箇所で出てきたJIS X 0208-1983のエスケープシーケンス`1B 24 42`を、base64符号化する様子を**図6.1**に示します。符号化結果の文字列`GyRC`は、先ほどのbase64文字列の例の先頭に出てきたことが確認できるでしょう。

1バイトで8ビットの情報を表していたのが6ビットしか表せなくなるの

表6.1　base64における値とASCII文字の対応

値	文字	値	文字	値	文字	値	文字
0	A	17	R	34	i	51	z
1	B	18	S	35	j	52	0
2	C	19	T	36	k	53	1
3	D	20	U	37	l	54	2
4	E	21	V	38	m	55	3
5	F	22	W	39	n	56	4
6	G	23	X	40	o	57	5
7	H	24	Y	41	p	58	6
8	I	25	Z	42	q	59	7
9	J	26	a	43	r	60	8
10	K	27	b	44	s	61	9
11	L	28	c	45	t	62	+
12	M	29	d	46	u	63	/
13	N	30	e	47	v		
14	O	31	f	48	w		
15	P	32	g	49	x		
16	Q	33	h	50	y		

図6.1　base64符号化の例

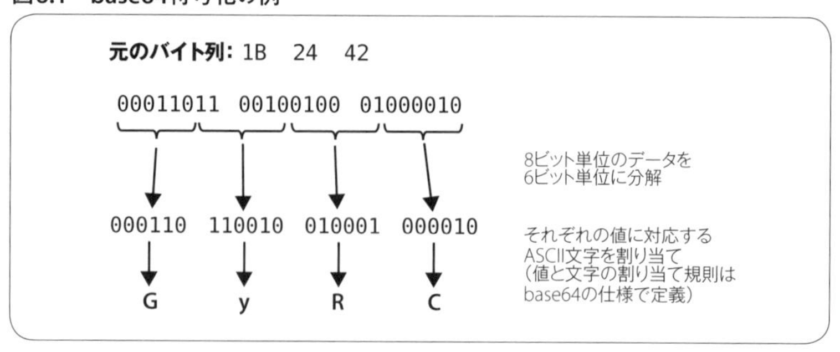

ですから、符号化後のデータは元のデータよりも長くなります。約1.33倍に増えます。また、1行あたり76文字を超えないように改行が挿入されるため、その分だけ若干増えることにもなります。

8ビット単位を6ビット単位に組み立て直すと、端数が出ることがあります。base64符号化する対象のデータが24ビット単位でないときには、末尾を適宜`0`で埋めたうえで計算し、詰め物として`=`が符号化後の文字列に付きます。

ヘッダの符号化　B符号化とQ符号化

ヘッダについては、文字列の中でASCII以外の文字コードが使われる箇所ごとに、文字コードの指定と特別な符号化が行われます。符号化の方法として**B符号化**と**Q符号化**という方式が用いられます。

たとえば、以下のような形になります。ヘッダと本文が空行で区切られたものと思ってください。メールをテキストエディタなどで表示すると、まさにこのような形に見えます。

```
Subject: =?iso-2022-jp?B?GyRCJDQwJzsiGyhC?=
From: =?iso-2022-jp?B?GyRCMTk4TRsoQg==?= <uma@example.com>
To: =?iso-2022-jp?B?GyRCTUw5LRsoQg==?= <yang@example.com>

お元気ですか。
```

ISO-2022-JPに対応したテキストエディタでメールのファイルを表示すると、上記のように、本文については漢字や平仮名がそのまま表示されますが、ヘッダ部分は特殊な形式の文字列が並んでいます。本文にはISO-2022-JPのバイト列そのものを含んでいるが、ヘッダ部分はそうではない、ということです。

ここではSubject(件名)、From(差出人)、To(宛先)のそれぞれについて、漢字や平仮名を使った箇所が特別な形式に符号化されています。符号化された文字列の冒頭部分から察しがつくように、元の文字列はISO-2022-JPで符号化されているものです。ISO-2022-JPによるバイト列を一定の規則で変換し、ASCIIの特定の範囲内に収まるようにしています。この形式を**B符号化**(*"B" encoding*)と呼びます。

B符号化は先頭に`=?iso-2022-jp?B?`のように文字コードを示す文字列「iso-2022-jp」とB符号化を示す文字「B」が入り、その後末尾の`?=`まで、元のバイト列に対してbase64と同じ計算を施した文字列が入ります。この符号化形式は、ISO-2022-JPで符号化された日本語テキストをヘッダに入れるときによく使われます。

前出のヘッダ例を見ると、base64の説明に出てきた`GyRC`という文字列を含んでいるのがわかります。これは83JISのエスケープシーケンス3バイトをbase64符号化した結果です。

一方で**Q符号化**(*"Q" encoding*)と呼ばれる形式もあります。こちらはquoted-printableと同様の方式であり、ASCIIの文字はそのままにしておき、ASCII以外の文字が出現するごとに符号化を施します。ISO/IEC 8859-1などによく使われます。Q符号化された文字列は`=?ISO-8859-1?Q?`のように文字コードを示す文字列の後に「Q」が付きます。

さて、先ほどの例を復号すると次のようになります。

```
Subject: ご挨拶
From: 厩戸 <uma@example.com>
To: 楊広 <yang@example.com>

お元気ですか。
```

普段メーラで見ているのと同様な形になるのがわかるでしょう。メーラで表示するとあたかも漢字がそのまま送られているように見えますが、実際には上記のようにB符号化などでASCII文字列に変換されて送受信されているということです。

B符号化やQ符号化の仕様は、RFC 2047に記されています。

■――nkfによる復号

5.1節で紹介した文字コード変換ツールのnkfは、これらMIME形式のヘッダ文字列を復号および符号化する機能を備えています。

たとえば、上記に掲げたようなB符号化されたヘッダの文字列をnkfに通すと、自動的に復号のうえ、文字コード変換も行って出力します。

つまり、日本語メールのファイルを`nkf -e mail.txt`などとしてnkfに与えると、ヘッダのB符号化を復号してISO-2022-JPのバイト列に戻したうえ、さらにEUC-JPに変換して標準出力に書き出すということを行っているのです。

便利といえば便利なのですが、MIMEを勝手に復号されたくないときもあります。B符号化それ自体を説明したり議論したりする文章の中にはB符号化された文字列を例として含むことがあるでしょうが、そうしたものまで復号されてしまっては困るでしょう。そのような場合には、`-m0`というオプションを付けてnkfを実行すると、MIME符号化の復号を抑制できます。

添付ファイル名の符号化

MIMEでは、添付ファイルを送ることができます。ワープロ文書や画像ファイルなどを送るのによく使われています。バイナリファイルはbase64符号化のうえ送信されます。

添付ファイルには、ファイル名を指定できます。ファイル名がASCIIの範囲内で付けられているなら問題はないのですが、漢字や平仮名を含むASCII以外の文字コードが使われていると、文字化けのトラブルがしばしば起こります。

トラブルの典型は、仮名や漢字を使ったファイル名を持つファイルを添付して送ったら、受信側ではファイル名が別の意味不明な文字列に置き換わっていたというものです。

■――添付ファイル名のトラブルの原因

添付ファイル名のトラブルの原因はどこにあるのでしょうか。添付ファイルのファイル名は、添付のパートのヘッダに記されています。ところが、元々添付ファイル名におけるASCII以外の文字コードの扱いが決まっていなかったことから、混乱が発生しました。

ヘッダのContent-TypeやContent-Dispositionフィールドにnameパラメータの値として前述のB符号化されたテキストを挿入することで、日本語ファイル名を表す方法を採るメーラがあります。次のような形式です。

```
Content-Type: image/jpeg;
        name="B符号化された日本語ファイル名の文字列"
Content-Transfer-Encoding: base64
Content-Disposition: attachment;
        filename="B符号化された日本語ファイル名の文字列"
```

しかし、この方法はRFC 2047によって明示的に禁じられています。

ヘッダのパラメータの値にASCII以外の文字コードを使う方法は、RFC 2231として定義されました。RFC 2231によると、次の例のように符号化されます。この例で、Content-Dispositionフィールドのファイル名を復号すると「猫.jpg」という文字列が得られます。これで、漢字のファイル名も正しく伝達されることになります。

```
Content-Type: image/jpeg
Content-Transfer-Encoding: base64
Content-Disposition: attachment;
        filename*=iso-2022-jp''%1B%24BG%2D%1B%28B%2Ejpg
```

ところが、RFC 2231に対応していないソフトウェアも少なからずあります。あるどころではなく、盛んに使われていたりします。

RFC 2231に定義された方法で符号化したメールはRFC的には完全に正しいのですが、RFC 2231に対応していないメーラで受信すると、当然ながらファイル名が正しく認識されません。受信した利用者の目には「ファイル名が文字化けしている」と映ります。こうした場合は得てして拡張子までもオリジナルから変わってしまいがちなので、本当はExcelファイルなのに添付ファイルのアイコンをダブルクリックしてもExcelが起動しないといったことになります。

厄介なことに、RFC 2231を解釈できないメーラが、一方ではRFC的に正しくない方法(上記B符号化の例)で符号化されたファイル名を送受信することがしばしばあります。そのようなメーラの利用者は、自分のメーラに問題があるとは認識しません。「普段は日本語ファイル名を正しく認識するのに、ある人からのメールではファイル名が文字化けする」とみなし、送信側の問題だと考えてしまうのです。

そこで、RFC 2231に対応したメーラであっても、送信時にはわざとRFC非準拠の方法で符号化したり、そうするためのオプションが設けられていたりするものがあります。

■——添付ファイル名の文字化けへの対処法

メールの添付ファイル名の文字化けのトラブルを減らすためには、RFC 2231形式のファイル名を解釈するメーラを使うことを推奨します。送信時にRFC 2231で符号化するか否かについては対応していないメーラもまだ多くの利用者に使われているため意見の分かれるところですが、受信時にRFC 2231を復号できることについては副作用は何もなく、万人に受け入れられる方策であるといえます。RFC 2231に対応しているメーラは多くの場合、RFC非準拠の符号化も受け付けるよう考慮されています。

企業などで利用するメーラを統一しているならば、RFC 2231を解釈できることをメーラの選定条件に入れるとよいでしょう。

あるメーラがRFC 2231に対応しているか否かの情報は、Webによく蓄積されています。Web検索で「<メーラ名> RFC2231」などというキーワードを与えると、対応状況を記したWebページが見つかります。

日本語メールの符号化の現在

日本語のメールは長い間、文字コードとしてISO-2022-JPを用い、base64等を用いずそのまま送信する（つまりContent-Transfer-Encoding: 7bit）という方法が採られてきました。この方法は、メール本文がプレーンテキストとなるので扱いやすいといえますし、7ビットが基本の電子メールにおいて8ビットがどう処理されるかを考慮しなくて済むという利点もあります。

一方、近年ではメールの文字コードとしてUTF-8が用いられることもあります。UTF-8は8ビットのコードですから、Content-Transfer-Encodingとしては、7bitではなく、8bitまたはbase64ないしquoted-printableで送信されます。

現在では、メールでもUTF-8を第一選択肢として問題ないでしょう。少なくとも、PCやスマートフォンのメーラで読む分にはトラブルに遭うことはないはずです。iOSやAndroidといったモバイルOSもUnicodeベースの文字列処理なので、UTF-8を扱えます。base64やquoted-printableといった符号化を伴うことは効率の面で最適とはいえませんが、それよりも世界どこでも同じ文字コードで任意の文字が使えるという利点のほうが勝っているという見方ができます。

ただし、古いプログラムが相手の場合には依然として問題を引き起こす可能性はあります。そうしたケースでは、ISO-2022-JPのテキストをContent-Transfer-Encoding: 7bitとして送るという昔ながらの方法が安全です。

6.2 Webと文字コード

一口にWebといっても、文字コードは、Webのさまざまな部分にかかわります。本節では、HTML、CSS、XML、URL、HTTP、CGIのそれぞれの場合における文字コードについて考えていきます。

HTML

HTMLで用いる文字および文字コードについて、HTML 4.01とHTML5に基づいて説明します。基本的な考え方は他のバージョンでも同じです[注3]。

■──HTMLで用いる文字

HTML文書の中では、文字は基本的に何でも使えます。もっとも、HTMLの仕様を定義するうえで、どの文字コードのどの範囲を用いるということを形式上定義する必要がありました。そこで、ISO/IEC 10646を参照用の規格として用いて、10646(つまりUnicode)の文字なら何でも使えるという定義になっています。その背景を見ていきましょう。

注3　HTML 5.2が出たため、2018年3月にW3CはHTML 4.01とXHTML 1.0の仕様を推奨するのをやめました。ブラウザでは問題なく表示されます。

■—— SGMLとしての背景

バージョン4までのHTMLは、**SGML**(*Standard Generalized Markup Language*)の一適用例として定義されています。HTML5は、SGMLから外れた独自構文です。

SGMLとは、テキスト文書にタグ付け(マーク付け)するための汎用の枠組みです。書籍、報告書、マニュアルから伝言メモに至るまで、さまざまな文書の構造を自在に定義して、その構造を表すタグを使って文書を表現できます。SGMLの文書構造の定義に使われるしくみを文書型定義(*Document Type Definition*、**DTD**)といいます。用途に応じた文書構造を「報告書のDTD」や「マニュアルのDTD」といった形に誰でも定義できます。HTMLとは、そのように定義された文書構造の一つにほかなりません。SGMLは、XMLの元になっていることでも知られています。XMLは、SGMLの仕様のうち複雑な部分を簡略化して作られたものです。

SGMLにおいては、用いる文字コードは**SGML宣言**という定義体に記されます。SGML宣言の中では、どの文字コードを使うか、また、文字コードの中のどの範囲の文字を実際に使うかを宣言します。

HTML 4.01にもSGML宣言が用意されています。HTML 4.01のSGML宣言においては、「どの文字コードを使うか」についてはISO/IEC 10646のUCS-4を参照し、「どの範囲の文字を実際に使うか」についてはUCS-4の一部の制御文字領域を除いて、BMPから面10まで、つまりUTF-16で扱える範囲の文字を全部使えるよう定義されています。

HTML文書の中では文字は基本的に何でも使えるということは、形式上は以上のように取り決められています。HTML 4.01のSGML宣言はHTMLの仕様書に含まれています[注4]。

しかしながら、SGML宣言でUCS-4と定義されているのだからHTML文書は必ずUCS-4で符号化せよというのは実際問題として難しいので、実際に用いる文字コードには何を使ってもよいことになっています。どの文字コードであってもそれはUCS-4の文字の符号化に使っているつもりにする、という概念によって便宜が図られています。

注4　HTML 4.01仕様書の「20 SGML Declaration of HTML 4」
URL https://www.w3.org/TR/html401/sgml/sgmldecl.html

たとえばShift_JISを使って「山」という文字を符号化したら、それは実はISO/IEC 10646のU+5C71を意味していることにするという考え方です。このため、10646にない文字を扱うことはできないことに、少なくとも形式上はなります。

■――HTMLの文字参照

HTML文書の中では自由に文字を書けますが、キーボードから入力できないなどの理由で直接書くことのできない文字については、**文字参照**（*character reference*）という方法で間接的に記すことができます。外国の文字や特殊記号の入力方法がわからないときなどに使えます。

文字参照は以下のような形をとります。文字参照をHTML文書中に書くことで、対応する文字そのものを書いたのと同じようにWebブラウザでは表示されます。

❶山　➡山　※UCS-4の10進
❷山　➡山　※UCS-4の16進
❸©　➡©　※実体参照

❶❷は、UCS-4の文字コードの値を用いた参照です。この例ではU+5C71、すなわち「山」という漢字を表しています。❶の例では10進表記、❷は16進表記による例で、どちらも同じ文字を指しています。数値による文字参照は&#と;で数値（Unicodeの符号位置）を挟む形式を取ります。16進の場合は数値の前にxを付けます。文字コードを表すのに10進数というのは人が見たときに不便ですから、常に16進を用いていても問題ありません。大文字小文字の区別はありません。

❸の例は著作権表示記号©を表す表記法ですが、文字コードの値でなく「copy」という名前によって参照しています。これはSGMLの**実体参照**（*entity reference*）という機構を利用したものです。HTMLのDTDにおいて、「copyという名前は©を表す」という定義がなされているため、©と書けば©と同じ効果が得られるのです。文字実体参照と呼ばれるこの記法は、定義された名前を&と;で挟む形式を取ります。

文字実体参照としてよく知られているのは、HTMLのタグなどに用いる

< ➡<
> ➡>
& ➡&
" ➡"

といった記号を右側のように表すものでしょう。HTMLを少しでも使ったことのある読者にはお馴染みかと思います。

HTMLにおいて使用可能な文字実体参照には、Latin-1の`0xA0`から`0xFF`までの文字や、数学記号、ギリシャ文字などがあります。HTML 4.01仕様書の「24 Character entity references in HTML 4」[注5]において定義されています。HTML5では、さらに拡張されています[注6]。

■——文字コードの指定方法 head要素の中のmeta要素

HTML文書の中で使用している文字コードを指定するには、head要素の中のmeta要素を用います。meta要素は文書のメタ情報を記述するための要素です。簡単な例を見てみましょう(**リスト6.1**)。

リスト6.1では、metaタグによって文字コードがUTF-8であることを示

注5 URL https://www.w3.org/TR/html401/sgml/entities.html
注6 URL https://www.w3.org/TR/html52/syntax.html#named-character-references

リスト6.1 meta要素

```
<!DOCTYPE html>
<html lang="ja">
 <head>
  <meta charset="UTF-8">
  <title>なになに株式会社</title>
 </head>
 <body>
  <p>なになに株式会社のホームページです。</p>
 </body>
</html>
```

しています注7。当然ながら、このように宣言したHTML文書はUTF-8によって符号化されていなければなりません。もちろん、文字コードとしてShift_JISを用いる場合はリスト6.1の例の「UTF-8」の部分を「Shift_JIS」に、EUC-JPの場合は「EUC-JP」にします。ここで文字コードの指定に用いる文字列は、MIMEの場合と同じくIANAが定義している文字列です。

HTMLの仕様書では、文字コードを宣言するmetaタグはhead要素のなるべく先頭のほうに配置するとよいとされています。HTML5では先頭1,024バイト以内に出現することと指定されています（HTML 5.2仕様書4.2.5.5節）。

HTMLにはこのように文字コードを指定するメカニズムがあるため、しくみ上は任意の文字コードで符号化できますが、現在ではUTF-8が用いられることが多くなっています。Webアプリケーションでは、HTMLやCSSを含め入出力をUTF-8に揃えておくと便利なことが多いでしょう。

■――lang属性の影響

HTMLには**lang属性**という属性があり、中に含むテキストの言語（自然言語）の種類を明示することが可能です。`<p lang="en">...</p>`と書けばその段落の内容が英語であることを示しますし、文書全体を括るhtml要素を`<html lang="ja">`とタグ付けすれば全体として日本語であることを示します。言語の種類を示すことで、スペルチェックや音声出力などに活用できることが期待されます。

統合漢字を描画し分ける

Webブラウザは、lang属性で指定された値によって描画に用いる書体を各言語・各国・地域のものに切り替えることがあります。これによって、Unicodeによって統合された漢字の字体差を描画し分けられるように見えます。

Unicodeの漢字は日本・中国・韓国・台湾の漢字コード規格をマージしており、小さな字体差を統合していることを3.7節で説明しました。この点が批判されることがしばしばありましたが、lang属性による言語情報によ

注7　例はHTML5の記法です。それ以前のHTMLでは下記のように記す必要があります。

```
<meta http-equiv="Content-Type" content="text/html; charset=UTF-8">
```

って各国・地域の字体を区別できるのではないかという期待があります。

具体例として、Unicodeの漢字統合の例としてよく挙げられる「骨」について見てみましょう。**図6.2**に、ISO/IEC 10646の規格票における「骨」(U+9AA8)の各国・地域の字形例を示します。左端から、中国、台湾、日本、韓国、ベトナムの字形例です。よく見ると、中国のもの(左端)は中のカギの向きがほかとは逆になっているのがわかります。このほうが画数が少なくなるので、簡体字として採用されています。Unicodeはこうした形の差を統合しているのです。

Unicodeの「骨」を含む**リスト6.2**のようなHTML文書があったとします。

UTF-8で符号化された「骨」という漢字に、lang属性で日本語・中国語(中国)・中国語(台湾)・韓国語のそれぞれを指定するテストです。

図6.2　ISO/IEC 10646における「骨」の各国・地域字形例※

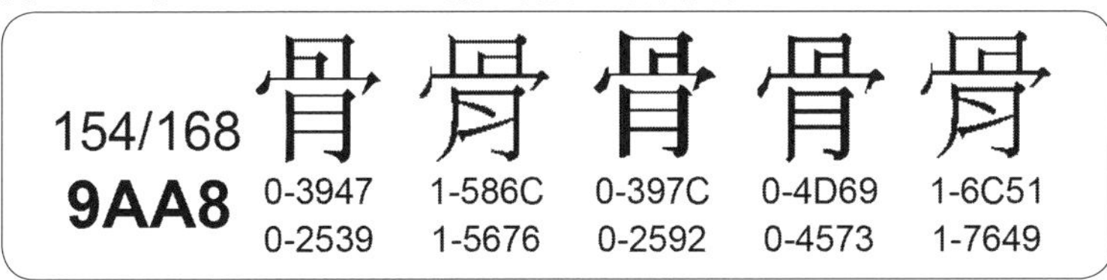

※ 出典：ISO/IEC 10646:2003(E)より。

リスト6.2　lang属性(hone.html)

```
<!DOCTYPE html>
 <html>
  <head>
   <meta charset="utf-8">
   <title>骨</title>
  </head>
  <body>
   <ul>
    <li lang="ja">骨</li>      <!-- jaは日本語 -->
    <li lang="zh-CN">骨</li>  <!-- zh-CNは中国語（中国）-->
    <li lang="zh-TW">骨</li>  <!-- zh-TWは中国語（台湾）-->
    <li lang="ko">骨</li>      <!-- koは韓国語 -->
   </ul>
  </body>
 </html>
```

図6.3　「骨」が各国・地域の字体で表示される例

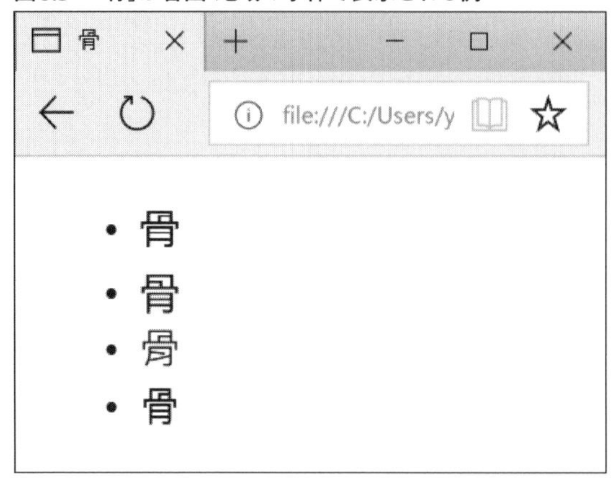

リスト6.2のHTML文書をブラウザで表示すると、lang属性としてzh-CNつまり中国の中国語を指定した「骨」について、図6.2で示した中国で用いられる形になることがあります。**図6.3**に画面例を示します。上から2番めの行の「骨」の中のカギの向きに注目してください。また、ほかの3つの「骨」は一見同じ字体であっても、よくよく注意して見ると、微妙な形の違いから、異なるフォントが選ばれていることがわかるでしょう。

これは、lang属性で与えられた言語情報に基づいてフォントを選択しているためです。すべての環境でそうなるとは限りませんが、現在の少なくない実装で観察されます。

言語情報は書体選択の役に立つか

とはいえ、「言語」を指定する情報によってフォント（書体）を選択することがはたして適切なのか、という問題があります。

たとえば、「『こんにちは』は中国語で『你好』といいます。」という文を、HTMLでタグ付けし言語情報を付加するとします。このとき、文全体を日本語、「你好」だけを中国語、として言語情報を与えるというのは妥当に思えるでしょう。たとえば、以下のようなタグ付けです。

```
<span lang="ja">
『こんにちは』は中国語で『<span lang="zh">你好</span>』といいます。
</span>
```

しかし、画面や紙に出力するとき、中国語にタグ付けられているからといってカギ括弧の中の単語「你好」だけが中国の書体で描画されるとしたらどうでしょうか。していけないわけではないとしても、少なくとも印刷物で一般的な慣習とはいえないでしょう。

言語情報を、文書全体といった粗いレベルならともかく、細部にわたって適切に付加するのは単純な問題ではありません。例として「『手紙』は日本語ではletterの意味ですが中国語ではtoilet paperの意味です」という文があるとしましょう。この文に言語情報を付けるとしたら、先頭の「手紙」は日本語と中国語のどちらにしたらいいのかわかりません。同じ「手紙」という文字の並びを、日本語として解釈したときと中国語として解釈したときの違いを説明している文だからです。文字は言語を書き表すための手段ですが、言語そのものではありません。

Unicodeによって統合された字体差をlang属性つまり言語情報によって区別することができるという話は、実装によってそう見えることがあることは事実ですが、言語と文字の区別についての本質的な問題をはらんでおり、無条件に肯定するのは難しいと考えられます。

CSS

CSS(*Cascading Style Sheets*)は、HTML文書の体裁を指定するのに用いられるスタイルシート言語です。CSSもHTML同様に、ASCII以外の多数の文字コードが使えるようになっています。ここで説明する内容はCSS 2.1で定義されており、CSS Level 3のモジュールを用いる際も有効です。

■――文字コードの指定方法

CSSの符号化には、任意の文字コードが使用できます。どの文字コードを用いているかを指定する方法が、CSSの文法として備わっています。CSSの先頭に、

```
@charset "ISO-8859-1";
```

と記述すると、ISO/IEC 8859-1で符号化されたCSSであることを示します。もちろん、Shift_JISならば上の引用符の中を「Shift_JIS」に、UTF-8ならば「UTF-8」にします。ここで用いる名前は、MIMEの場合と同じくIANAが定義している文字列です。

文字コードの名前を括る引用符"..."を忘れないようにしてください。

■——Unicode文字の参照

CSSで用いている文字コードで符号化できない文字は、Unicodeの符号位置で参照できます。

CSSでは、`\56F3`のように、`\`(バックスラッシュ)に続く最大6桁の16進数でUnicodeの符号位置を表します。`\56F3`の例は漢字の「図」を表します。

6桁に満たない場合、後続の文字との区切りが曖昧になることがあります。たとえば`\56F3`の直後に「1」という数字を置きたいとき、`\56F31`と書くと5桁の16進数のように解釈できてしまいます。このようなときは、直後にスペースを置いて`\56F3 1`と書くと、「図1」と解釈されることになっています。ここでスペースとは、`U+0020`つまりASCIIのスペースと、タブや改行を含みます。JISの和字間隔、俗にいう「全角スペース」`U+3000`は対象外です。

バックスラッシュは、日本のソフトウェアでは通貨の円記号(¥)として表示されることがあります。ASCIIやUTF-8やEUC-JPにおけるバイト値`0x5C`はバックスラッシュであり、もし円記号として表示されていたとしたらそれは単なる表示上の問題とみなせます。一方、Shift_JISでは`0x5C`は本質的に円記号です。この問題については、第8章の「円記号問題」の節も参照してください。

XML

XML(*Extensible Markup Language*)は汎用のデータフォーマットです。SGMLを簡略化して作られた仕様であることから、文字コードの扱いについては、SGMLに基づいているHTMLとの間に共通点があります。

■――XMLで用いる文字

XMLでは文字コードは基本的に何でも使えるのですが、XMLの仕様ではUnicodeを参照用の文字コードとして用いています。**要素名**(**タグ名**)に使える文字の種類はどれとどれか、といった自明でない内容を定義するのには、Unicodeを参照するのが妥当な方法と考えられます。

XMLやSGMLにおける**要素**(*element*)とは、文書の中の「ヘッダ」や「本文」や「連絡先アドレス」などのような、意味付けられた構成物です。**タグ**とは文書中で要素を明示するための目印であり、タグには要素の名前が書かれます。**要素名**とか**タグ名**と呼びます。要素には付随する情報を**属性**(*attribute*)として付けることができます。「連絡先アドレス」という要素に対して、その種別は勤務先あるいはプライベートのアドレスだと示すようなものです。属性はタグの中に記すことができます。要素や属性の名前は自由に定義できます。

XMLの仕様として定義されているところでは、XMLの要素名や属性名には漢字や平仮名・片仮名を使うこともできます。<ヘッダ>や<アドレス>、<名前>、<住所>のようなタグも使えるということです。

ただし、互換漢字や全角・半角形のような、他の文字コードとの互換性を目的として導入された符号位置(3.7節で説明しました)は、要素などの名前に使うべきでないとされています。

名前に使える文字の制限は、XML 1.0仕様書の第5版において若干緩和されています。このため、第4版までに基づいた解説記事では、互換漢字や全角・半角形は要素名として使えないと断定しているかもしれません。第4版までは互換漢字等は名前の文字を定義する式から明示的に外されていたのですが、第5版ではこれらの文字を名前の文字の定義に含めており、代わりに文章によって、名前として使うべきでない旨を説明しています[注8]。つまり、禁止ではないが避けたほうがよいという位置付けです。

一方、タグに用いる名前でなく、内容のテキストに用いる文字はUnicode文字なら何でもよいことになっています。HTMLの場合と同様です。

注8　「Extensible Markup Language(XML) 1.0(Fifth Edition)」の AppendixJ URL https://www.w3.org/TR/REC-xml/#sec-suggested-names を参照。この Appendix は"Non-Normative"(規定ではない)という扱いになっています。

▪——XMLの文字参照

HTMLと同様に、文書中に直接書けない文字を表現するのに文字参照を用いることができます。

名前による参照は、DTDによって定義されないと使えません。HTMLで`©`のような名前による参照ができるのは、HTMLのDTDの中で定義されているためです。したがって、XHTMLのようにDTDで定義されていれば`©`などが使えますが、DTDの中にそうした定義のない場合や、DTDのないXML文書では使えません。

ただし、以下の5つはXMLでは定義なしにいつでも使えます。

" ➡" ※二重引用符、U+0022

< ➡< ※不等号(より小)、U+003C

> ➡> ※不等号(より大)、U+003E

' ➡' ※アポストロフィ、U+0027

& ➡& ※アンパサンド、U+0026

数値による文字参照はいつでも使えます。HTML 4.01と同じく、10進と16進の両方の表記が使えます。構文はHTMLと同じです。

▪——文字コードの指定方法

XML文書の中に文字コードを示す方法を紹介します。あわせて、XMLの構文を用いたHTMLであるXHTMLの場合も説明します。

XML宣言

XML文書では、先頭に置かれるXML宣言の中に、文字コードを指定する書式も用意されています。これを**符号化宣言**といいます。

```
<?xml version="1.0" encoding="UTF-8"?>
```

`encoding=" "`の中に文字コードの名前を記します。ここで用いる名前は、MIMEのcharsetパラメータの項で説明した、IANAの登録簿に記載されている名称です。Shift_JISやEUC-JPやISO-2022-JP、あるいはISO-8859-1等を使うことができます。

上の例ではUTF-8と宣言しています。UTF-8の場合は実は符号化宣言は省略できるのですが、常に記しておけば間違いがないでしょう。

XHTMLの場合

XHTML文書はXML文書ですから、当然、XMLの符号化宣言を書くことができます。また、HTMLのタグが用意されているのですから従来のHTMLと同じくmetaタグで文字コードを宣言することもできます。

XHTML 1.0の仕様では、文書内で文字コードを指定する場合はXMLとしての符号化宣言とmetaタグによる宣言を両方用いることとされています。XMLの仕様に忠実な処理系(XML宣言を解釈する)と従来のHTMLの延長として処理するプログラム(metaタグしか知らない)との両方を考慮した結果と考えられます。もし両者の間で矛盾した記述になっている場合には、XMLの符号化宣言の方が優先されることになっています。

先にHTMLの項で掲げたリスト6.1と同じ例をXHTML 1.0で書くと、**リスト6.3**のようになります。

XHTMLではmetaタグを閉じる印として>でなく、/>を用います。

YAMLとJSON

XMLと類似した目的に用いられるデータ形式として、YAML(*YAML Ain't*

リスト6.3　XHTMLの例

```
<?xml version="1.0" encoding="UTF-8"?>
<!DOCTYPE html PUBLIC "-//W3C//DTD XHTML 1.0 Strict//EN">
<html xmlns="http://www.w3.org/1999/xhtml" xml:lang="ja" lang="ja">
 <head>
  <meta http-equiv="Content-Type" content="text/html; charset=UTF-8"/>
  <title>なになに株式会社</title>
 </head>
 <body>
  <p>なになに株式会社のホームページです。</p>
 </body>
</html>
```

Markup Language）とJSON（*JavaScript Object Notation*）があります。

この2つはいずれも、文字の符号化としてはUnicodeの符号化方式がもっぱら使われます。インターネットを介した通信には、とくにUTF-8が用いられます。XMLやHTMLと異なり、文字コードを指定するしくみをデータの中に持っていません。

JSONでは、データ先頭にBOMを付けないことが求められています（RFC 8259）。

URL

URLでは、ASCIIを用います。ASCIIにない文字は直接書くことができず、特殊な記法によって、文字に対応するバイト列の16進数を記すことになります。

URL符号化

URLの中に、予約されている記号や、ASCIIで表現できない文字を書きたいときには、**URL符号化**という方法が使われます。

URL符号化は、記号`%`の後に2桁の16進数を書く記法です。たとえば、`%B1%EA`のように記して`B1 EA`という2バイトを表します。大文字と小文字は区別しませんが、大文字に合わせるのがよいでしょう。URLの中で`%`は符号化の目的に使われるため、`%`自体を表すには`%25`とします。`%`以外にも、`/`、`?`、`:`など、URLの中で特別な役割を果たす記号はURL符号化で表す必要があります。

URL符号化によって表現されたASCII以外のバイト列を、どの文字コードとして解釈するかは決まっていません。UTF-8でもEUC-JPでもあり得ます。たとえば、

```
https://example.com/page/%B6%E2%C2%F4
```

というURLがあったとして、最も右側のスラッシュ以降がどのような文字を意味しているのかはこのURLからはわかりません。

Webブラウザによっては、ステータスバーなどに表示するURLにおいて、

URL符号化をUTF-8などに従って復号し、あたかも漢字を直接URLの中に書いているかのように見せることがあります。いずれにせよ、単なる表示上の便宜であり、漢字や仮名が表示されていたとしても実際のURLの文字列は`%E6%BC%A2%E5%AD%97`のようなURL符号化によって構成されています。

なお、URL符号化という用語をここでは採用していますが、通常の会話では「URLエンコーディング」ということがしばしばありますし、RFCでは「Percent-Encoding」(パーセント符号化)としています。

URL符号化は、RFC 3986「URI Generic Syntax」において、URI[注9]の仕様の一部として定められています。

HTML·XMLの中のURL

文字コードからやや離れますが、URLをHTMLやXMLの中に記すには注意が必要であることを付記しておきます。

URLの中でCGIに渡すパラメータの区切りとして&記号が使われますが、この記号はHTMLやXMLでは実体参照の開始を示すので、`&`という参照形式にて記さなければなりません。

具体的には、❶のようなURLをHTMLのaタグなどに入れるときには、❷のように&を`&`に置き換えなければならないということです。

```
❶https://example.com/service?q=abc&p=def
❷<a href="https://example.com/service?q=abc&amp;p=def">
```

この措置を怠って&を生のまま書くと、厳密に解析するパーサは`&p=def`を実体参照と解釈しようとしてエラーになります。ただし、ブラウザは普通適当に解釈してくれるので、定義されている実体名(たとえばnbspやyenなど)と衝突しなければ問題は起こさないはずです。

Webブラウザなどからコピーした URLをHTMLやXMLに貼り付ける際は、&を`&`にし忘れることがあるので気を付ける必要があります。

注9　URL(*Uniform Resource Locator*)とURN(*Uniform Resource Name*)を合わせて、URI(*Uniform Resource Identifier*)といいます。

HTTP

Webサーバとクライアントの間のやり取りに使われるプロトコルHTTPにおいて、文字コードを指定する方法を説明します。MIMEと同様に、伝送するテキストデータの文字コードを明示できます。

■—— HTML文書内部の文字コード指定が抱える問題点

ここまで、HTMLやXMLの文書内部に文字コード指定を記す方法を紹介してきました。しかし、こうした方法には根本的な問題があります。問題点は2つです。

第1の問題点は、復号するファイルの中に復号に必要な文字コードが宣言してあるという点です。EUC-JPで符号化されたHTML文書の中で「私はEUC-JPです」と宣言されていたとしたら、その宣言を読むためにはHTML文書をEUC-JPで復号しなければなりません。では、そのEUC-JPで復号すればいいということはどうやってわかるというのでしょうか。ちょうど、箱を開けるための鍵が当の箱の中に入っているような状況なのです。

第2に、文書内部に宣言する方式はコード変換に弱いという欠点もあります。Shift_JISであると宣言されたShift_JISのHTML文書をUTF-8にコード変換したら、「私はShift_JISです」という宣言はそのままに、実際の符号化方式だけがUTF-8に変わってしまいます。UTF-8の文書なのに偽ってShift_JISだと宣言してしまうことになり、当然文字化けします。

第1の問題については、文字コードの宣言の部分はASCIIとして解釈できるという前提を置くことで現実には対処されています。文字コードを宣言するタグにASCIIと同じコードが使われていれば、ASCIIの上位互換であるような文字コードが使われている場合には問題なくタグを読むことができます。ASCIIの上位互換の文字コードには、EUC-JPやUTF-8、Latin-1、中国のGB 2312(EUC-CN)、韓国のEUC-KR、ロシアのKOI8-Rなど多数があります。Shift_JISはASCIIの完全な上位互換ではありませんが、HTMLのmetaタグやXMLの符号化宣言を記す文字については互換性があります。とはいえ、このやり方は、ASCIIとバイト単位で互換でない文字コード、たとえばEBCDICやUTF-16ではうまくいきません。

文書の内部にmetaタグなどで文字コードを宣言する方式は簡便であるものの、本質的な欠点を抱えているのです。

■——HTTPヘッダによる文字コードの指定

HTML文書などWebページを構成するファイルを伝送するHTTPには、送信内容の文字コードが何であるかを指定するしくみが備わっています。

このしくみを利用すれば、HTML文書の中に文字コードの宣言を書かなくとも、HTML文書の文字コードとして何が使われているかをクライアント(Webブラウザ等)に伝えることができます。

HTTPサーバは、クライアントから受信した要求(リクエスト)への応答(レスポンス)としてHTML文書等を送信します。その際、ヘッダの中のContent-Typeというフィールドに MIMEと同様の構文でデータ形式を指定しますが、あわせて文字コードも明示できます。

HTTPサーバからクライアントに送られるHTTP応答ヘッダの例を示します。これはW3Cのホームページ(`https://www.w3.org/`)を要求した際のHTTP応答ヘッダの一部です。簡単のため、主だったところのみを抜粋しています。

```
HTTP/1.1 200 OK
Date: Sat, 07 Jul 2018 14:42:05 GMT
Last-Modified: Sat, 07 Jul 2018 14:36:05 GMT
Accept-Ranges: bytes
Content-Length: 50137
Content-Type: text/html; charset=utf-8
```

最後の行のContent-Typeで、この応答が送信する内容はtext/htmlすなわちHTML文書であること、そして、その文字コードがUTF-8であることを示しています。MIMEと同じフォーマットが使われています。

このようにヘッダで文字コードが明示されれば、クライアントはHTML文書の中からmetaタグを探す必要はなく、容易に文字コードを知ることができます。

Content-Typeに指定する文字列は、先に紹介したHTMLのmetaタグに書くものと同じであることに気づいたでしょうか。これは偶然の一致ではありません。元々HTMLのmeta要素のhttp-equiv属性というのは、HTTPのヘッダに記すのと同様の扱いをすべしという意味なのです。つまり、本来ならばHTTPのヘッダに記すところを、代わりに便宜的にHTMLの中にタグの形式で書くというのがmetaタグのhttp-equiv属性の趣旨なので、同じ文字列になるのは当然なのです。

文字コード指定をHTTPヘッダとHTMLタグの両方に書けると、矛盾した記述が可能になってしまいます。ヘッダではUTF-8と示されているのにHTMLのタグではShift_JISと書かれている、といったケースです。こうした場合、HTTPによる指定が優先されるとHTMLの仕様では定義されています。

HTTPヘッダによる文字コードの指定は、HTML文書だけでなくXMLやCSS、あるいはプレーンテキストにも適用できます。プレーンテキストには文字コードを宣言するmetaタグのようなしくみが何もありませんから、HTTPのヘッダで指定することが大変有用です。

プレーンテキストの場合のContent-Typeフィールドは、以下のような形をとります。

```
Content-Type: text/plain; charset=utf-8
```

■—— Webサーバにおける設定

さて、こうしたヘッダのcharset指定を実際に行うにはどうすればいいのでしょうか。具体的な指定方法は、Webサーバに依存します。ここではApache 2.4の場合について、概略を記します。

Apacheでは、サーバ全体あるいはディレクトリごとに決まったcharsetを指定したり、拡張子に応じてcharsetを変えたりすることができます。どのファイルも同じ文字コードで符号化されているならディレクトリごとの指定でもよいのですが、拡張子に応じて変えるようにすれば、ファイルごとに文字コードが違う場合にもうまく対処できます。

Apacheで拡張子に応じたcharsetを付けるにはAddCharsetディレクティブを用います。これを利用すると、たとえば、拡張子に.sjisの付いたファイルにはcharset=Shift_JISを、.euc-jpの付いたファイルにはcharset=euc-jpをHTTP応答ヘッダに付けることが可能です。URLでアクセスするには.sjisを除いた部分だけでかまいません。

たとえば、welcome.html.sjisというShift_JISで符号化されたHTML文書があったとしたら、https://example.com/welcome.htmlといったURLでアクセスすると、ファイルの実体としてはwelcome.html.sjisが読み出されて、HTTP応答ヘッダにはcharset=Shift_JISという指定が付いて送信されるという具合です。

拡張子で区別するこうしたやり方は、コード変換にも対処しやすいといえます。welcome.html.sjisをnkfなどでEUC-JPに変換するときは、出力先ファイルをwelcome.html.euc-jpと命名すれば、そのままHTTPヘッダのcharset指定も適切になされることになるからです。ただし、HTML文書の中にmetaタグとして文字コード指定があるときには当然、HTMLの中身を書き換える必要が生じます。

Apacheの設定方法の詳細は、Apacheのドキュメントを参照してください。

■——HTTPヘッダの確認方法

HTTP応答ヘッダの内容は、各種のツールで確かめることができます。charsetパラメータを付加するWebサーバの設定が正しくなされたかを確かめるためには、ヘッダの内容を調査することが必要です。

たとえばWebブラウザには、ChromeやFirefoxのF12キーを押すと開く開発者向け機能のように、ヘッダ情報を表示できるものがあります。

コマンドラインからは、Web開発にしばしば用いられるcurlコマンドで次のようにしてヘッダを出力できます。

```
$ curl -I https://www.w3.org/
```

サーバの設定時のみならず、Webページの文字化けトラブルを調査するにあたっても、こうしたツールは役に立つでしょう。

HTMLフォーム(CGI)

Webのフォームに入力されたテキストは、デフォルトではURL符号化されてサーバに送信されます。たとえば、%91%97%90%4Dといった形式の文字列になります。改行は%0D%0Aで表されます。

PerlやRubyといったCGIに用いられる言語には、URL符号化された文字列を復号のうえユーザープログラムに渡す手段が用意されています。そうしたものを用いれば、URL符号化を復号するために自力で何かをする必要はありません。

■──フォームから入力されるテキストの文字コード

URL符号化されて送られるといっても、一体どの文字コードによるバイト列がURL符号化されたものなのかがわからないと、文字列処理はできません。先述のとおり、URL符号化には文字コードの情報は入っていないので、URL符号化された結果だけを見てもどの文字コードかはわからないのです。

フォームのテキストをWebサーバに送る際の文字コードは通常、フォームを含むHTML文書と同じ符号化方式が使われます。たとえば、EUC-JPで符号化されたHTML文書をWebブラウザで表示しフォームにテキストを入力してサーバに送信すると、フォーム内容のテキストの符号化にはEUC-JPが使われるということです。

ここで、クライアントからの送信内容自体に文字コードの情報が入っているのではないことに注意が必要です。クライアントから送られた内容に基づいてコードを判別することは通常できないので、CGIプログラムが受け付ける文字コードとHTML文書の文字コードとが一致しているよう設計する必要があります。

クライアントからの送信に使われる文字コードは、HTMLのform要素のaccept-charset属性で明示的に指定することもできます。accept-charset="Shift_JIS"と指定すればShift_JISで送信するということです[注10]。ただし、

注10 HTMLの仕様では、accept-charset属性にはサーバで受け付け可能な文字コードを1つだけでなく、複数列挙できるようになっています。

Internet Explorerのようにこの機能に対応していないブラウザもあります。

さもなければ、フォームから渡すパラメータの中で文字コードを明示的に指定するという手があります。たとえば、`ie=utf-8`注11といったパラメータをクライアントから付けるようにしておき、一方CGIプログラムではieパラメータの値を見て残りのパラメータの文字コードを決定するという方法です。

GoogleやYahoo!の検索フォームでは、こうした方法が採られています。

たとえば、Googleの検索機能を呼び出す、**リスト6.4**のようなフォームを含むHTML文書をEUC-JPで書いたとします。

リスト6.4のフォームからテキストを入力したとき、Googleのサーバに送信されるのはEUC-JPで符号化されたテキストです。❶の行にieという名前のパラメータで「euc-jp」を指定することで、このフォームから送られる文字列のコードを示しています。❶の行がないと文字化けしてしまい(送信したバイト列がUTF-8として解釈されるようです)、望んだような検索結果が得られません。「ie」の値を解釈するのは、もちろんGoogle側で行われています。

自分のWebサイトで同様のことをするならば、CGIプログラムで上記のieにあたるパラメータを解釈する必要があります。もちろん名前は、ieでなくても何でもかまいません。ieパラメータを見たうえで、残りの入力データをプログラムに合った文字コードに変換したうえで処理するということになります。たとえば、Shift_JISを処理するCGIプログラムに対して`ie=euc-jp`のように指定されてきたならば、nkfなどで入力データをEUC-

注11 入力の符号化(*input encoding*)はUTF-8、の意味。

リスト6.4 Googleの検索機能を呼び出すフォーム

```
<form action="https://www.google.co.jp/search">
 <div>
  <input type="text" name="q">
  <input type="hidden" name="ie" value="euc-jp">     ←❶
 </div>
 <div><input type="submit" value="Google検索"></div>
</form>
```

JPからShift_JISへと変換すればいいということです。一手間増えますが、複数のWebページからの利用がしやすくなります。

参考までに、リスト6.4のGoogle呼び出しの例と同様のEUC-JPによるフォームを、ieパラメータでなくform要素のaccept-charset属性を使って実現する例を**リスト6.5**に示します。ただし、ブラウザによっては正常に動作しないことに気を付けてください。動作確認はFirefox 3.0および60.0.1で行い、動作しました。

formの開始タグに付けたaccept-charset属性のため、リスト6.5のフォーム自体がEUC-JPで符号化されていても、UTF-8を用いて送信されます。サーバへの入力がEUC-JPでなくGoogle検索のデフォルトであるUTF-8になったので、ieを指定する必要がなく、hiddenを指定したinput要素は不要になります。

■——送信用の文字コードで符号化できない文字の扱い

フォームのHTML文書の符号化方式、すなわちクライアントからサーバへと送信される文字列の符号化方式はShift_JISだったりLatin-1だったりしますが、一方でブラウザの操作としては、そうした符号化方式で符号化できない文字をフォームに記入することも往々にして可能です。

たとえば、Latin-1で符号化されたWebページの中にフォームがあったとき、文字入力領域に「山」のような漢字を書くこともできるということです。このときフォームの入力内容をサーバに送信するのにLatin-1が使われますが、この文字コードではもちろん漢字は符号化できません。

こうしたとき、Internet ExplorerやFirefoxは、問題の文字をHTMLの文

リスト6.5　form要素のaccept-charset属性を使って実現する例

```
<form action="https://www.google.co.jp/search" accept-charset="utf-8">
 <div>
  <input type="text" name="q">
 </div>
 <div><input type="submit" value="Google検索"></div>
</form>
```

字参照に変換のうえ送信します。

たとえば、EUC-JPのページのフォームに、EUC-JPでは符号化できない第3水準漢字の噶(U+5676)という字を記入して送信すると、噶という文字列をURL符号化したものがサーバに届きます。ここで22134というのは0x5676の10進表記です。&、#、;はURL符号化してそれぞれ%26、%23、%3Bとする必要があります。つまり、「噶」の1文字が%26%2322134%3Bと符号化されて送られることになります。

日本語環境でこうしたことが起こるのは、Shift_JISやEUC-JPで符号化されたHTML文書のフォームに、Webページから文字列をコピーするなどしてJIS X 0208に含まれない文字を記入して送ったときです。UTF-8や文字参照を使って「吐噶喇列島」と書かれたWebページから文字列をコピーしてフォームに貼り付けると、容易に実行できます。

したがって、CGIプログラムが受け取る文字データの中には、利用者が直接噶などとタイプしたわけでなくとも、HTMLの文字参照形式の文字列が入る可能性があることになります。文字参照の形で送られてきた文字列をどう処理すべきかはCGIプログラムの方針次第ですが、入力データに文字参照形式の文字列が入り得るということは承知しておく必要があります。

6.3 まとめ

本章では、インターネットの代表的なアプリケーションである電子メールとWebについて、文字コードがどう扱われているかを説明しました。

メールについては、当初は7ビットのASCIIだけを用いることを前提として開発されました。それでは不自由なため、さまざまな文字コードに対応したり画像などのバイナリデータも扱えるようにするMIMEという拡張規格が導入されています。元々7ビットの世界であるため、8ビットを用いる文字コードやバイナリデータの転送のためにはquoted-printableやbase64という符号化方法で7ビットに収まるよう変形することがあります。メールのヘッダにはB符号化やQ符号化という方法で元の文字コードのバイト列を変形して挿入します。添付ファイルのファイル名の符号化にはRFCとして標準が定められているものの、実使用上は混乱が見られることを紹介しました。最後に、これからの日本語メールの符号化がどうあるべきかを考察しました。

Webについては、HTML、CSS、XML、YAML、JSON、URL、HTTP、HTMLフォーム(CGI)のそれぞれにおいて、文字コードの扱いを紹介しました。

HTMLやCSS、XMLには文書の中に文字コードを宣言する記法が用意されています。一方、URLでは文字コードのバイト列を符号化して表現する方法はあるものの、用いている文字コードを指定する方法は用意されていません。HTTPでは、転送するテキストの文字コードの情報をヘッダによって与えることが可能です。このしくみを使えば、文書内部に文字コードを宣言する方法の欠点を克服できます。CGIでは、フォームのテキストがURL符号化されてサーバに送られ、文字の符号化にはHTML文書と同じ文字コードが使われることがわかりました。フォームのHTML文書の符号化方式で符号化できない文字については、HTMLの文字参照の形式に符号化されて送信されます。

第7章 プログラミング言語と文字コード

7.1 Java 内部処理をUnicodeで行う p.229
7.2 Ruby 1.8 シンプルな日本語化 p.262
7.3 Ruby 1.9以降 CSI方式で多様な文字コードを処理 p.276
7.4 まとめ p.288

本章では、プログラミング言語において文字データがどのように扱われるかを解説します。JavaとRubyを代表例として、文字列処理の実際と多言語対応の枠組みを理解することを狙いとします。

JavaとRubyを取り上げるのには、利用者が多いからという以上の理由があります。文字コードに対して次のような異なるアプローチをとっていて、それぞれの方式の例題としてちょうどいいからです。

- Java：内部処理をUnicodeで行う方式
- Ruby 1.8：十分に国際化されていないシンプルな日本語対応
- Ruby 1.9以降：特定の内部コードを仮定することなしに多言語対応を行う

他の言語には、Javaと同じく内部的にUnicodeを用いる方式をとっている言語が多くあります。C#やPython、Perlなどがこれに分類されます。これらのように特定の内部コードを仮定したうえでコード変換によって多言語を処理する方式をUCS正規化(*UCS normalization*)と呼ぶことがあります。中心的な文字コードすなわちUniversal Character Set(UCS)を何か1つ定め(多くの場合Unicode)、入出力では外部コードとUCSとの変換処理を行うものです。

Ruby 1.9のように特定の内部コードを仮定することなしに多言語処理を行う手法は、CSI(*Code Set Independent*)方式と呼ばれることがあります。他の主要な言語に類例は見出しがたいですが、柔軟で先進的な機構です。

Ruby 1.8に近いものは、Unicode対応以前のPerlなどが挙げられます。

本章で述べる内容によって、言語自体の知識のみならず、多言語対応の方式それぞれの考え方や特徴を掴みとることができるでしょう。

本章では、それぞれのプログラミング言語の基本的な知識が読者にあることを前提とします。また、本章で取り上げるクラスやメソッドを実際に用いる場合は、用いるバージョンのJDKやRubyのドキュメントを参照して詳細な仕様を確認するようにしてください。

本章掲載のプログラム例の動作確認に用いた環境は、Javaのバージョンは8、Rubyは1.8.7と2.5.1です。ただし、Ruby 1.8は開発終了し今は開発元によってメンテナンスされていないので、使用には注意してください。OSにはmacOS(10.11.6)を用いていますが、本章の内容はWindowsやLinux等OSにかかわらず通用するはずです。

7.1 Java
内部処理をUnicodeで行う

Javaは、内部処理にUnicodeを使います。Javaと文字コードにまつわる事項は、大まかに「Javaにおける文字列と文字」「入出力における変換」「テキスト処理」の3つに分けて考えられます。本節で詳しく見ていきましょう。

Javaにおける文字はすべてUnicode

Javaにおいて、文字はすべてUnicodeによって表されます。Unicode以外の文字コードには、入出力時にUnicodeとの間でコード変換を行うことで対応しています。第1章で説明した内部コード・外部コードという概念に従えば、内部コードとしてUnicodeを採用していて、Shift_JISやLatin-1等の外部コードとの間でコード変換をしているといえます。

JDKのドキュメントでは「文字エンコーディング」という用語がしばしば使われますが、これは本書でいう「文字コード」と同じ意味です。本書では、文字コードと記します。なお、以降の説明はJDKのバージョン8（JDK 8）に基づいて進めます。

Javaの文字列と文字

はじめに、Javaプログラミングにおける文字の表現や処理について説明します。Unicodeに特化しているというJavaの特徴が、文字を表す型やクラスにも反映されています。

■――Stringクラスと Characterクラスとchar型

JavaのクラスでStringを表現するのはStringクラスです。Stringクラスは、UTF-16の形式で文字列を扱います。

UTF-16を構成する16ビットの単位に相当するプリミティブ型が**char型**です。char型は実際のところは、符号なし16ビット整数です。char型のラッパークラスが**Characterクラス**です。

charは大まかに「1文字」に相当すると考えることができます。例外があるので正しくはないのですが、ひとまずは「charが文字に対応する」と考えることができます。ABCあいう漢字αβγ123などの文字については、各文字が1つのcharに対応します(**図7.1**)。

Javaの文字列処理は16ビットのcharが単位となるので、古くからの日本語処理にあるような「漢字1文字は英数字2文字分に相当する」という概念はありません。

■——ソースコードの中の文字

JavaがUnicodeを用いるといっても、ソースコードには、JDKを動かす環境で通常用いているUnicode以外の文字コードを使用できます。

コンパイル時のコード変換

Javaのソースコードをコンパイルするにはjavacコマンドを使います。コマンドラインから、

```
$ javac Test.java
```

➡このとき文字コード変換も行っている

のようにコンパイルします。このとき実は、文字コード変換が行われています。プラットフォームのデフォルトの文字コードからUnicodeへ変換しているのです。

プラットフォームのデフォルトの文字コードとしては、日本語版WindowsならばMS932(Windowsの機種依存文字付きのShift_JIS)が用いられますし、

図7.1 文字の表現

文字	A	B	C	あ	い	う	漢	字	α	β	γ
char値	0041	0042	0043	3042	3044	3046	6F22	5B57	03B1	03B2	03B3

Linuxならばロケール[注1]に依存します。UbuntuではUTF-8です。英語版のWindowsでは、Windows-1252という、Latin-1の制御文字領域に独自に文字を追加したいわば機種依存文字付きLatin-1というようなものが使われています。

もし、EUC-JPをデフォルトの文字コードとしている環境ならば、先ほどのコマンドラインは以下のように指定したのと同じです。

```
$ javac -encoding EUC-JP Test.java
```

javacのオプション-encodingは、ソースファイルの文字コードを指定します。無指定の場合はプラットフォームのデフォルトの文字コードが使われますが、このオプションを使うことで、デフォルト以外の文字コードによるソースファイルをコンパイルできるわけです。

■——Unicodeエスケープ

ソースコードの中に、キーボードから直接入力できない文字や、ソースファイルの文字コードでは表現できない文字を書きたいことがあります。

そのような場合は、**Unicodeエスケープ**と呼ばれる記法によって、Unicodeの符号位置の16進数を記すことで、文字そのものを書いたのと同じ効果が得られます。

たとえば、スペードマーク♠(U+2660)をソースコードに埋め込みたければ、\u2660と記します。\uの直後に16進4桁で表現します。例は、次のとおりです。

```
String card = "\u2660K";  // スペードK
```

注意しなくてはならないのは、この記法は文字列リテラルの中で引用符や改行をエスケープする\"や\nと同じではないということです。Unicodeエスケープはソースコードの解析の早い段階で処理されるため、文字列リ

注1　ロケールとは、日本語環境やアメリカの英語環境、カナダのフランス語環境など、利用者がコンピュータを使う国や地域、言語等を表します。「ロカール」のほうが原語(*locale*、英語)の発音に近いともいわれますが、本書では慣用に従います。

テラルの中で改行をエスケープするつもりで`\u000a`などと記すと、ソースコードの中のその位置で直接改行したのと同じに解釈されてしまいます。

つまり、次の例の1行めは正しく、2行めは誤りです。2行めは引用符を閉じずに「きつね」の前で改行したものと扱われてエラーになります。

```
String s = "たぬき\nきつね";
```

```
String t = "たぬき\u000aきつね";
```
←誤り

Unicodeエスケープは4桁しか書けないため、BMP以外の面の符号位置は直接書くことができません。面02などの符号位置を記すには、サロゲートの上位・下位をつなげた形として記す必要があります。たとえば、U+23594の漢字𣖔(ホウ、JIS X 0213の2面15区10点)を記すためには、サロゲートの値を用いて`\ud84d\udd94`と記します。

Unicodeエスケープは、文字列リテラルの中以外でも有効です。そして、Javaでは変数名やメソッド名といった識別子に漢字や平仮名を使うこともできますから、次のようなソースコードも正しいJavaプログラムです。

```
int \u3042 = 10;
System.out.println(あ);
```

`\u3042`は、平仮名「あ」をUnicodeエスケープで表現したものです。「あ」という変数に整数値10を代入して、次の行で標準出力に出力しています。したがって、実行すると「10」が出力されます。

Javaで識別子に使える文字の種類は、Java言語仕様に定義されています。基本的に記号ではなく「文字」が対象なので、漢字や平仮名は使えますが、上記のスペードのような記号は使えません。ある文字が識別子として使えるかどうかは、CharacterクラスのisJavaIdentifierStart( )メソッドおよびisJavaIdentifierPart( )メソッドで確認できます。

■――Javaは Unicodeを知っている

JavaはUnicodeに特化しており、Unicodeの各符号位置の文字がどういった種類のものかといった情報も持っています。

Characterクラスは単なる16ビットの入れ物だけでなく、Unicode仕様に基づいた文字種別の判定などの便利なメソッドも提供しています。

文字の属性を調べる

Characterクラスには、文字の種類を判定するためのstaticメソッドが用意されています。文字の属性はUnicodeコンソーシアムが提供するデータに基づいています。

大文字・小文字 Character.isLowerCase(char)メソッド、他

たとえば、Character.isLowerCase(char)メソッドは、引数によって表される符号位置が小文字かどうかを調べてboolean型の値を返します。

ASCIIの範囲にあるラテンアルファベットだけでなく、ギリシャ文字やキリル文字等も対象となります。`Character.isLowerCase('a')`はもちろんtrueを返しますし、ギリシャ文字を引数に取れば`Character.isLowerCase('α')`はtrue、`Character.isLowerCase('Γ')`(大文字のガンマ)ならfalseです。

では全角形の「a」はどうでしょうか。Shift_JISにおける「2バイトのa」にあたる符号位置は`U+FF41`です。`Character.isLowerCase('\uff41')`はtrueを返します。いわゆる「全角文字」にも大文字・小文字の区別を返すわけです。

それなら平仮名の小書きの「ぁ」はどうでしょうか。`Character.isLowerCase('ぁ')`はfalseを返します。この文字は「小文字」の範疇には入っていないようです。

小文字の反対、大文字かどうかを調べるのはCharacter.isUpperCase(char)メソッドです。使い方はisLowerCase( )メソッドと同様です。

もう一つ、Character.isTitleCase(char)というメソッドもあります。UnicodeにはLJ(`U+01C7`)のように2文字の組み合わせを1文字扱いする文字があります。対応する小文字はlj(`U+01C9`)のようになりますが、文頭で最初の文字だけを大文字にする場合、Lj(`U+01C8`)のような形になります。この形を、**タイトル文字**(titlecase)と呼んでいます。

大文字や小文字は互いに変換するメソッドが用意されています。Character.toUpperCase(char)メソッドを使えば大文字に変換されます。同様にtoLowerCase(char)やtoTitleCase(char)メソッドもあります。

大文字・小文字変換のためには、StringクラスのtoUpperCase( )メソッドやtoLowerCase( )メソッドも使えます。これらのメソッドは、Characterクラスの同名のメソッドとは挙動が異なることがあります。

たとえば、ドイツ語で使われるß(エスツェット)という文字を、CharacterクラスとStringクラスのそれぞれのメソッドを使って大文字に変換してみます。

```
char c = Character.toUpperCase('ß'); ←ßは\u00df
String str = "ß".toUpperCase();
```

同じ文字を大文字に変換しているのだから同じ結果になるかというと、そうはなりません。1行めはメソッドの引数と同じ値が変数cに入ります。つまり、変換はされません。一方、2行めの実行結果としては変数strに"SS"という2文字が入ります。ドイツ語では一般的にßの大文字はSSとして扱われるのでこういう結果になるのです[注2]。

また、言語に応じて、同じ文字に対しても大文字・小文字の扱いが変わることがあります。トルコ語では、ラテン小文字iに対応する大文字としてIではなく、「Iの上に点の付いた文字」が使われ、一方ラテン大文字Iに対応する小文字としてiではなく「点のないi」が使われます。Stringクラスのメソッドでは、ロケールに応じて適切な大文字・小文字の対応規則を用います。

```
Locale turkish = new Locale("tr");                    ←トルコ語ロケール
System.out.println("i".toUpperCase(Locale.JAPANESE)); ➡I
System.out.println("i".toUpperCase(turkish));         ➡点付きのI
System.out.println("I".toLowerCase(Locale.JAPANESE)); ➡i
System.out.println("I".toLowerCase(turkish));         ➡点なしのi
```

数字・文字　Character.isDigit(char)メソッド

与えられた符号位置が数字かどうかを判定するのがCharacter.isDigit(char)メソッドです。ここで「数字」とはASCIIにある`0`〜`9`だけでなく、アラビア

注2　2017年に、1文字でßの大文字を表す「ẞ」(U+1E9E)も、「SS」とともにドイツ語の正書法として認められるようになったとのことです。Javaではẞを小文字に変換するとßになりますが、逆の変換はありません。

文字における数字[注3]や、デーヴァナーガリー文字(インドの文字)における数字なども該当します。全角形の数字もやはり対象となります。漢数字一、二、〇(漢数字ゼロ)等は対象になりません。

Character.isLetter(char)メソッドは、一般的な文字かどうかを判定します。ここでいう一般的な文字とは、記号や数字ではない、言語表記のための文字を指します。あ、A、α、山、などに対してはtrueを返します。1のような数字や∞(無限大)のような記号にはfalseを返します。々(繰り返し)、〆(しめ)はtrueとなりますが、〃(同じく記号)はfalseです。オングストローム記号U+212B[注4]やマイクロ記号U+00B5[注5]に対してはtrueを返します。

Unicodeブロック　Character.UnicodeBlockクラス

Unicode仕様は、ある程度の連続した符号位置のまとまりを**ブロック**として定義しています。平仮名のブロック、片仮名のブロック、ハングルのブロック、といった具合です。それぞれのブロックには文字名と同じように名前が付いています。平仮名「あ」(U+3042)はHiraganaブロックに属します。

JavaのCharacter.UnicodeBlockクラスは、こうした文字ブロックを表すクラスです。このクラスにはUnicodeの符号位置を引数にとるofというstaticメソッドが定義されており、引数が属するUnicodeブロックを返します。各ブロックはCharacter.UnicodeBlockクラスの定数として定義されています。たとえば、Character.UnicodeBlock.BASIC_LATINはUnicodeのBasic Latinブロックを表します。Basic LatinブロックはASCIIに相当する範囲、U+0020〜U+007Eです。

ofメソッドを使って、Character.UnicodeBlock.of('A')と引数を与えると、返す値はBasic Latinブロックを表す定数BASIC_LATINです。以下、煩瑣(はんさ)を避けるため、ブロックの定数はクラス名の修飾なしに表記します。

いくつか例を示します。

❶Character.UnicodeBlock.of('山')➡CJK_UNIFIED_IDEOGRAPHS

❷Character.UnicodeBlock.of('あ')➡HIRAGANA

❸Character.UnicodeBlock.of('ア')➡KATAKANA

注3　いわゆる「アラビア数字」(0〜9)とは別物です。

注4　上リング付きのラテン文字Å(U+00C5)と同じ形。

注5　ギリシャ文字μ(U+03BC)と同じ形。

❹Character.UnicodeBlock.of('α')➡GREEK

❺Character.UnicodeBlock.of('\uFF21')

➡HALFWIDTH_AND_FULLWIDTH_FORMS

❻Character.UnicodeBlock.of(0x28277)

➡CJK_UNIFIED_IDEOGRAPHS_EXTENSION_B

❺の例の引数はいわゆる全角のAです。❻の例は𨉷(しかた)という漢字の符号位置の整数を引数として与えており、結果としてUnicodeの面02のCJK統合漢字拡張Bを意味するブロックが返っています。

一見、文字の種類が返されているようにも見えますが、必ずしもそうとはいえません。たとえばCharacter.UnicodeBlock.of('÷')はLATIN_1_SUPPLEMENTを返します。÷という記号がたまたまLatin-1に含まれていて、かつUnicodeがLatin-1をそっくりコピーしているため、文字の種類とは無関係なブロック名になっているのです。ブロックはあくまでもコード配列上の所属を示すだけです。

3.7節で、Unicodeの互換漢字の領域に互換漢字でない漢字が12文字含まれていることを紹介しました。これに該当する漢字﨏(さこ、U+FA0F)を上記のofメソッドに与えると、結果はCJK_COMPATIBILITY_IDEOGRAPHSを返します。この符号位置の属するブロックが互換漢字のブロックであるためこの値になりますが、U+FA0Fは定義上、互換漢字ではなく統合漢字だとされています。ブロックの値からだけでは、文字の種類が正確にわかるわけではないという例です。

■——サロゲートペアにまつわる問題　char単位で文字を扱うメソッド

JDK 1.4まではUnicodeのサロゲートペアへの対応はとくになされていませんでしたが、JDK 1.5でサロゲートを処理するためのメソッドが追加され、以降のバージョンではサロゲートペアに対応しています。まずは、問題の背景を見てみましょう。

Stringクラスによって表される文字列はchar型の配列のようなもので、文字にアクセスするメソッドは基本的にchar型の単位で文字を扱います。

例として、以下のようなリスト7.1があったとしましょう。ちなみに、例中の小網代(こあじろ)は神奈川県にある地名です。

変数strの中身は漢字3文字(リスト7.1❶)ですから、リスト7.1❷の変数lengthには、文字列の長さとして期待通りに3が入ります。リスト7.1❸の変数indexには2文字めを表すインデックスとして1が、リスト7.1❹の変数secondCharには2文字めの漢字「網」のchar値0x7DB2が格納されます。変数secondCharは、このままStringBuilderオブジェクトに追加などすればもちろん漢字「網」の意味で扱われます。

しかしながら、リスト7.1の方法ではサロゲートペアがあるとうまくいきません。サロゲートの必要な漢字𩸕(U+29E15、JIS X 0213の2面93区57点)を文字列に含む、リスト7.2のようなコードがあったとします。文字列が異なるだけで、処理内容は上と同じです。例中の𩸕網代(きびなごあじろ)は長崎県の五島列島にある地名です。

漢字3文字だからリスト7.2❶の変数lengthの値は3になるかと思えば、この場合は4になります。サロゲートペアの上位下位がそれぞれ1ずつカウントされるからです。また、「網」は2文字めにあるからリスト7.2❷の変数indexの値は1になるかと思えば、この場合は2になります。2文字めを取るつもりのリスト7.2❸のsecondCharは、1文字め「𩸕」の下位サロゲート0xDE15を取ってしまいます。下位サロゲートだけでは当然、正当な文字になりません。

リスト7.1　サロゲートペアなしの例

```
String str = "小網代";  ←❶変数strに文字列を代入
int length = str.length();  ←❷strのlength()の呼び出し結果をlengthに代入
int index = str.indexOf("網");  ←❸strの中で"網"が最初に出現する位置をindexに代入
char secondChar = str.charAt(1);  ←❹strの先頭から2番めの文字をsecondCharに代入※
```

※ 引数は、0が文字列先頭を意味するので、1が2文字めを表す。

リスト7.2　サロゲートペアありの例

```
String str = "𩸕網代";  ←𩸕は\ud867\ude15
int length = str.length();  ←❶
int index = str.indexOf("網");  ←❷
char secondChar = str.charAt(1);  ←❸
```

リスト7.2は、char単位で処理するメソッドを迂闊(うかつ)に使うと間違いの元になるということを意味します。かつてJavaが誕生した頃は、まだUnicodeにサロゲートペアがなかったため、こうした問題は発生しませんでした。初期のJavaに対応するUnicodeのバージョンは、BMPにしか文字がない1.1(1993年)や2.0(1996年)です。その後、Unicode 3.1(2001年)からBMP以外の面に文字が配置されるようになったため、Javaも本格的にサロゲートペアに対応しなければならなくなりました。

サロゲートペアへの対応　charからintへ

続いて、サロゲートペアの問題に対して、取られた対策を見てみましょう。

既存のAPIと整合性を保ちつつサロゲートペアに対応するために、引数や戻り値としてchar型で符号位置を表すようなメソッドに対して、同じ機能を持ちながらint型で符号位置を表現するメソッドが追加されました。この追加はJDK 1.5で行われています。

たとえば、char型を返すcharAt( )メソッドに対しては、int型を返すcodePointAt( )メソッドが新設されました。int型とすることによって、サロゲートペアによって表現される符号位置の値そのものを返すことができます(図7.2)。ただし、codePointAt( )の引数のインデックスが指す箇所が下位サロゲートの場合は、下位サロゲートの値そのものが返ります。

また、String#length( )に対して新設されたString#countCodePoint( )メソッドを使うと、サロゲートがある場合も1つの符号位置を正しく認識して数えます。前出のリスト7.2の例で❶行のstr.length( )に代えてstr.countCodePoint( )を実行すると、文字数(正確には符号位置の数)に対応する値3を返

図7.2　符号位置を返すメソッド

文字	A	B	C	𩸕	
char値	0041	0042	0043	D867	DE15
符号位置	0041	0042	0043	29E15	

- char値を返すメソッド:charAt(3) ➡ 0xD867
- 符号位置(int)を返すメソッド:codePointAt(3) ➡ 0x29E15

します。ただし、結合文字がある場合はlengthメソッド同様に結合文字を1つの符号位置と数えるため、一般的な意味における文字の数には対応しません。あくまでも、符号位置の数を返すメソッドです。**図7.3**にサロゲートや結合文字があるときの例を示します。ここでU+309Aは合成用の半濁点なので、表示上は前の文字「か」と合成されて1文字になります。

前述のCharacterクラスにおける文字種別の判定のためのメソッドisDigit()等にも、int型の引数を取るものが追加されています。

charは「文字」ではありません。サロゲートペアを用いる場合は当然として、結合文字を用いる場合もやはり、人が普通に1文字と認識する単位とは一致しません。「が」という1文字を「か」(U+304B)と合成用濁点(U+3099)で表すならば、それぞれが1つのcharに対応します。

Characterやcharという名前の付いている型が文字でない、といわれても納得がいかないかもしれません。実際のところ、JDKのドキュメント自身、サロゲート対応前のバージョンではcharを文字だといっていたのですが、サロゲート導入以降はいわなくなったようです[注6]。

現在は、charは文字でもなければ符号位置とも一致せず、**コード単位**(*code unit*)という位置付けが与えられています。文字データの構成単位、という程度の意味しか持たないと解釈できます。

注6　たとえば、JDK 1.3のドキュメントのString#charAt()の説明には「指定されたインデックス位置にある文字を返します」と書いてあります。ところが、JDK 6の同じメソッドの説明では「指定されたインデックス位置にあるchar値を返します」と、「文字」が「char値」に変わっています。

図7.3　文字列の長さを返すメソッドとサロゲートと結合文字

文字	A	B	C	𩸕		か	゚
char値	0041	0042	0043	D867	DE15	304B	309A
符号位置	0041	0042	0043	29E15		304B	309A

- length() ➡ 7
- countCodePoint() ➡ 6
- 文字の数 ➡ 5

入出力における文字コード変換

Unicodeを内部コードとして用いるJavaでは、ファイルやネットワークとの入出力においては文字コード変換が必要になります。

■—— Reader/Writerクラスによる変換

ファイル入出力にはjava.ioパッケージのFileReader/FileWriterクラスを用いると、簡便にコード変換をしながら文字列を読み書きできます。ほとんどコード変換を意識せずに使うことができます。

たとえば、**リスト7.3**のようなプログラムです。ファイル`text.txt`から文字列を1行ずつ読み込んで標準出力に書き出します。ここで`test.txt`は、プラットフォームのデフォルトの文字コードによって符号化されているものとします。ファイルから読み込む際にデフォルトの文字コードからUnicodeに変換されます(リスト7.3❶)。また、System.out.println( )メソッドで標準出力に出力する際にも今度はUnicodeからデフォルトの文字コードへの変換がなされます(リスト7.3❷)。

リスト7.3　FileReader/FileWriterクラスの使用例

```
import java.io.BufferedReader;  ←import文はクラスをパッケージ名の修飾なしに使うための宣言
import java.io.FileReader;
import java.io.IOException;

public class ReaderWriterTest {  ←クラス定義の開始
  public static void main(String[] args) {  ←メソッド定義の開始
    try {
      BufferedReader r = new BufferedReader(new FileReader("test.txt"));
        ↑ファイル"test.txt"を読むためのFileReaderオブジェクトを生成し、
                    それを使ってBufferedReaderオブジェクトを生成して変数rに代入
      for (String line = r.readLine(); line != null;
        line = r.readLine()) {  ←❶rから1行ずつlineに読み込んで以下「}」までを繰り返す
        System.out.println(line);  ←❷lineの内容を標準出力に出力
      }
      r.close();  ←rを閉じる
    } catch (IOException e) {  ←入出力でエラーがあれば...
      e.printStackTrace();  ←エラー内容を出力する
    }
  }
}
```

FileReader/FileWriterを利用した方法には、利点と欠点がそれぞれあります。

利点としては、何も考えなくとも一般的なテキストファイルを読み書きできることが挙げられます。外国での利用など、どのような文字コードが使われているか不明な場合でも、システム標準の文字コードが使われている限りは問題なく動作します。システム標準の文字コードに従うのでなく、特定の文字コード、たとえばLatin-1に決めうちしたプログラムになっていると、日本に持ってきたときに日本語のShift_JIS等のファイルがまったく読めないことになります。

その半面、システム標準以外の文字コードが扱えない欠点があります。ロケールがEUC-JPやUTF-8のLinuxプラットフォームでShift_JISのテキストファイルを読み込みたいといった場合、リスト7.3はうまく機能しません。

■――文字コードを指定した入出力　InputStreamReader/InputStreamWriterクラス

文字コードを指定して入出力するには、InputStreamReaderならびにInputStreamWriterクラスを用います。これらのクラスは、文字列を読み書きするReader/Writer系とバイトのストリームを扱うInput/OuputStream系の橋渡しを行います。

リスト7.4のプログラムは、Shift_JISで符号化されたファイル`test-sjis.txt`から1行ずつ読み込んで標準出力に書き出します。

InputStreamReaderクラスのコンストラクタ呼び出しで、FileInputStreamオブジェクトとともに、「SJIS」という文字コードの名前を与えています(リスト7.4❶)。これによって、InputStreamによって読み込むストリームがShift_JISとして解釈されるべきことを示します。この方法によって、システム標準以外の文字コードが使われている場合でも対処できます。

なおリスト7.4では文字コードの名前をハードコードしていますが、利用者が選んで指定できるようにすれば、さまざまな文字コードに対応可能です。

■――Javaで扱える文字コード

Javaは世界のさまざまな文字コードを扱うことができます。ただし、Java

においてはさまざまな文字コードをそのまま処理するのではなく、Unicodeに変換して扱うことになります。したがって、Javaが扱える文字コードというのはすなわち「Unicodeとの変換ルーチンをJavaが持っている文字コード」という意味にほかなりません。

Javaで扱える文字コードの一覧はJDKのドキュメントに含まれています。たとえば、JDK 8の場合には「国際化」のセクションの中の「サポートされているエンコーディング」[注7]に列挙されています。

日本で使う機会の多いものを挙げると、以下のとおりです。名前を2つ列挙しているものは、前者が、元々のJava APIで使われる名前、後者がJDK 1.4で追加されたjava.nio APIで使われる名前とされています。後者は、IANAの登録簿と同じ形式と考えてよいでしょう。後者の名前が一般的に通用しやすく、前者はJava独自の名前とみなすこともできます。

- UTF8/UTF-8
- UTF-16

注7 URL https://docs.oracle.com/javase/jp/8/docs/technotes/guides/intl/encoding.doc.html

リスト7.4 InputStreamReaderクラスの使用例

```
import java.io.BufferedReader;
import java.io.FileInputStream;
import java.io.IOException;
import java.io.InputStreamReader;

public class ShiftJISReaderTest {
  public static void main(String[] args) {
    try {
      InputStreamReader isr = new InputStreamReader(
        new FileInputStream("test-sjis.txt"), "SJIS");
        ↑❶ファイル"test-sjis.txt"を読むためのFileInputStreamオブジェクトを生成し、
                それと文字列"SJIS"とを使ってInputStreamReaderを生成し変数isrに代入
      BufferedReader r = new BufferedReader(isr);   ←isrを使ってBufferedReaderオブ
                                                      ジェクトを生成し、変数rに代入
      for (String line = r.readLine(); line != null;
        line = r.readLine()) {   ←rから1行ずつlineに読み込んで以下の「}」までを繰り返す
        System.out.println(line);   ←lineの内容を標準出力に出力
      }
      r.close();
    } catch (IOException e) {
      e.printStackTrace();
    }
  }
}
```

- EUC_JP/EUC-JP
- ISO2022JP/ISO-2022-JP
- SJIS/Shift_JIS
- x-SJIS_0213 ←JavaにおけるShift_JIS-2004の名称
- MS932/windows-31j
- ISO8859_1/ISO-8859-1
- JISAutoDetect

最後のJISAutoDetectは、Shift_JIS/EUC-JP/ISO-2022-JPを自動判別して読み込むものです。読み込み専用となっており、出力には使えません。

■――プラットフォームのデフォルトの文字コードを得る

プラットフォームのデフォルトの文字コードとして何が使われているかは、次のようにして知ることができます。

```
System.getProperty("file.encoding")
```

たとえば、UTF-8を用いるUbuntuであれば、上のメソッド呼び出しの結果として文字列"UTF-8"が得られます。ただし、この方法はJDKのドキュメントに記載されているものではなく、実装依存です。

java.nio.charset.Charsetクラスを用いた次の方法でも、デフォルトの文字コードを得られます。

```
Charset.defaultCharset()
```

結果はCharsetオブジェクトとなります。文字列表現を得たければ、このメソッドの結果に対してdisplayName( )メソッドまたはname( )メソッド、ないしはtoString( )メソッドを呼び出します。

■――デフォルトの文字コードを指定する

Java起動時のオプション指定により、デフォルトの文字コードを変更できます。これにより、Reader/Writerクラスで用いられるデフォルトの文字コードをOS標準のものから変えることができます。下記の例は、OSの種類によらず、UTF-8をデフォルトの文字コードに指定します。Shift_JIS(MS932)を用いるWindows上でもUTF-8で入出力します。

```
java -Dfile.encoding=UTF-8 MyClass
```

プロパティファイルの文字コード

プロパティファイルは、文字列をソースプログラムにハードコードせずに外出しするのに使われます。次の例のように<キー>=<値>という形式をしています。

```
message.welcome=Welcome to our application
message.bye=See you...
warning.filenotfound=File not found
```

ところが、プロパティファイルは、ISO/IEC 8859-1にしか直接は対応していません。漢字などは、そのまま書くことができません。

ISO/IEC 8859-1にない文字については、先に説明した**Unicodeエスケープ**を用いる必要があります。たとえば「山」という漢字(U+5C71)ならば\u5c71のように記します。

■—— native2ascii

Shift_JISやUTF-8等の文字コードとプロパティファイルのUnicodeエスケープ記法との間で変換するのに、**native2ascii**というJDKに付属するツールが使われます。

リスト7.5　TestResources_ja.properties.utf8

```
message.welcome=ようこそ
message.bye=さようなら
warning.filenotfound=ファイルがありません
```

たとえば、**リスト7.5**の内容を含む日本語メッセージ集TestResources_ja.properties.utf8というファイルをUTF-8で作成したとします。

リスト7.5のファイルは、そのままではプロパティファイルとして使用できません。そこで、以下のようにnative2asciiでUnicodeエスケープに変換します。

```
$ native2ascii -encoding UTF-8 TestResources_ja.properties.utf8 \
> TestResources_ja.properties
```

-encodingオプションで、変換元の文字コード(UTF-8)を指定します。続けて、入力元・出力先それぞれのファイル名を指定します。生成されたTestResources_ja.propertiesの中を見ると、**リスト7.6**のようになっています。この形式ならば、プロパティファイルとして用いることができます。

元に戻す、つまりUnicodeエスケープから普通のテキストファイルに変換するには、native2asciiを-reverseオプション付きで実行します。

■——プロパティエディタ　プロパティファイル編集用のツール

native2asciiを通した後のプロパティファイルは、漢字や仮名の部分が人に読めない形式なので不便です。編集し直すには変換前のファイルを保存しておくか、native2asciiで逆変換してから編集するかしなければなりません。

このような不便さを解消するため、Eclipseのプラグインとして使えるツール「プロパティエディタ」が開発されています[注8]。プロパティエディタを用いると、Eclipseでプロパティファイルを編集するときに、漢字や仮名を直接書いているかのような操作が可能です。ファイルの入出力にはUnicodeエスケープとして符号化・復号されるのですが、画面上はUnicodeエスケープを解釈した文字が表示されるのです。いちいちnative2asciiコマンド

注8　URL http://propedit.sourceforge.jp/

リスト7.6　TestResources_ja.properties

```
message.welcome=\u3088\u3046\u3053\u305d
message.bye=\u3055\u3088\u3046\u306a\u3089
warning.filenotfound=\u30d5\u30a1\u30a4\u30eb\u304c\u3042\u308a\u307e\u305b\u3093
```

を自分で起動して変換する必要はなくなります。

■——XML形式のプロパティファイル

JDK 1.5からは、プロパティファイルをXML形式で記述することも可能になっています。XMLは、前章で説明のとおり、符号化宣言を適切に設定すればどんな文字コードでも使えます。XML形式を使えば、Unicodeエスケープは不要になります。

java.util.PropertiesクラスのloadFromXML(InputStream)メソッド、storeToXML(OutputStream, String, String)メソッドが、それぞれXML形式プロパティファイルの読み書きを行うメソッドです。storeToXMLメソッドの3つめの引数が、文字コードの名前です。省略して、引数2つの形式にするとUTF-8で保存されます。

■——Propertiesクラス

プロパティファイルの読み込みには、java.util.Propertiesクラスが使われます。java.util.Propertiesクラスには、JDK 6から、Reader/Writerクラスを用いるメソッドが追加されました。それぞれload(Reader)メソッドとstore(Writer, String)メソッドです。これらのメソッドを用いると、Reader/Writerオブジェクトを与えることにより、任意の文字コードで符号化されたプロパティファイルを読み書きできます。したがって、Unicodeエスケープは不要になり、`native2ascii`を使う必要ももはやありません。

■——リソースファイル　プロパティファイルを国際化のために用いる

プロパティファイルの重要な用途として、国際化のために用いる「リソースファイル」があります。ロケールごとの文字列を、日本語用、英語用、中国語用等に分けて持っておき、実行時のロケールに応じて適切なものを選ぶという機構です。先に掲げたプロパティファイルの例も、リソースファイルとして用いることを意識しています。

しかし、前述のXML形式のプロパティファイルやReaderクラスによるプロパティの読み込みは、そのままではリソースファイルの読み込みに使うことができません。JDK 8まではUnicodeエスケープの形式を用いる必要があります。

JDK 9では、リソースファイルのデフォルトの文字コードがUTF-8へと変更になりました。これによりnative2asciiやプロパティエディタといったツールを使う必要がなくなります。

JSPと文字コード

JSP(*JavaServer Pages*)は、HTMLに埋め込んだJavaプログラムがサーバ側で動作してWebページを動的に生成するしくみです。ここではもっぱらJSPを取り上げますが、考え方はServletでも同じです。

■――pageディレクティブによる指定

JSPではHTTPプロトコルを通じてWebクライアントにHTML文書を送信するので、6.2節で触れたHTTPによる文字コード指定のしくみが必要となります。つまり、JSPが送信するHTTP応答ヘッダのContent-Typeフィールドにcharset指定がなされればよいことになります。

Content-Typeに、適切にcharsetを指定するためのしくみがJSPには備わっています。JSPページ先頭に記述するpageディレクティブのcontentType属性で指定します。

たとえば、JSPがEUC-JPで符号化されている場合には、**リスト7.7**のように書けば、ヘッダのContent-Typeに反映されます。HTTPヘッダにcharsetが付くので、HTMLの中にmetaタグで文字コード指定を記すことはしていません。

リスト7.7の例では、JSP自体の符号化に用いた文字コードと出力する文字コードとが同じEUC-JPであることを前提にしています。しかし、JSPと出力とで異なる文字コードを用いたいこともあるでしょう。そのときには、pageディレクティブの中でpageEncoding属性を用いると、出力の文字コードとは別に、JSP自体の文字コードを指定できます。

リスト7.8の例では、JSP自体がEUC-JPで符号化されており、HTTPで送るときにはShift_JISを用います。HTTPヘッダにはcharset=Shift_JISという指定が付きます。

■——Windowsの場合の問題 MS932変換表とSJIS変換表

日本語版Windowsの場合、Javaのデフォルトの文字コードはMS932(Windows-31J)となります。これは基本的に、Shift_JISにWindowsの機種

リスト7.7 pageディレクティブのcontentType属性

```
<%@ page language="java" contentType="text/html; charset=EUC-JP" %>
<!DOCTYPE html PUBLIC "-//W3C//DTD HTML 4.01//EN">
<html lang="ja">
 <head>
  <title>JSPの例</title>
 </head>
 <body>
  <h1>JSPの例</h1>
  <% int i = 0; %>
  <p><%= i++ %></p>
  <p><%= i %></p>
  <p>以上。</p>
 </body>
</html>
```

リスト7.8 pageディレクティブのpageEncoding属性

```
<%@ page language="java" contentType="text/html; charset=Shift_JIS"
   pageEncoding="EUC-JP" %>
<!DOCTYPE html PUBLIC "-//W3C//DTD HTML 4.01//EN">
<html lang="ja">
 <head>
  <title>JSPの例</title>
 </head>
 <body>
  <h1>JSPの例</h1>
  <% int i = 0; %>
  <p><%= i++ %></p>
  <p><%= i %></p>
  <p>以上。</p>
 </body>
</html>
```

依存文字を追加したものです。しかし厄介なことに、単なる文字の追加以外の相違点も存在します。機種依存文字でない部分、つまりJIS X 0208にあるいくつかの記号について、Unicodeへの変換表がShift_JISのものと異なっているのです。このことが、一部の記号の文字化けの原因となっています。以降では、MS932を指定したときのUnicode変換の定義を「MS932変換表」、同様にSJISを指定したときのUnicode変換の定義を「SJIS変換表」のように呼びます。

よく問題になる例　～(波ダッシュ)

よく問題になるのがShift_JISのコード値`8160`(JIS X 0208の1区33点)の～(波ダッシュ)です。この記号はJIS X 0208の定義ではWAVE DASH、すなわちUnicodeの符号位置`U+301C`に対応します。JavaのSJIS(Shift_JIS)の変換表ではこの定義のとおりに変換しますが、MS932変換表を用いると`U+FF5E`(FULL WIDTH TILDE)に変換します。この変換表の相違が文字化けの元です。

文字化けの例を示します。**リスト7.9**のJSPは、Shift_JISで符号化されたファイル`test-sjis.txt`の1行めを読み込み、HTMLに埋め込んで出力します。`test-sjis.txt`の1行めが「営業時間は9:00～17:00」と書かれていると、～が文字化けして?に変わってしまいます(**図7.4**)。リスト7.9では簡単のため読み込んだファイルの内容をそのまま出力していますが、実用的なプログラムではHTMLの特殊文字をエスケープする処理が必須です。

ポイントは、InputStreamReaderのコンストラクタに文字コードの名前としてMS932を与えているところです。日本語版Windowsでは、この値がデフォルトなので、InputStreamReaderを使わずに単にFileReaderを使ってデフォルトの文字コードを用いた場合と同じ意味になります。

この文字化けのメカニズムを説明しましょう。Shift_JISで符号化されたファイルにおいて、波ダッシュ「～」はコード値`8160`に符号化されています。それをJavaプログラムでMS932変換表に従ってUnicodeに変換して取り込むと、`U+FF5E`になります。それを今度はJSPにおいてSJIS変換表を用いてShift_JISに変換してHTTPから送り出そうとすると、SJIS変換表には`U+FF5E`というUnicode符号位置は対応するものがないので(なぜなら、波ダッシュは`U+FF5E`でなく`U+301C`なので)、意図通りに変換できず、文字化けという結果になってしまうのです(図7.5)。

開発者から見た印象としては、JSPでShift_JISを指定したら文字化けした、というように映ります。本当は入力にMS932が使われているからなのですが、FileReaderのように明示的な文字コード指定をしない場合はMS932を使っていることが意識されません。

リスト7.9　文字化けの確認ファイル

```
<%@ page language="java" contentType="text/html; charset=Shift_JIS"
  import="java.io.*" %>
<!DOCTYPE html PUBLIC "-//W3C//DTD HTML 4.01//EN">
<html lang="ja">
 <head>
  <title>JSPの例</title>
 </head>
 <body>
   <%
     InputStreamReader isr = new InputStreamReader(
         new FileInputStream(application.getRealPath("test-sjis.txt")),
         "MS932"); ←文字コードにMS932を指定してファイルを読むためのオブジェクトを生成
     BufferedReader r = new BufferedReader(isr);
       ↑ファイルを効率的に読み込むためのオブジェクトを用意
     String line = r.readLine();  ←1行読み込んで変数lineに代入
     r.close();
   %>
  <p><%= line %></p>
 </body>
</html>
```

図7.4　JSPの出力が文字化けしている画面

営業時間は9:00?17:00

図7.5　変換表の違いによる文字化けのしくみ

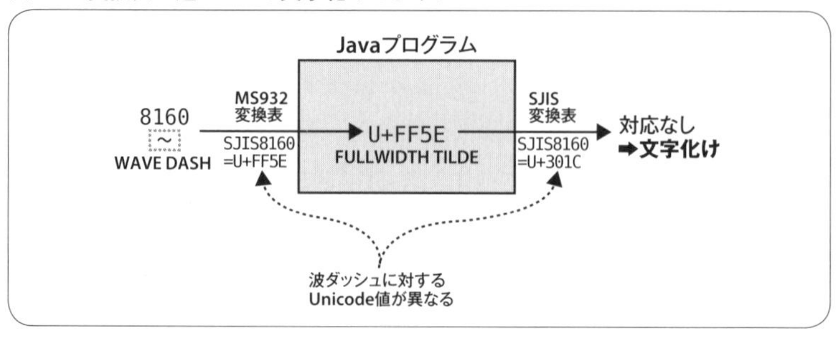

■——3つの対処法　入力/出力におけるUnicode変換の食い違いを解消する

上記の問題への対処法は、3通りあります。要点は、入力と出力とにおけるUnicode変換の食い違いを解消することです。

❶ファイル等からの入力時の変換を、SJIS変換表に揃える
❷出力のときに、Shift_JISでなくMS932変換表(Windows-31J)を使う
❸JavaプログラムでU+FF5EをU+301Cに置換したうえでSJIS変換表で出力する

❶入力時の変換を、SJIS変換表に揃える

❶の方法は、Reader系のクラスやJavaソースファイルから変換するときにMS932ではなくSJIS変換表を使うようにするということです。前出の例題では、JSPの中の「MS932」を「SJIS」に変更します。この変更を施して実行した結果の画面を**図7.6**に示します。この方法ならばJSPの出力charset指定は標準のShift_JISでよく、文字化けもしません。**図7.7**がそのしくみです。

SJIS変換表の使用は、EUC-JPやISO-2022-JPの変換表と整合しているという点でも有利です。入力時にMS932変換表によって変換した結果のUnicode文字列をISO-2022-JPやEUC-JPに変換すると〜などが文字化けし

図7.6　入力にSJIS変換表を用いたことで正しく表示された画面

営業時間は9:00〜17:00

図7.7　変換表を揃えることによる文字化けの解消

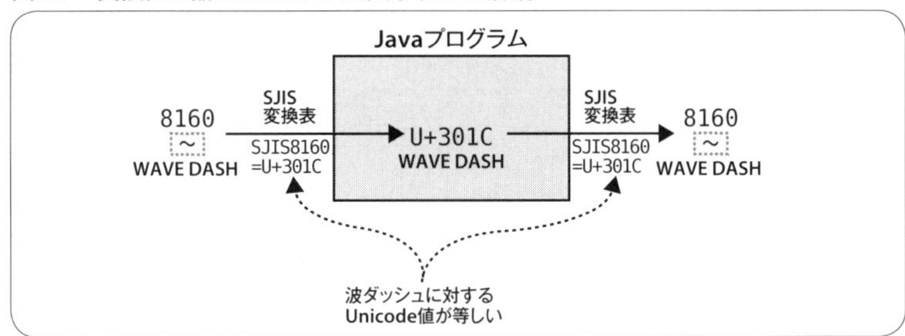

ますが[注9]、SJISを使えばそのようなことはありません。**図7.8**にしくみを図示します。図7.8の中の破線の経路をたどると文字化けという結果になりますが、実線の経路をたどれば文字化けしません。

❷MS932変換表を使う

❷のMS932変換表を使う（Windows-31Jを指定する）方法は手軽であり、Web上の解説記事で紹介されていることがあるのですが、問題もあります。❷の方法を使うと、HTTPにおいて指定されるcharsetとしてWindows-31Jが使われます。

Windows-31JはJIS X 0208の空き領域に独自に文字を追加したベンダー固有のコード（機種依存文字）なので、標準の遵守という点からは望ましくないのです。IANAの登録簿でも、Windows-31Jは限定的あるいは特別な使用のためのものである旨が記されています[注10]。Shift_JISというcharset名

注9　EUC-JPの場合、U+FF5Eが（元のJIS X 0208の波ダッシュではなく）JIS X 0212のチルダに対応付いて8F A2 B7という3バイトに変わるので、ブラウザがEUC-JPの補助漢字に対応しているときに限り波形に表示されます。Internet Explorerは対応しておらず、文字化けします。

注10「limited or specialized use」と記されています。

図7.8　MS932とEUC-JP、ISO-2022-JPの間の文字化けとその対処

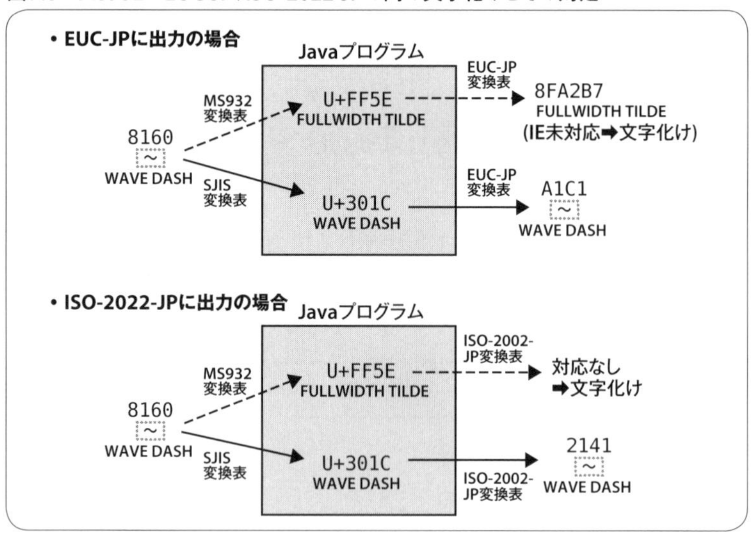

は非常に普及しており古くから実績がありますが、Windows-31Jはそうではなく、ソフトウェアによっては認識しないかもしれません。また、入力がMS932のため、EUC-JPやISO-2022-JPに出力した場合は図7.8のように文字化けします。

❸Javaプログラムで置換したうえでSJIS変換表で出力する

❸の方法は、入力がMS932変換表で入ってきたとしても、自分で値を置き換えてSJIS変換表で問題がないようにする方法です。

変換表自体を取り替えるのでなく、Unicodeに変換された後の値を操作するということです。具体的には、文字列の中の`U+FF5E`を`U+301C`に置換します。その他の問題になる文字(次章で扱います)についても同様に置換してから出力します。

＊　＊　＊

上記3通りの対処法の概念図を**図7.9**にまとめました。

この問題は、次章において「波ダッシュ問題」として詳しく取り上げます。

文字コード変換器の自作方法

JDK 1.4で追加されたjava.nio.charsetパッケージには、自分で文字コード変換を定義する手段が用意されています。必要となることは滅多にありま

図7.9　WindowsのJSPの問題への考えられる対処法

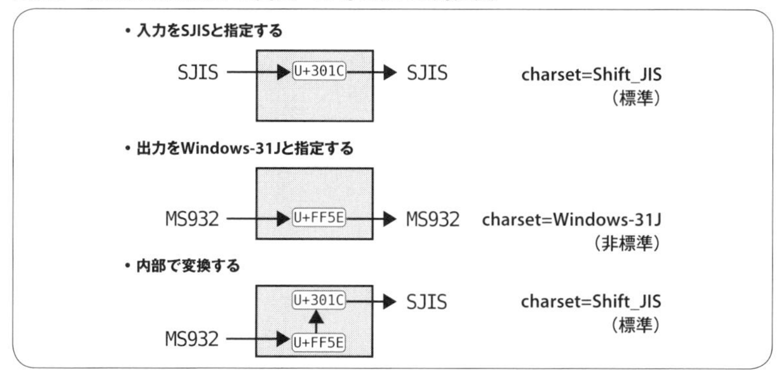

せんが、JDKが対応していない文字コードを使いたいときや、コード変換に不満があるときに利用できます。ここでは概要のみ説明します。詳細は、JDKのAPIドキュメントを参照してください。

自作文字コードの定義は、以下の抽象クラスを用いることで実現します。それぞれのサブクラスを定義し、必要なメソッドを実装します。

- **java.nio.charset.Charset：文字コードの定義**
  Charsetオブジェクトはある文字コードについての情報を保持し、CharsetEncoderやCharsetDecoderの実装クラスを参照して利用する。定義されたCharsetを1つ以上提供するのがCharsetProviderである
- **java.nio.charset.CharsetEncoder：Unicodeから変換する**
  CharsetEncoderの中では、encodeLoop(CharBuffer, ByteBuffer)メソッドを実装することで、入力のUnicodeの列からバイトに変換するルーチンを定義する
- **java.nio.charset.CharsetDecoder：Unicodeへ変換する**
  同様にCharsetDecoderの中では、decodeLoop(ByteBuffer, CharBuffer)メソッドを実装することで、入力のバイト列からUnicodeに変換するルーチンを実装する。以上で文字コードそのものの定義は完了
- **java.nio.charset.spi.CharsetProvider：定義した文字コードを提供するクラス**
  CharsetProviderのサブクラスでは、そのプロバイダが提供するCharset実装クラスを返すように、名前に応じたCharsetオブジェクトを返すcharsetForName(String)メソッドと、提供するCharsetのイテレータを返すcharsets()メソッドとを実装する

上のクラス群を定義したうえで、META-INF/servicesディレクトリにjava.nio.charset.spi.CharsetProviderというテキストファイルを用意し、CharsetProviderの実装クラスを完全修飾名で1行につき1つ記述します。

作成したクラスのクラスファイルとMETA-INF以下のディレクトリとを一緒にjarファイルにパッケージして、jarファイルにクラスパスを通すと、定義した文字コードが使えるようになります。

ソートの問題　テキスト処理❶

ここからは、テキスト処理における文字コード関連でつまずきがちな問題について考えてみます。まずは、ソートの問題から考えてみましょう。

ソートは、頻繁に必要となる処理です。単純にソートした場合はUnicode順にソートされます。以下では、Unicode順によるソートの概要を紹介したうえで、それでは不適当なケースがあることを説明します。そして、各言語に適切な順序で整列することを可能にするCollatorクラスを取り上げます。

文字コードによるソート順

すでに説明のとおり、Javaの内部ではUnicodeによって文字列処理を行います。文字列比較もUnicodeによって行われます。

英数字や平仮名・片仮名のソート順については、Unicodeだからといって問題になることはないでしょう。ASCII相当の文字はASCIIと同じ順序ですし、平仮名や片仮名はJIS X 0208と同様の並び順になっているからです。

ただし、漢字についてはJIS X 0208とまったく異なる並びになります。3.7節で説明したように、Unicodeの漢字は部首の順に並んでいます。このため、Unicode順でソートすると通常、ほとんど秩序を感じない結果となります。

ソートの実例を見てみましょう。**表7.1**の左側の列をソート前のテキストとします。日本語の読みの順に並べています。これをUnicode順にソートすると、右側の列の順になります。何かの順でソートされているとは思いがたいでしょう。

表7.1　Unicode順によるソートの例❶

ソート前	ソート後
応用物理学科	化学科
化学科	史学科
機械工学科	哲学科
建築工学科	地球惑星科学科
史学科	建築工学科
情報工学科	応用物理学科
数学科	情報工学科
地球惑星科学科	数学科
哲学科	文学科
物理学科	機械工学科
文学科	物理学科

Javaでソートするプログラムの断片をリスト7.10に示します。java.util.Collectionsクラスのsortメソッドを用いています。

漢字だけでは読みの情報は得られないので、もし読みの順にソートしたければ、読み仮名の情報を別途設けておくしかありません。

ではUnicode順でソートすることがまったく無意味かというと、用途や状況によってはそうでもありません。表7.2に別の例を示します。

ソートすると、先頭の文字列の同じ項目はまとめて配置されます。多数の選択肢の中から選ぶ場合には、同じ言葉から始まっているものがまとまっていると目的の項目を探しやすくなります。プルダウンメニューなどの選択肢をソートしておくと、たとえUnicode順であっても、使いやすさが向上します。どんな基準であれ、なんらかの基準でソートされていることが意味を持つこともあるということです。

リスト7.10　ソートプログラム（抜粋）

```
List<String> list = new ArrayList<String>(); ←文字列の入るリストを用意しlistに代入
＜中略（listに表7.1の各文字列を入れる）＞
Collections.sort(list); ←listをソート
for (String item : list) { ←listの要素を1つずつ取り出しitemに入れて繰り返す
    System.out.println(item); ←itemの内容（文字列）を標準出力に出力
}
```

表7.2　Unicode順によるソートの例❷

ソート前	ソート後
工学部情報工学科	工学部建築工学科
文学部文学科日本文学専攻	工学部応用物理学科
理学部化学科	工学部情報工学科
工学部機械工学科	工学部機械工学科
理学部物理学科	文学部史学科
文学部哲学科東洋哲学専攻	文学部哲学科東洋哲学専攻
工学部応用物理学科	文学部哲学科西洋哲学専攻
理学部地球惑星科学科	文学部文学科日本文学専攻
文学部文学科英文学専攻	文学部文学科英文学専攻
理学部数学科	理学部化学科
文学部史学科	理学部地球惑星科学科
工学部建築工学科	理学部数学科
文学部哲学科西洋哲学専攻	理学部物理学科

ここではUnicodeの性質の説明のために文字コード順によるソートをしていますが、自然言語のテキストの並び順を判定するには、とくに国際的に使われるプログラムにおいては、Unicode順ではなく以下に紹介するCollatorを使う方法が妥当です。

文字コード順以外によるソートの必要性　言語や国･地域を考慮する

文字コード順のソートでは、言語や国・地域に固有の文化を反映しないことが多くあります。日本語と英語くらいしか扱っていないとあまり実感がわかないのですが、世界の言語を処理するには、文字コード順のソートでは適切でない場合がしばしばあるのです。

たとえば、ドイツ語のテキストをソートするには、ä ö ü ßといった文字の順序を気にする必要があります。これらの文字はUnicodeやLatin-1では小文字zより後に配置されていますが、ドイツ語の並び順としては不適当です。一般的な辞書ではßはssという2文字と同じように扱いますし、ä ö üはそれぞれa o uと同じ位置にきます。つまり、Buchen、Bückeburg、Burghausenはこの順に並び、あたかもウムラウトがないかのように扱います。一方で、ドイツ語にあるのと同じäという文字が、スウェーデン語ではzよりも後にくるという、言語による違いもあります。つまり、文字だけでなく言語も考慮しないと適切な順序は決まりません。

＊　＊　＊

このためJavaでは、ロケールに応じた文字列比較のためのしくみを用意しています。

以下では、Javaが用意しているCollatorクラスを利用して、文字コード順でない、国・地域や言語における文化的に妥当なソートを実現する方法を紹介します。

Collatorクラスの使用

各言語に応じた並び順を実現するには、java.text.Collatorクラスを用います。Collatorクラスはロケールに応じて、言語や国・地域における適切な照合規則を自動的に適用してくれます。さまざまな国・地域で使われるソフトウェアではCollatorによって文字列の大小を決めるのが適当です。

Collatorを使うには、まずCollator.getInstance(Locale)メソッドによってロケールに応じたインスタンスを取得します。引数を省略すると、デフォルトのロケールを指定したことになります。Collator#compare(String, String)メソッドを実行すると、第1引数のほうが小さい(並べたとき先にくる)ならば負の数を、第2引数のほうが小さいならば正の数を、同じならば0を返します。

リスト7.11に、Collatorを使って文字列比較を行う例を示します。同じ文字列の比較でも、ドイツ語とスウェーデン語とで異なる結果になることが確認できます。リスト7.11で、Collatorクラスはjava.util.Comparatorインターフェースを実装しているので、ソートのためによく使われるCollections.sort( )やArrays.sort( )メソッドの第2引数に与えて、ソートの基準として用いることもできます。

漢字については、日本語や中国語や韓国語のロケールでCollatorを用いた場合、それぞれの国の漢字コード規格の並び順が反映されるよう実装さ

リスト7.11　Collatorを使った文字列比較

```
import java.text.Collator;
import java.util.Locale;

public class CollatorTest {
  public static void main(String[] args) {
    ドイツ語ロケールのCollator
    Collator german = Collator.getInstance(Locale.GERMAN);
    ↓ßは\u00df
    System.out.println(german.compare("sr", "ß"));  ➡負数
    System.out.println(german.compare("st", "ß"));  ➡正数
    ↓äは\u00e4
    System.out.println(german.compare("z", "ä"));   ➡正数

    スウェーデン語ロケールのCollator
    Collator swedish = Collator.getInstance(new Locale("sv"));
    System.out.println(swedish.compare("z", "ä"));  ➡負数
  }
}
```

れています。たとえば、日本語ロケールのCollatorを用いると、JDK 8の実装では、漢字はJIS第1〜第4水準それぞれの並び順になります。漢字「亜」と「一」を比較するならUnicode順では「一」が先になりますが、Collatorを使うとJISの順序に従って「亜」の方が先になります。第3水準は第2水準の後にくるようになっており、JIS X 0213の14区や15区にある第3水準漢字が16区から始まる第1水準漢字より前になることはありません。ただし、Unicodeで互換漢字にあたる文字については特別扱いされ、対応する統合漢字と同じになります。第1水準の海(U+6D77)と第3水準の海(U+FA45)は同等とみなされるということです。

同様に、中国のロケールではGB 2312の、韓国のロケールではKS X 1001の、台湾のロケールではBig5の並び順が実装されています。これら東アジア各国・地域の文字コードについては、Appendixで概要を説明していますので参考にしてください。

CollationKeyによる性能改善

Collatorを用いて文字列を比較すると、照合規則を適用するぶん、性能の面からは不利になります。

そこで、ソートのように何度も比較する用途のために、単なるビット単位の比較をするだけで照合規則に従った順序比較を可能にするCollationKeyというクラスが用意されています。CollationKeyのインスタンスを得るにはCollator#getCollationKey(String)メソッドを用います。CollationKey同士を比較することで文字列比較の代わりになります。

比較を1回行うだけならCollationKeyを作らずにCollator#compare( )を使ったほうが速いですが、比較を繰り返す場合はCollationKeyを使うほうが高速とされています。CollationKeyを用いてソートを行う例を**リスト7.12**に示します。

自然な区切り位置の検出　テキスト処理❷

テキスト処理においては、自然な区切り位置の検出も重要なトピックです。しかし、文字列を文字単位に区切ることは、Unicodeにおいては自明ではないという点が問題になります。

文字単位の正しい区切り位置を検出するJava APIを以下では紹介します。

何が問題か　Javaのcharと、結合文字やサロゲートペア

すでに述べたように、Javaのcharは「文字」には必ずしも対応しません。

charの単位が「1文字」であるかのように処理するプログラムは、結合文字やサロゲートペアに出会うと不適当な挙動を示すことになります。

文字列を文字単位に切り出したりカーソル位置を移動するような場合、charを単位にすると、サロゲートや結合文字で表現する1文字に対して2つ(以上)のcharが対応するため、おかしなことになります。

たとえば、文字列の1文字ごとに改行しつつ出力するという処理を考えてみましょう。最も素朴には、文字列を先頭から走査していき、見つけたcharを1つ出力しては改行コードを1つ出力することを繰り返すという手

リスト7.12　CollationKeyを用いたソート

```
import java.text.CollationKey;
import java.text.Collator;
import java.util.Arrays;

public class CollationKeyTest {
  public static void main(String[] args) {
    Collator collator = Collator.getInstance(); ←デフォルトロケール用のCollatorオブジェクトを取得
    ↓ソート対象
    String[] strs = {"dog", "cat", "mouse", "fox", "pig"}; ←ソート対象の文字列の配列を用意

    CollationKey[] keys = new CollationKey[strs.length]; ←CollationKeyの配列を用意
    for (int i = 0; i < strs.length; i++) {
      ↓各文字列に対応するCollationKeyを得る
      keys[i] = collator.getCollationKey(strs[i]);
    }
    ↓CollationKeyはComparableインターフェースを実装している
    Arrays.sort(keys); ←keysをソートする
    for (int i = 0; i < keys.length; i++) { ←keysの個数だけ繰り返す
      ↓CollationKeyに対応する元の文字列を取り出す
      System.out.println(keys[i].getSourceString());
    }
  }
}
```

続きが考えられます。しかしこのやり方では、サロゲートペアが改行によって分離されてしまいますし、結合文字によってアクセント記号などを合成している場合も、基底文字と結合文字とが改行によって泣き別れになってしまいます。

Javaプログラムで文字を意識した処理をきちんと実現するには、2つ以上のcharの組み合わせによって1文字になるケースを適切に取り扱う必要があるのです。

BreakIteratorクラス　適切な区切り位置を検出する

java.text.BreakIteratorクラスには、文字列を、人が通常認識する「1文字」の単位に分解するための機能が備わっています。

BreakIteratorクラスは、文字列の中から適切な区切り位置を検出するためのクラスです。行単位や単語単位など、複数の区切り方に対応しており、その一環として、文字単位の区切り位置も検出できます。サロゲートペアや結合文字を含む文字列に対しても、文字としての区切り位置を正しく認識します。

リスト7.13に、BreakIteratorの動作を示す例を掲げます。リスト7.13の例題を実行した結果が正しく表示されるためには、JIS X 0213の文字を含むフォントが必要です。今日の一般的な環境ではないでしょう。

リスト7.13は、4.3節のUnicodeの符号化方式の説明で用いた例文「そのチェプは鮱」を1文字ずつに分解して、各文字の後にスペースを付加して出力する例です。もしBreakIteratorを用いずに、1つのcharを1文字とみなして間にスペースを挿入してしまうと、「ㇷ゚」の基底文字(ㇷ、U+31F7)と結合文字(合成用半濁点、U+309A)の間や、「鮱」の上位・下位サロゲートの間にもスペースを挟んでしまいます。リスト7.13の例題プログラム自身は、文字列の中にサロゲートや結合文字があるかなどは一切意識していません。BreakIteratorに任せておけば、ユーザープログラムが文字の種類を調べなくとも、適切な区切り位置を知ることができるのです。

リスト7.13　BreakIteratorによる例題

```
import java.text.BreakIterator;

public class BreakIteratorTest {
  public static void main(String[] args) {
    String str = "そのチェ\u31f7\u309aは\ud867\ude3d。";      ←文字列をstrに代入
    BreakIterator bi = BreakIterator.getCharacterInstance();
        ↑文字単位に区切るためのBreakIteratorオブジェクトを取得
    bi.setText(str);      ←区切り対象文字列をbiにセット
    StringBuilder buf = new StringBuilder();      ←結果を格納するためのバッファを用意
    int start = bi.first(); ←最初の区切り位置を得る
    for (int end = bi.next(); end != BreakIterator.DONE;
      start = end, end = bi.next()) {
        ↑最後に達するまで、次の区切り位置を取得することを繰り返す
      for (int i = start; i < end; i++) {  ←前の区切り位置から現在の区切り位置まで繰り返す
        buf.append(str.charAt(i));  ←注目している位置のchar値をバッファに追加
      }
      buf.append(" ");   ←スペースをバッファに追加
    }
    System.out.println(new String(buf));      ←バッファの内容の文字列を出力
  }
}
```

7.2
Ruby 1.8
シンプルな日本語化

本節では、シンプルな日本語化が実現されているRuby 1.8を取り上げます。「Ruby 1.8における文字列」「文字コードの指定」「コード変換ライブラリ」を軸に、順に見ていきましょう。

バージョン1.8までのRubyは、ASCIIが基本

バージョン1.8までのRubyは、ASCIIを基本とした実装に対してEUC-JPやShift_JISへの対応を追加したものです。ASCIIが基本、という側面が色濃く出ています。

Ruby 1.8の文字列

Stringクラスで表されるRuby 1.8の文字列は、実際には単なるバイト列です。内容にアクセスするメソッドはバイト単位の操作であり、EUC-JPやShift_JISなど複数バイト文字があるときでも文字の単位にはなりません。

Rubyには、文字に対応するクラスはありません。Javaのchar型に相当する型もありません。この点は、バージョンによらず同じです。

■──文字列の長さ

String#lengthメソッドは文字列の長さを返します。ここでいう長さとは、文字列のバイト数のことです。したがって、同じ「あ」という1文字からなる文字列でも、EUC-JPの場合なら2、UTF-8の場合なら3が長さとなります。

■──バイト列としての操作

Stringオブジェクトは、あたかも配列のようにstr[2]と添字を付けて文字列の内容にアクセスできます。これはString#[]というメソッドが定義されているためです。

注意すべきは、このメソッドはn番めのバイトを返すメソッドであって、n番めの文字ではないということです。

EUC-JPでstr＝"ab漢字"という文字列オブジェクトがあったとします。このときstr[2]が返すのは、3文字めの「漢」ではなく、3バイトめの0xB4[注11]という数値です。また、参照だけでなく、=を使ってバイト値を置き換えることもできます。次の例のようになります。ここで文字コードはEUC-JPを想定しています。

```
str = "スタート握手" ←変数strに文字列を代入
puts str[6]          ←7バイトめを出力➡165 (0xA5)
str[6] = 0xA4        ←7バイトめを0xA4に書き換える
puts str ➡"スターと握手"
```

注11 EUC-JPによる「漢」(B4C1)の第1バイト。

String#[ ]の挙動はRuby 1.9で変更され、バイトでなく文字単位で処理するようになっています。

■——文字列の操作

前節で説明したJavaはUnicodeを前提にしているため、ASCIIに含まれない文字、たとえばギリシャ文字等に対しても大文字・小文字の判別・変換といったメソッドが対応しています。しかし、RubyはASCIIの範囲にしかそうした処理を用意していません。

大文字に変換するにはString#upcaseメソッドを、小文字に変換するにはString#downcaseメソッドを用います。これらはASCIIの大文字・小文字についてのみ処理を行います[注12]。

また、先頭のみ大文字にして残りを小文字にするcapitalizeメソッド、大文字と小文字を入れ替えるswapcaseメソッドもそれぞれStringクラスに用意されています。

これらのメソッドは、以下のように使用します。

```
str = "ebXML"
puts str.upcase      ➡"EBXML"
puts str.downcase    ➡"ebxml"
puts str.capitalize  ➡"Ebxml"
puts str.swapcase    ➡"EBxml"
```

これらのメソッドはすべて、変換が発生した場合は新たなStringオブジェクトを生成して返します。新たなオブジェクトを作るのでなく元のオブジェクトを変更するには、各メソッド名の末尾に!を付けたメソッドを用います。変数strに対してstr.upcase!を呼び出せば、strの指す文字列オブジェクト自体が変更されます。

■——文字列の比較とソート

Rubyで文字列を比較するには、数値の比較と同じように<や>が使えま

注12 Ruby 2.4ではASCII以外のUnicode文字に拡張されています。swapcase、capitalizeメソッドも同様です。Java同様にトルコ語の2種類のI(アイ)に対応させるには引数にシンボル:turkicを渡します。

す。比較結果は文字コード順が反映されます。

```
p "スイカ" < "メロン"        ➡true
p "リンゴ" < "イチゴ"        ➡false
```

平仮名や片仮名の場合はEUC-JPでもUTF-8でも同じになりますが、漢字の場合は、用いている文字コードによって結果が異なります。

```
p "亜" < "一"
```

とすると、EUC-JPのときはtrueになりますが、UTF-8のときはfalseになります。

ソートするには、Array#sortメソッドで簡単に行えます。

```
a = ["ネコ", "タヌキ", "イヌ", "アライグマ"]
a.sort    # → ["アライグマ", "イヌ", "タヌキ", "ネコ"]
```

ここでもやはり文字コード順が反映されますから、漢字の場合はEUC-JPやShift_JISとUTF-8とでは結果が異なります(**リスト7.14**)。

リスト7.14の❶のように定義しておいてprefs.sortを実行すると、得られる配列は、EUC-JPの場合なら❷のように読みの順に並びますが、UTF-8の場合なら❸のように部首の順が反映されます。

もっとも、リスト7.14❷の例でEUC-JPの場合に読みの順になるというのは、多少作為が入っています。JISに採用されている読みを1文字めに用いる都道府県名をわざと選んでいるからです。京(きょう)、群(ぐん)、高(こう)、福(ふく)、和(わ)という具合です。もし以下の配列をソートしたなら、EUC-JPでも読みの順にはなりません。

```
["青森県", "岩手県", "沖縄県", "鹿児島県", "三重県"].sort
# ➡ ["沖縄県", "岩手県", "三重県", "鹿児島県", "青森県"]
```

リスト7.14　Array#sortメソッドによるソート(漢字編)

```
❶prefs = ["和歌山県", "京都府", "福島県", "高知県", "群馬県"]

・prefs.sortでソート後
❷["京都府", "群馬県", "高知県", "福島県", "和歌山県"]  ←EUC-JP、読みの順
❸["京都府", "和歌山県", "福島県", "群馬県", "高知県"]  ←UTF-8、部首の順
```

この場合にJISに採用されている読みは、沖(おき)、岩(がん)、三(さん)、鹿(しか)、青(せい)であり、「沖」以外は都道府県名での読みと異なります。

■――jcodeによる複数バイト文字対応

require 'jcode' とすることで、Stringクラスのいくつかのメソッドが複数バイト文字を認識するようになります。新規に追加されるメソッドもあれば、既存のメソッドの動作が修正されるものもあります。

たとえば、文字列のバイト数を返すメソッドString#lengthに対して、複数バイト文字を1文字として数えて文字数を返すメソッドString#jlengthが追加されます。EUC-JPの環境で、以下のように実行すると効果がわかります。

```
require 'jcode'
s = "漢字"
s.length          ➡4 (UTF-8の場合なら6)
s.jlength         ➡2 (UTF-8の場合でも2)
```

また、Stringクラスにeach_charメソッドが追加されます。文字列の中の各文字に対して繰り返すイテレータです。

```
s.each_char do |char|
  puts char
end
```

ここでcharは、1文字分の文字列です。複数バイト文字があるときでも1文字ずつ渡されます。

そのほか、Stringクラスのchop、delete、trなどのメソッドが複数バイト文字を正しく認識するようになります。ただし、Stringクラスのメソッドの変更によって誤動作するライブラリもあり得るのでjcodeの使用には注意が必要です。

文字コードの指定

Ruby 1.8ではプログラムで用いる文字コードとして、いくつかの文字コードを明示的に指定できます。この指定は、スクリプトの字句解析や正規表現のマッチングに影響します。指定できるのは、次の3つの文字コードです。

- EUC-JP
- Shift_JIS
- UTF-8

ISO/IEC 8859-1のような1バイトコードは、デフォルトの状態で使用できます。

■——指定方法　-Kオプション、$KCODE

Rubyの起動時に-Kオプションで漢字コードを指定できます。

たとえば、Shift_JISを使う場合であれば-Ksを付けます。EUC-JPのときは-Ke、UTF-8なら-Kuとします。1バイトコードのみを扱うときは-Kを付けないか、あるいは-KNとします。ISO/IEC 8859-1などのときが該当します。

次の例は、Shift_JISを指定しています。

```
$ ruby -Ks script.rb
```

EUC-JPを選んだ場合すなわち-Keを指定したときは、JIS X 0201片仮名やJIS X 0212を含むデータにも対応します。

スクリプトの中で指定することもできます。1行めが次のように書かれていれば、Shift_JISを指定したことになります。

```
#!/usr/bin/ruby -Ks
```

-Kオプションによって指定した内容は、組み込み変数$KCODEに反映されます。$KCODEの値は、"EUC"、"SJIS"、"UTF8"、"NONE"のいずれかです。プログラムの中で$KCODEを参照することで、どの文字コードを認識しているかを知ることができます。

たとえば、次のようなプログラムkcode-test.rbがあるとします。

```
#!/usr/bin/ruby
p $KCODE
```

これに対して起動時のオプションを変えることで、以下のように結果が変わります。

```
$ ruby kcode-test.rb
"NONE"
$ ruby -Ku kcode-test.rb
"UTF8"
$ ruby -Ks kcode-test.rb
"SJIS"
$ ruby -Ke kcode-test.rb
"EUC"
```

$KCODEには代入することも可能です。代入の際は"u"や"e"など先頭の1文字だけでかまいません。自動的に"UTF8"や"EUC"に変換されます。

組み込み変数$KCODEはRuby 1.9で廃止されているので、この変数を用いているプログラムの移行には注意が必要です(後述)。

正規表現のマッチング　文字コードの指定を適切に行う

正規表現は複数バイト文字に対応します。つまり、2バイトや3バイトで1文字となる場合にも、文字の単位を認識するということです。もし複数バイト文字への対応が正しくないと、3バイトの文字の途中の1バイトを独立した文字のように扱ってしまったり、連続した2バイト文字の切れ目を誤認したりといったおかしな動作をすることになります。正しく処理が行われるためには、文字コードの指定を適切に行う必要があります。

$KCODEによる違い

正規表現の処理は、$KCODEによって動作が変わります。正規表現の処理では文字単位を意識する必要がありますが、どういうバイト列が1文字なのかを認識するために、$KCODEの指定が用いられるのです。

たとえば$KCODEにEUCが指定されているときは、CF C2というバイト列は2バイトまとめて1文字としてマッチしますが、NONEの場合にはCF C2それぞれが1文字としてマッチします。

この2バイトをEUC-JPで解釈するなら漢字「和」になり、ISO/IEC 8859-1として解釈するならラテン文字2文字ÏÂに対応します。

CF C2という2バイトを持つStringオブジェクトがあるとします。$KCODEにEUCが指定されているときには/^.$/という正規表現が文字列CF C2にマッチします。2バイトの1文字とみなされるからです。一方、NONEのときにはこの正規表現はマッチしません。/^..$/ならマッチします[注13]。

■——正規表現ごとの文字コード指定

一時的に特定の文字コードによって正規表現を用いたいときは、正規表現リテラルに文字コード指定を付けることができます。

たとえば、$KCODEがNONEのときに、SJISによって正規表現を用いたいならば、リスト7.15のようにします。正規表現の区切りのスラッシュの後にsという文字をオプションとして付けているのがSJISの記しです。

リスト7.15のプログラムへの入力として、Shift_JISで「預入」と記されたテキストファイルを与えるとします。

もし$KCODEがNONEで、正規表現にsを指定せずに/a/とのマッチングを検査したら、Shift_JISの「預」という文字の第2バイトが0x61のため、マッチしてしまうのです。上のプログラムで/a/sでなく/a/としていたら、「預」の第2バイトがマッチして、"line contains 'a'."というメッセージが出力されます。Shift_JISを用いる指定をして/a/sとすることで、「預」の第2バイトをアルファベットのaとみなすことはなくなります。

注13 ちなみに、Rubyの正規表現では^と$はそれぞれ行頭と行末にマッチします。文字列の先頭・末尾は\Aと\zで表します。この例では違いは生じませんが、複数行を含む文字列では注意が必要です。

リスト7.15 $KCODEがNONEのときにSJISで正規表現を用いたい

```
ARGF.each do |line|  ←標準入力かファイルから1行ずつ読み込んで繰り返す
  if line =~ /a/s  ←/a/というパターンでマッチを試みる。文字コードはSJISとみなす
    puts "line contains 'a'."  ←マッチした旨のメッセージを出力する
  end
end
```

■——文字列を文字単位に切り分けるイディオム

Ruby 1.8には文字列の中から1文字ずつ取り出すメソッドは用意されていません。代わりにリスト7.16のようなイディオムを用います。

リスト7.16❶行のstr.split(//)によって、文字列の中の各文字を要素として持つ配列が作られます。その配列に対してeachメソッドを呼び出すことで、1文字ずつの取り出しが実現されます。charに入るのは1文字からなる文字列です。正規表現処理が複数バイト文字を認識する面倒を見てくれるため、バイト単位でなく1文字ずつ取り出されるわけです。

splitメソッドを同様に利用することで、文字列の長さを文字単位で得ることもできます。str.split(//).lengthとすれば、各文字を格納した配列の要素数を返す、すなわち文字の数を返すことになります。

ただし、UTF-8の文字列の場合、結合文字についての考慮は何もされておらず、結合文字自体を1文字として扱ってしまいます。たとえば、ñという1文字が基底文字のn(U+006E)と合成用チルダ(U+0303)の列によって表されていたら、nと合成用チルダの両方を1文字ずつとして処理してしまいます。

文字コードの指定を間違うと何が起こるか

文字コードの指定が間違っていると、複数バイト文字の解釈が正しく行われません。正規表現のマッチがおかしくなるということもあります。正規表現のマッチに関しては、先に「正規表現ごとの文字コード指定」において出てきました。

複数バイト文字の解釈の問題の日本語環境における典型例として、Shift_JISの第2バイトの問題が存在します。第4章のShift_JISの説明において、

リスト7.16　文字列の中から1文字ずつ取り出すイディオム

```
str = "abc漢字" ←変数strに文字列を代入
str.split(//).each do |char|     ←❶strを文字単位に分解し1文字ずつcharに入れて繰り返す
  <文字ごとの処理>
end
```

Shift_JISの第2バイトは1バイトコードの範囲と重なっていることを説明しました。オプション -Ksを付けるべきところを付けずにRubyを起動すると、Shift_JISの2バイトコードのうち1バイトコードとしても解釈できる箇所で問題が起こります。

たとえば、Shift_JISで符号化されたRubyプログラムとして、以下の2行からなるファイルがあるとします。

```
#!/usr/bin/ruby
puts "表"
```

rubyコマンドで -Kオプションなしに実行すると、エラーが発生します。「表」という漢字をShift_JISで表すと955Cとなり、第2バイトが0x5Cです。0x5CはASCIIではバックスラッシュにあたります。この第2バイトがバックスラッシュとして解釈され、後続の引用符がエスケープされたものと扱われてしまい、エラーの原因になるのです。

正しく -Ksオプションを付けて実行すれば、955Cという2バイトは2バイト文字として認識されるので、もちろんエラーなく実行されます。

先に紹介したString#upcaseなどの文字変換を行うメソッドでも問題を生じます。Shift_JISで符号化された以下のプログラムがあるとします。

```
#!/usr/bin/ruby
s = "預入"          ←変数sに文字列を代入
puts s    ←sを出力する
puts s.upcase       ←sの中のASCIIの小文字を大文字に置換した文字列を出力
```

もし実行時に -Ksオプションが付けられていれば、「預入」という単語が2回出力されるだけのプログラムです。String#upcaseメソッドは漢字に対しては何もしないからです。

しかし -Ksオプションが指定されていないと、最初のputsでは「預入」を、2回めのputsでは「輸入」という単語をそれぞれ出力します。「預」はShift_JISで9761という2バイトですが、第2バイトの0x61はASCIIで小文字のaにあたるので、これを大文字のAすなわち0x41に変換してしまい、結果として9741という2バイト、つまりShift_JISの「輸」という漢字に変わってしまうのです。

オプションとして-Kが何も指定されていないときだけでなく、-KNが指定されているときも同じです。

また、中身がShift_JISのまま-Keや-Kuを指定したとき、つまり指定が食い違っているときには、2行めの文字列が不正だとしてエラーとなります。変数sを「預」だけにするとエラーにはなりませんが、実行結果は-Ksを指定しないときと同じく「輸」に変わります。

JIS X 0213を使う

Rubyのドキュメントには記されていませんが、Ruby 1.8では$KCODEがEUCのときにはEUC-JIS-2004の、SJISのときにはShift_JIS-2004のデータをそれぞれ処理できます。これらはJIS X 0213で定義されている符号化方式です。

JIS X 0213が従来のEUC-JPやShift_JISと互換性を保った構造になっているため、Ruby 1.8という既存の処理系で扱うことが可能となっているのです。

EUC-JIS-2004の漢字集合2面の文字も、Rubyでは正規表現で1文字としてマッチします。EUC-JIS-2004ではJIS X 0213の漢字集合2面の文字を制御文字SS3(0x8F)に続く2バイトで表現しますが、RubyがEUC-JPのJIS X 0212対応としてこの制御文字を認識して後続2バイトを1文字として処理しているために、EUC-JIS-2004対応としても働くのです。

先に出てきた「そのチェㇷ゚は𩸽」という例文を使って試してみましょう。𩸽という字はEUC-JIS-2004では制御文字SS3を含めると8F FD CCという3バイトで表されます。小書きの「ㇷ゚」は通常の2バイト文字で、コード値A6F8です。

```
str = "そのチェ\xa6\xf8は\x8f\xfd\xcc"        ➡"そのチェㇷ゚は𩸽"
puts str.split(//).join("/")                  ➡"そ/の/チ/ェ/ㇷ゚/は/𩸽"
```

正しく1文字ずつ認識されていることがわかります。Unicodeの場合は「ㇷ゚」を表すのに結合文字の使用が必要でしたが、EUC-JIS-2004ではそのようなことはなく、通常の文字と同じく単一の符号位置で表されます。このため、JavaでBreakIteratorを必要としたような特別な配慮なしに、1文字ずつ区切って処理できます[注14]。

コード変換ライブラリ

Rubyには、文字コード変換のためのライブラリも備わっています。

■——NKF

5.1節で紹介したnkfを使用してコード変換を行うライブラリが、NKFモジュールとして用意されています。また、nkfを用いるラッパークラスとしてKconvクラスが用意されています。

リスト7.17の例は、EUC-JPで符号化されたテキストを入力として受け取って、Shift_JISに変換して出力します。

リスト7.17❶でNKF.nkfモジュール関数に与えている第1引数は、`nkf`コマンドのオプションと同じです。つまり、入力としてEUCを仮定し(`-E`)、出力にはShift_JISを用い(`-s`)、MIMEの復号を抑制します(`-m0`)。もしUTF-8に変換したければ`-s`の代わりに`-w`とします。

コード判別

コード変換だけでなく、コード判別の機能を利用することもできます。コード判別はNKF.guessモジュール関数によって行えます(**リスト7.18**)。

戻り値は、NKFモジュールで定義されている定数です。JIS(ISO-2022-JP

注14　実はEUC-JIS-2004にも合成用の文字が発音記号に存在するので、そうした文字が使われていればやはりBreakIteratorのようなしくみが必要となります。とはいえ、EUC-JIS-2004で合成用の文字が使われるのはごく稀と考えられます。

リスト7.17　EUC-JP➡Shift_JISのコード変換

```
require 'nkf'    ←nkfの機能をロードする

ARGF.each do |line|  ←標準出力かファイルから1行ずつ読み込んでlineに代入し繰り返す
  print NKF.nkf("-E -s -m0", line) ←❶読んだ行をnkfでコード変換し出力する
end
```

の場合)、EUC、SJIS、BINARY(バイナリと判定された場合)、UNKNOWN(判定に失敗した場合)、ASCII、UTF8、UTF16のそれぞれが定義されています。Unicodeの符号化方式にはRuby 1.8.2から対応しています。

判別は絶対的なものではなく、とくに文字列が短い場合は判別を間違える可能性が高くなるため過信は禁物です。

■——Kconvクラス

KconvはNKFのラッパークラスであり、よりわかりやすいメソッドを提供しています。**リスト7.19**の例は、文字列の文字コードをEUC-JPからShift_JISへと変換のうえ出力します。Kconv.kconvメソッドに与える文字コード指定は、変換先、変換元の順を取ります。

また、kconvをrequireすることで、Stringクラスにいくつかのメソッドが追加され、Stringオブジェクトのメソッド呼び出しとしてコード変換を行うことができるようになります。リスト7.19のKconv呼び出しは、次のように書くこともできます。

```
sjis = str.kconv(Kconv::SJIS, Kconv::EUC)
```

リスト7.18　NKF.guessモジュール関数によるコード判別

```
require 'nkf'

str = "漢字あいうえおカキクケコ"      ←変数strに文字列を代入
if NKF.guess(str) == NKF::EUC    ←strの文字コードを自動判別した結果がEUCならば、
  puts "EUC"    ←"EUC"と出力する
end
```

リスト7.19　Kconvクラスの使用

```
require 'kconv'

str = "漢字あいうえお"    ←strに文字列を代入
sjis = Kconv.kconv(str, Kconv::SJIS, Kconv::EUC)    ←strをEUCからSJISに変換する
puts sjis
```

Stringクラスにはさらにtosjisやtoeuc、toutf8等のメソッドも追加され、str.tosjisのような簡便な書き方も可能です。この場合、変換元の文字コードは自動判別されるので、誤判定に注意が必要です。

Iconvクラス

5.1節で紹介したiconvを利用してコード変換を行うライブラリが、Iconvクラスとして用意されています。

リスト7.20のようにすると、EUC-JPで符号化されている変数strの内容をUTF-8に変換のうえ出力します。

iconvそのものの特徴として、どの文字コードが使えるか、また文字コードの名前として何が有効かは、実行するプラットフォームに依存します。たとえば"EUC-JP"でなく"eucJP"という指定が必要なこともあり得ます。自分で使う環境ではどのような名前を用いるか、確認してから実際に使うようにすると良いでしょう。

変換表の内容、つまり変換結果もプラットフォームによって違うことがあるようなので、問題になりそうな文字がどのように変換されるか、事前にテストしておくのがよいでしょう。問題になりそうな文字とは、典型的には、円記号、バックスラッシュ、チルダ、オーバーライン、あるいは波ダッシュなどです。

リスト7.20 Iconvクラスの使用

```
require 'iconv'

str = "漢字あいう"
utf8str = Iconv.iconv("UTF-8", "EUC-JP", str)  ←第1引数が変換先、第2引数が変換元
puts utf8str
```

7.3 Ruby 1.9以降
CSI方式で多様な文字コードを処理

本節では、CSI(*Code Set Independent*)方式を採用したRuby 1.9以降を取り上げます。Rubyの文字列処理は1.9で大きく変わりました。以下、Ruby 1.9と記すときは、2.0など、それ以降のバージョンも含めるものとします。「Ruby 1.9の文字列」「入出力の符号化方式」「コード変換」を中心に、Ruby 1.9で拡張された多様な文字コード処理について見ていきましょう。

拡張されたRuby 1.9の文字関連処理

Ruby 1.9ではCSI方式を採用し、さまざまな文字コードを扱えるように拡張が施されています。1.8までのようなバイト単位ではなく、文字単位の操作も提供されています。

スクリプトの文字コードの指定 マジックコメント

Ruby 1.8では起動時のオプションで-Ks、-Ke、-Kuのように指定していただけですが、1.9ではスクリプトの先頭に**マジックコメント**というものを記述することで、そのスクリプトの文字コードを示します。ASCII以外の文字コードを使う場合にはこの機構を用います[注15]。スクリプトの文字コードとして用いるのはASCIIと互換性のある文字コードに限られます。

マジックコメントの例を3つ示します。

```
❶ # coding: utf-8
❷ # -*- coding: utf-8 -*-
❸ # vim:fileencoding=utf-8
```

上記以外にもバリエーションが可能です。「`coding: 文字コード名`」または「`coding=文字コード名`」のように記されたコメントであれば、認識され

注15 Ruby 2.0では、デフォルトでASCIIでなくUTF-8と解釈されるよう変更されました。

ます。マジックコメントはスクリプトの1行めに置かれます。もし1行めが`#!/usr/bin/ruby`のような行(shebang)であれば、2行めにマジックコメントを置きます。

たとえば、EUC-JPで符号化されたRuby 1.8のスクリプトが次のようにあったとします。

```
#!/usr/bin/ruby -Ke            ←-Kオプション (Ruby 1.8)
puts "EUC-JPのスクリプト"
```

これを1.9で書くと、以下のような形になります。

```
#!/usr/bin/ruby
# coding: euc-jp    ←マジックコメント (Ruby 1.9)
puts "EUC-JPのスクリプト"
```

スクリプトの文字コードは、変数__ENCODING__を参照することでプログラムから知ることができます。代入はできません。

Ruby 1.9のスクリプトに使用可能な文字コードは、ASCII互換なものに限定されます。つまり、UTF-16やUTF-32は使用できません。Shift_JISは`0x7F`以下のバイトがJIS X 0201ラテン文字なので完全なASCII互換ではありませんが、Ruby 1.9ではASCII互換とみなしており、スクリプトに用いることが可能です。

Ruby 1.9の文字列

Ruby 1.9のStringクラスでは、文字コードの情報を保持する機構が追加されたり文字単位で処理するようメソッドの挙動が変更されたりしています。

▪——自分の符号化方式を知っている

Stringクラスが変更されて、自分自身の文字コードが何であるかを情報として持つようになりました。

もしスクリプトの文字コードがUTF-8のときに、

```
puts "漢字".encoding.name
```

という行があれば、文字列"UTF-8"を出力します。String#encodingメソッドはEncodingクラスのオブジェクトを返します。Encodingクラスは1.9で新設されたクラスです。

Stringオブジェクトを==によって比較する際は、文字コードの情報までも同じでないと、同一とは判定されません。ここに、"いろは"というテキストを格納するStringオブジェクトが2つあったとします。片方がUTF-8で符号化されたもの、もう片方がEUC-JPで符号化されたものであったなら、この2つを==で比較するとfalseになるということです。

■――文字列の連結

文字列オブジェクトごとに自分自身の文字コードを設定できるようになっているため、1つのプログラムの実行中に、このStringオブジェクトはUTF-8だけど向こうのStringオブジェクトはEUC-JPだ、といったことが起こり得ます。

そうしたとき、2つの文字列を連結しようとすると何が起こるでしょうか。

答えは、エラーになります。異なる文字コードで符号化された文字列同士は、連結できません。もし連結したければ、コード変換によって同じ符号化方式に揃えてからにする必要があります。

ただし、UTF-8やEUC-JPのようなASCII上位互換の文字コードを用い、なおかつASCII相当の文字しか含んでいない場合はこの限りではありません[注16]。たとえば、UTF-8の"ab"という文字列にEUC-JPの"cあ"という文字列を連結するのは、エラーなく期待通りに成功します。この場合、連結結果の文字列"abcあ"の文字コードはEUC-JPになります。ASCIIにない文字を含んでいるほうの文字列の文字コードが採用されるということです。

注16 UTF-8とラベリングされていても、実際にはASCIIとして解釈可能な場合を指しています。

■──Unicodeエスケープ

文字列リテラルの中で、Javaと類似の形式のUnicodeエスケープが使えるようになりました。`"\u6f22\u5b57"`と書けば"漢字"を意味します。

Unicodeエスケープの形式としては`\uXXXX`と`\u{XXXX}`の両方があります。前者の形式では4桁しか書けません。5桁以上が必要なBMP外の文字をエスケープするには、後者の形式を用いて`\u{23594}`のように書く必要があります。Javaのようにサロゲートの値を用いる必要はなく、符号位置そのものを書けます。

後者の形式では何文字も続けて書きたいとき、`\u{6f22 5b57}`のように複数の符号位置をスペースで区切って読みやすく書くこともできます。

Unicodeエスケープを使って文字列リテラルを書くと、そのリテラルによるStringオブジェクトの文字コードはUTF-8に決まってしまいます。つまり、`"\u6f22\u5b57".encoding`はいつでもUTF-8を返します。もしスクリプトの文字コードがEUC-JPのときに"あ`\u6f22`"と書くとエラーになります。

■──文字単位の操作

Ruby 1.8では`str[2]`のようにString#[ ]でアクセスする対象はバイトでしたが、1.9では文字に改められました。ここで文字とは、1文字からなるStringオブジェクトを意味します。Ruby 1.9には、1.8以前と同様に、文字専用のクラスはありません。

strという変数にEUC-JPの文字列"山月記"が入っていたとしたら、`str[1]`は"月"という1文字(EUC-JPなので2バイト)からなるStringオブジェクトを返します。もしRuby 1.8ならば`str[1]`は「山」の2バイトめ、すなわち`0xB3`を返すところです。1.8から1.9に移行するには、String#[ ]の挙動の変更に注意が必要です。1.9でバイト単位のアクセスをするにはgetbyte/setbyteメソッドが使えます。

Stringクラスにeach_charとeach_codepointというメソッドが追加されています。どちらも文字単位のイテレータですが、each_charは文字を(つまり、1文字からなるStringを)、each_codepointは符号位置を枚挙するものです。Ruby 1.8のように`str.split(//).each`のようなイディオムを使わなくとも、文字ごとに処理することが可能になっています。

each_codepointの枚挙するものは**符号位置**(*code point*)だということになっていますが、その意味するところは注意が必要です。たとえばUTF-8の文字列に対しては、Unicodeのスカラー値を返します。平仮名の「あ」(`U+3042`)ならば`0x3042`という数値です。一方、EUC-JPの場合は、「あ」を表す2バイト`A4 A2`を連結した16ビットのビット組み合わせを整数とみなした値、つまり`0xA4A2`を渡します。Shift_JISも同様の方式に従い、`0x82A0`となります。符号位置という言葉から通常連想されるもの、たとえばJISの面区点番号とは必ずしも一致しません。

UTF-8、EUC-JP、Shift_JISのそれぞれについて、each_codepointの渡す値を16進で出力する例を実行すると、次のような結果が得られます。

- UTF-8の場合

```
> "abあ".encode("utf-8").each_codepoint {|c| puts c.to_s(16)}
61
62
3042
```

- EUC-JPの場合

```
> "abあ".encode("euc-jp").each_codepoint {|c| puts c.to_s(16)}
61
62
a4a2
```

- Shift_JISの場合

```
> "abあ".encode("shift_jis").each_codepoint {|c| puts c.to_s(16)}
61
62
82a0
```

ここで出てきたString#encodeメソッドはコード変換を行うメソッドです。あとで、再び取り上げます。

■—— 文字列の長さ

String#lengthは文字数を返します。Ruby 1.8ではバイト数を返すものだったのが変更されました。バイト数を得るにはString#bytesizeを用います。

"abあ".lengthは3を返します。符号化方式の種類にはよりません。

ただし、Unicodeの結合文字が使われている場合には、見た目の文字数とは一致しません。lengthメソッドは、文字の数というよりは符号位置の数を返すものだと考えられます。

```
"でんごん".length ➡4
"でんこ\u309aん".length ➡5
```

U+309Aは合成用の半濁点なので上記の2行めはでんこ゚んという4文字の文字列ですが、lengthメソッドの返す値はUnicodeの符号位置の数に相当する5となります。1行め、2行めとも「で」と「ご」は合成済みの符号位置（それぞれU+3067、U+3054）を仮定しています。もしこれらの文字も結合文字、つまり合成用の濁点U+3099を用いて表していたとしたら、そのぶんlengthの値は大きくなります。

■—— Unicodeの結合文字やサロゲートの扱い

さてここで、Ruby 1.9の「1文字」の扱いを検討してみましょう。

リスト7.21では、おなじみになった例文「そのチェプは𩸽」を用いました。先述のとおり、この短い例文には、Unicodeで表現したときに結合文字とサロゲートペアのそれぞれを必要とする文字が含まれています。

リスト7.21　結合文字とサロゲートペアの扱い

```
# coding: utf-8
s = "そのチェフ\u309aは𩸽"  ←変数sに文字列を代入。\u309aは合成用半濁点
s.each_char do |c|  ←sから1文字ずつ取り出し変数cに入れて繰り返す
  print c + "/"  ←cの直後に"/"を連結して出力する
end
puts
```

リスト7.21では、String#each_charを使って(Rubyがいうところの)「1文字」ずつ取り出して、各文字の直後にスラッシュを付加して出力します。

結果はそ/の/チ/ェ/フ/゜/は/𩸽/のようになります。BMP外の「𩸽」はきちんと文字単位に認識しています。ここではUTF-8で処理しているので、4バイトのUTF-8が正しく扱えていることがわかります。UTF-16を何の配慮もなしに使ったときのように、サロゲートの上位下位が泣き別れになったりはしません。しかし、結合文字(合成用半濁点)については、独立した文字のような扱いになっています。

Ruby 1.9でいう「文字」単位とは、Unicodeを扱う場合は、Unicodeの符号位置単位に相当することがうかがえます。

■――結合文字を含めた「1文字」をとる

Ruby 2.0以降では、人が認識する「1文字」の単位を取り出すのに正規表現を使えます。上記の「プ」のように結合文字を含んだ1文字をとるには、正規表現`\X`が利用できるようになっています。Unicode用語で「書記素(しょきそ)クラスタ」(*grapheme cluster*)と呼ばれる単位にマッチするものです。この例なら「フ」と合成半濁点`U+309A`の連なりがひとかたまりとしてマッチします。

下記のコードはString#scanによって`\X`にマッチするものを順に取り出して配列にし、それをjoinメソッドで各要素の間に`'/'`を挟んで連結しています。これで「プ」の半濁点が別れずに1つの単位として処理されます。

```
puts "そのチェフ\u309aは𩸽".scan(/\X/).join("/")
⇨ "そ/の/チ/ェ/プ/は/𩸽"
```

Ruby 2.5でStringクラスに追加されたメソッドeach_grapheme_clusterは、この単位の文字を枚挙します。人が見た1文字ずつに対して処理するときにはこのメソッドが便利でしょう。書記素クラスタの配列を返すメソッドgrapheme_clustersも用意されています。上の例は、下記のように書いても同じ結果が得られます。

```
puts "そのチェフ\u309aは𩸽".grapheme_clusters.join("/")
```

絵文字にも適用できます。第3章で触れたUnicode絵文字において、「絵文字スタイル」を表すために後置されるU+FE0Fや、国コード2文字で表す国旗の絵文字は、書記素クラスタを単位として扱う\XやString#each_grapheme_clusterを使うと、ひとまとまりとして扱えます。

```
s = "\u{2600 fe0f}" ←太陽の絵文字「☀」（U+2600）に絵文字スタイルU+FE0Fを付与
puts s.length ←符号位置の数、すなわち2を出力する
puts s.grapheme_clusters.length ←書記素クラスタの数、すなわち1を出力する
```

ここでは片仮名や絵文字を例として挙げましたが、Unicodeの結合文字は欧文におけるアクセント記号のように世界のさまざまな言語の表現に用いられます。結合文字をまとめた1文字の単位に切り分ける処理は、世界規模で有用です。

入出力の符号化方式　IOクラス

Ruby 1.9では、入出力に用いられるIOクラスにも、符号化方式の指定や、文字単位の操作を行えるよう変更がなされています。

■――入出力における文字コードの指定

Ruby 1.9において、入出力時には外部コードと内部コードの指定が可能です。Javaの場合は内部コードとしてUnicodeしかあり得ませんが、Ruby 1.9では任意の文字コードを内部コードとして指定できます。外部コードと内部コードを指定すると、入出力時に変換が行われます。

外部コードや内部コードの指定は、openの第2引数として与えます。次の例は、外部コードとしてEUC-JPを指定します。

```
open(path, "r:euc-jp")
```

外部コードの指定を省略すると、デフォルトの外部コードが採用されます。デフォルトの外部コードはEncoding.default_externalメソッドで得られます。

次のように記述すると、外部コードはShift_JISで内部コードはEUC-JPと指定したことになります。したがって、Shift_JISのファイルをEUC-JPに変換しながら読み込みを行います。

```
open(path, "r:shift_jis:euc-jp")
```

IOオブジェクトに設定されている外部コードと内部コードは、それぞれIO#external_encoding、IO#internal_encodingメソッドによって得られます。

リスト7.22の例は、ISO-2022-JPのファイルをEUC-JPに変換しながら読み込んで、1行ずつ出力します。2行めで変数fの持つ外部コードと内部コードを参照して表示しています。

リスト7.22でISO-2022-JPが出てきましたが、Ruby 1.9においてISO-2022-JPのような状態を持つ符号化方式は「ダミー」の文字コードとされています。ダミーというのは文字列としての操作が提供されないもので、非常に制限された扱いしかできません。ある文字コードが「ダミー」かどうかは、Encoding#dummy?メソッドで知ることができます。Ruby 1.9.1におけるダミーの文字コードには、ISO-2022-JPとUTF-7、ISO-2022-JP-2があります。

プログラムの内部コードとしてUTF-8を使い、入出力の際に必ずUTF-8との間で変換するようにすれば、Javaと同じように内部的にUnicodeに揃える処理モデルが実現できることになります。一方、EUC-JPしか扱わないことがわかっているプログラムなら、わざわざUnicodeに変換せずにEUCのまま処理することが可能です。状況に応じてどちらでも好きな方法を選べます。

リスト7.22　external_encoding/internal_encodingの使用例

```
↓ファイル"iso2022jp.txt"を文字コードの指定付きで開く
open("iso2022jp.txt", "r:iso-2022-jp:euc-jp") do |f|
  puts "外部コードは #{f.external_encoding}、内部コードは #{f.
internal_encoding}"
  f.each_line do |line| ←ファイルから1行ずつ読み込みlineに入れて繰り返す
    p line.encoding ➡EUC-JP
    puts line    ←lineの内容を出力する
  end
end
```

■—— Encodingクラス

Encodingクラスは、文字コードの情報を扱うクラスです。StringクラスやIOクラスのdefault_external等のメソッドが返す値は、このクラスのオブジェクトです。

Encoding.default_externalメソッドは、デフォルトの外部コードを表すEncodingオブジェクトを返します。入出力において明示的に指定されない場合のデフォルトとして使われる文字コードです。デフォルトでは実行環境のロケールに従って決まりますが、rubyコマンドのオプション-Eで指定することもできます。また、Encoding.default_internalというメソッドもあり、デフォルトの内部コードを表すとされています。初期値はnilです。

Encodingオブジェクトは名前の文字列を持っており、nameメソッドで得ることができます。

Encodingクラスからは、サポートする文字コードの情報を得ることもできます。Encoding.listメソッドを呼び出すとサポートする文字コードのEncodingオブジェクトの配列を得ることができます。

Encoding.name_listメソッドを呼び出すと、サポートする文字コードの名前の配列を返します。この中には別名も含んでいるので、別の名前でも同じ文字コードを表すことがあります。たとえば、ISO8859-1とISO-8859-1は同じ文字コードです。

個々の文字コードは、Encodingクラスの定数としても定義されています。たとえば、UTF-8を表すEncodingオブジェクトはEncoding::UTF_8、EUC-JPならばEncoding::EUC_JP、Shift_JISならばEncoding::SHIFT_JISです。

Ruby 1.9のコード変換

Ruby 1.9では、1.8と同様にnkfやiconv[注17]を使うこともできますが、それらとは異なる自前の文字コード変換機構も備わっています。

注17　2.0以降では標準ライブラリから削除されました。gemで追加インストールが必要です。

■――String#encodeメソッド

先にも出てきましたが、String#encodeというメソッドが用意されています。これを用いると、簡単に文字コードを変換できます。

strという変数にUTF-8の"漢字"という文字列が入っているとします。

```
str2 = str.encode("euc-jp")
```

とすると、strの持つ内容をEUC-JPで表現したオブジェクトを作ってstr2に入れます。もちろん、str2.encodingはEUC-JPのEncodingオブジェクトになります。

■――挙動の制御

encodeメソッドには第2引数としてオプションを与えることで、挙動の制御が可能です。次の4種類の挙動を制御できます。

- 変換できない文字の扱い
- 不正なバイト(UTF-8として正しくないバイト列など)の扱い
- XMLのメタ文字のエスケープ
- 改行コードの変換

例として、変換できない文字の扱い、およびXMLのメタ文字のエスケープを見てみましょう。

■――変換できない文字の扱い　挙動の制御❶

`s = "abc漢字"`と、UTF-8文字列を持つ変数`s`があるとします。`s`をLatin-1に変換しようと`s.encode("iso-8859-1")`を実行すると、Latin-1にない文字(漢字)があるので、通常は例外が投げられます。Encoding::UndefinedConversionErrorというエラーになります。

encodeメソッドにオプションを以下のように付けて実行すると、Latin-1にない文字は置換文字?に置き換えて先に進みます。

```
s.encode("iso-8859-1", :undef => :replace)
```

実行結果は"abc??"となります。置換文字はデフォルトでは?、ただしUnicodeの符号化方式を用いる場合はU+FFFDになります。U+FFFDはREPLACEMENT CHARACTERという文字名を持つ、Unicodeで表現できない文字を示すための特殊な文字です。

置換文字を指定することもできます。次のように指定すれば=を置換文字として用います。

```
s.encode("iso-8859-1", :undef => :replace, :replace => "=")
```

XMLのメタ文字のエスケープ　挙動の制御❷

XMLないしHTMLのメタ文字をエスケープするには、次のようにオプションを指定します。

```
"a < b".encode("euc-jp", :xml => :text)
```

➡"a < b"

XMLのタグ等に用いられる< > &がエスケープされます。:textでなく:attrを指定すると属性に用いることを前提として、さらに"もエスケープ対象となります。またこの際、変換先の文字コードで符号化できない文字は、16進の文字参照に置き換えられます。

Encoding::Converterクラス

コード変換には、Encoding::Converterクラスを用いることもできます。このクラスはコード変換の機構をオブジェクトにしたものです。これを用いると制御のバリエーションが増えます。

リスト7.23の例は、Encoding::Converter.newメソッドの第3引数にオプションを与え、未定義文字をXMLで使われる16進の文字参照に変換するよう指定しています。変換の実行はEncoding::Converterクラスのインスタンスメソッドconvertで行います。

実行すると、EUC-JPで表現できない𨉷を文字参照に置き換えたうえでEUC-JPにコード変換した文字列"近江源氏𨉷講釈"が出力されます。

リスト7.23　Encoding::Converterクラスの使用例

```
# coding: utf-8
s = "近江源氏𨉷講釈"                ←「𨉷」（しかた）はU+28277
c = Encoding::Converter.new("UTF-8", "EUC-JP",
      Encoding::Converter::UNDEF_HEX_CHARREF)      ←UTF-8からEUC-JPへのコン
                 バーターを生成し変数cに代入。未定義文字は文字参照で表すようオプションを指定

puts c.convert(s)     ←文字列sをcによってコード変換して出力
```

7.4 まとめ

本章ではJavaとRubyを題材として、プログラミング言語における文字コードの扱いの実際を説明しました。

Javaでは内部コードとしてUnicodeが用いられ、プログラム内の文字列処理はUnicodeで統一されています。Unicodeに特化した文字判定や文字変換のような便利な処理が用意されている一方、入出力では他の文字コードとの変換が発生します。Unicodeとの間の変換がどのように行われるかによって、時として文字化けの問題が起こります。また、Unicodeのサロゲートペアや結合文字に気を付けて、適切なAPIを用いる必要があります。引数や戻り値にchar型をとるものは、とくに要注意です。

Rubyは、1.8までと1.9以降とで文字処理が大きく変わっています。1.8まではASCIIをベースとしてSJISやEUCやUTF-8への対応を付け加えたもので、旧来のプログラムによく見られた追加的な日本語対応に近いものです。1.9では文字列や入出力において文字単位の処理やコード変換の機構が充実し、特定の内部コードを仮定しない、柔軟で強力な多言語化の枠組みを提供しています。1.8から1.9への移行では、挙動の変わったメソッドがあることや、スクリプトにマジックコメントを付けて文字コードを明示するといった注意点があります。

第8章 はまりやすい落とし穴とその対処

8.1 トラブル調査の必須工具　16進ダンプツール …… p.291

8.2 文字化け …… p.292

8.3 改行コード …… p.297

8.4 「全角・半角」問題 …… p.300

8.5 円記号問題 …… p.307

8.6 波ダッシュ問題 …… p.316

8.7 まとめ …… p.325

文字コードの運用には、トラブルがつきものです。本章ではありがちなトラブルがなぜ発生するかのメカニズムを明らかにし、対処法・予防法を提示します。

まずは、トラブル対処のうえで頻繁に用いるのが16進ダンプのツールです。odを例に基本的な使い方を知っておきましょう。

次に、文字コードのトラブルとして真っ先に上がるであろう文字化けについて考えます。文字化けの基本的なメカニズムは、第1章で取り上げました。本章では、まずは文字化けの全般的な解説を行います。はじめに、文字化けのよくあるパターンを観察します。そのうえで、文字化け防止の原則を考えていきましょう。

文字コードだけでなく、改行コードがトラブルの原因になることもしばしばあります。改行コードに関連してどのようなトラブルがあるか、例を通じて押さえます。必要に応じて行う改行コードの変換を、nkfとtrを例に解説します。

そして、日本語環境に特有の問題として、次の3種類の問題を取り上げ、どのような原因で発生しているものかをやや詳しく見ていきます。

- 「全角・半角」問題
- 円記号問題
- 波ダッシュ問題

いずれも複雑な背景を持ち容易に解決できる問題ではありませんが、文字コードの原則に立ち返って考えることで妥当な対処法、解決策を検討しておく必要があるでしょう。

なお、本章におけるプログラムの動作確認環境には、Unix系のコマンドに関してはmacOS、Windows系についてはWindows 10を用いました。

8.1 トラブル調査の必須工具
16進ダンプツール

文字化けが起こってしまったら、何を手懸かりに調べればよいのでしょうか。本節では、トラブル調査に欠かせない16進ダンプ用のツールを紹介します。

データのバイト値を検査する

文字コードに関するトラブルを調査するうえで欠かせないのが、16進ダンプのツールです。表示されている文字だけを見ても、確実なところはわかりません。表示されている文字というのは、表示のソフトウェアがコード値を解釈した結果に過ぎません。原因に迫るには、データがどのようなバイト値になっているのかを検査することが必要です。

od 16進ダンプのツール

16進ダンプのツールには種々のものがあるので、お好みのツールを選んでいただくのがよいと思います。一つ例として挙げるなら、大抵のUnix環境で利用可能なodコマンドがあります。WindowsのCygwin環境やWindows 10のWSLでも使えます。

octal dumpという名のとおり、元々は8進ダンプのプログラムなのですが、オプションを付けることで16進でも出力できます。次のように使います。

```
$ od -t x1 text.txt
```

指定している-t x1というオプションによって、16進で1バイトずつ出力することを意味します。-tとx1の間は詰めて-tx1としてもかまいません。-tx1zのように末尾にzを付けると、バイトに対応する印字可能なASCII

文字を右側に付けます。-tx1zを付けた出力例は次のとおりです。

```
0000000 09 71 75 69 63 6b 20 62 72 6f 77 6e 20 66 6f 78  >.quick brown fox<
0000020 20 6a 75 6d 70 73 20 6f 76 65 72 20 74 68 65 20  > jumps over the <
0000040 6c 61 7a 79 20 64 6f 67 0a                       >lazy dog.<
```

よく注意して見ると、左端のアドレスが8進法になっているのがわかります。これを16進にしたければ-Axというオプションを付加します。

Unixコマンドの常として、標準入出力に対応しています。次のように実行すれば、iconvの変換結果をそのまま16進ダンプします。

```
$ iconv -f SHIFT_JIS -t UTF-16BE sjis.txt | od -tx1z
```

■——その他のツール　hd、xxd

od以外にも、hd(hexdump)やxxdといったコマンドがUnix系の環境では使えます。hdコマンドは、何もオプションを付けなくとも期待どおりの16進出力を行います。xxdコマンドは、16進でなく2進での出力(-bオプション)も可能です。

8.2 文字化け

文字化けは、文字コードに関するトラブルで非常に一般的なものです。文字化け一般について、発生する様子と防止策を見てみましょう。円記号や波ダッシュといった特定の事例については、本章の後半(それぞれ8.5節、8.6節)で詳しく説明しますのでそちらを参照してください。

文字化けのよくあるパターン

トラブルの原因を速やかに特定するため、文字化けのよくあるパターンを知っておくと便利です。ここでいくつか紹介しましょう。

例題として「これからホッケーの試合に行きます。」というテキストを、さまざまな符号化方式で保存したファイルを用意し、文字コードの解釈を変えて表示させます。ここではmacOSのブラウザSafariで表示した例を用います。**表8.1**に例を示します。

1行めの例は、UTF-8で保存したファイルをShift_JISとして表示させたものです。特徴として、糸偏を含む複雑な漢字が多く現れます。先頭の文字「こ」をUTF-8で符号化するとバイト列`E3 81 93`となり、最初の2バイトをShift_JISで解釈すると「縺」になるのです。UTF-8のファイルを日本語Windows環境のコマンドプロンプトで表示したときにこうした文字化けがよく現れます。

2行めは、同じテキストをISO-2022-JPで符号化したファイルをUTF-8として解釈したものです。記号「`$`」が頻繁に現れます。エスケープシーケンスの一部として現れるのと、JISコードの平仮名の第1バイトが`0x24`でありASCIIの「`$`」にあたるのとによります。UTF-8でなくShift_JISでも同じ結果になります。

3行めは、EUC-JPで符号化してShift_JISとして解釈した例です。1バイト片仮名が頻繁に現れます。EUCの第1・第2バイトの範囲がShift_JISの1バイト片仮名の範囲を含んでいるためです。

4行めは、EUCで符号化してLatin-1として解釈した例です。Latin-1らしく、ダイアクリティカルマーク付きのラテン文字が目立ちます。不特定通貨記号¤が多いのはEUCにおける平仮名の第1バイト`0xA4`がLatin-1でこの記号にあたるためです。

表8.1　ベンダー依存の変換の問題の発生する代表的な文字

本当の符号	解釈の符号	解釈された結果
UTF-8	Shift_JIS	縺薙ｌ縺九ｉ繝帙ャ繧ｱ繝ｼ縺ｮ隧ｦ蜷医↓陦後″縺ｾ縺吶
ISO-2022-JP	UTF-8	B3l+$i%[%C%1!<$N;n9g$K9T$-$^$9!#(B
EUC-JP	Shift_JIS	､ｳ､�ｫ､鬣ﾛ･ﾃ･ｱ｡ｼ､ﾎｻ鈑逍ﾋｹﾔ､ｭ､ﾞ､ｹ｡｣
EUC-JP	Latin-1	¤³¤ì¤«¤é¥Û¥Ã¥±¡¼¤Î»î¹ç¤Ë¹Ô¤¤Þ¤¹¡£

こうしたパターンを覚えておくと、文字化けの発生したときに何が起こっているか推測しやすくなります。

ラベルと本体の不一致による文字化け

第6章で取り上げたとおり、MIMEやHTTP、HTMLなどでは、データ本体の文字コードを示すラベルが用意されています。

ラベルがデータの文字コードそのものと食い違っていれば、当然文字化けの結果を招きます。データがUTF-8なのにラベルがShift_JISとなっているようなケースです。

また、ラベルに指定する文字列が間違っていて、正しく認識されない場合もあります。具体的には、「Shift_JIS」とすべきところを「SJIS」としていた、あるいは「UTF-8」を「UTF8」としていた、などです。Javaでは「SJIS」や「UTF8」という名前が文字コードの名前として認識されるので、HTTPやMIMEで指定するcharset名と混同されがちです。

こうしたとき、必ず文字化けすれば問題を速やかに認識できるのですが、自動判別など別の理由によって偶然正しく表示できてしまうと、ラベルが間違っていることに気付く機会を失ってしまいます。ラベルが間違っていても、結果的に正しく表示されているならよいではないかという意見もあるかもしれません。しかし、偶然正しく表示できている理由がなくなったとき、たとえば別の環境に持っていったときなどは、いつ文字化けしてもおかしくありません。

テスト環境ではうまくいったのに別のソフトウェアを使ったら文字化けするなどの現象が見られたら、ラベルの文字列(charsetパラメータの値)が実は間違っているのではないかと疑ってみるのもよいでしょう。

機種依存文字に起因する文字化け

機種依存文字は文字化けします。一見正しく表示されているように見えても、データを他の環境へと移動したり、コードを変換したりすると、?などの文字に置き換わったりします。

たとえば、EUC-JPで符号化されたWebのテキストに機種依存文字の丸付き数字①②③を入れたとします。機種依存文字は通常Shift_JISに対する拡張ですが、コード変換によって機械的にEUC-JPの空き領域に当てはめられることもあります。

機種依存文字付きのEUC-JPのテキストをWebブラウザではたまたま意図通りに表示できたとしても、たとえばRSSを出力するのにUTF-8に変換しようとしたときに、EUC-JPで定義されていない符号位置だとして?などに文字化けすることがあります。ブラウザで見えているからといって、問題がないことにはならないということです。

また、メールでもやはり文字化けします。例として、**図8.1**のようなメールを書いてISO-2022-JPで送信したとします。このメールをmacOSのメールソフトで受信して読むと、**図8.2**のように丸付き数字の箇所が表示されず、(日) (月)などに化けてしまいます。これはmacOSのメールソフトがおかしいのではなく、メールの本文に用いているISO-2022-JPという文字コードの空き領域にベンダーごとに独自に文字を実装した結果です。

日本のコンピュータ利用者、とくに利用経験の長い人々の間では、機種依存文字を使うべきではないということがコンピュータ利用上の常識、マナー、あるいはリテラシーとしてとらえられています。本来、機種依存文字はデータを生成するソフトウェアの問題であって、一般利用者にマナーとして求めるのは少々酷なこともあります。しかしいずれにせよ、機種依存文字がトラブルの元——コンピュータ的にも人間関係的な意味でも——であることは承知しておくべきでしょう。

UTF-8をメール送信に用いれば、丸付き数字はもはや「機種依存文字」でないので、問題なくやり取りできます。

文字化け防止の原則

文字化けを防止するには、以下の原則を守ることが必要です。

- 文字コードを明示する（HTTPのcharsetパラメータ等）
- 文字コードに決められた範囲のコード値のみを用いる（機種依存文字は使わない）

MIMEやHTTPでは、第6章で述べたようにcharsetパラメータによって文字コードを明示することが可能です。このしくみは文字化けを防ぐために大変有用です。

また、用いる文字コードで定められている範囲の文字だけを使い、機種依存文字のようなものは使わないことも必要です。

図8.1　機種依存文字を含んだメール

図8.2　機種依存文字が文字化けしている様子

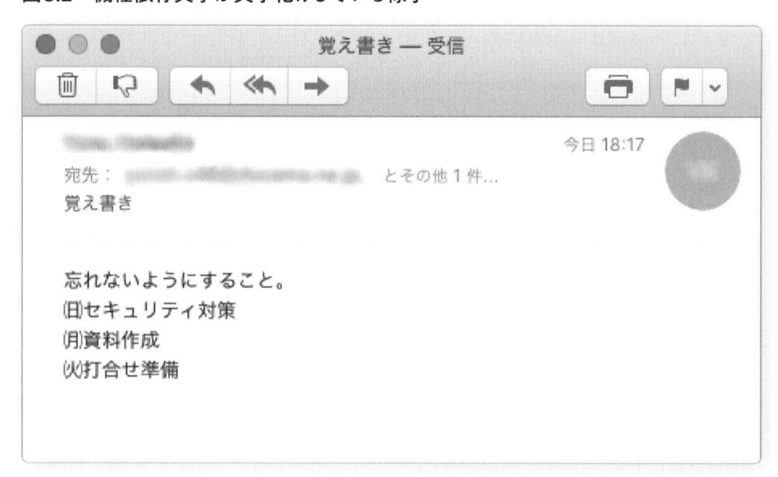

機種依存文字は使わないといっても、丸付き数字などを使いたい場合もあるのはもっともなことです。そういうときは、丸付き数字を公式に含んでいる標準、たとえばUTF-8やShift_JIS-2004などを使うとよいでしょう。Webや電子メールではまだあまりJIS X 0213への対応が行われていないので、UTF-8を使うのが最も手っ取り早いといえます。

8.3 改行コード

文字コードはしばしば混乱の元になります。しかし、文字コードよりも改行コードのほうがある意味では厄介なこともあるのです。

改行コードに起因するトラブル

はじめに、改行コードが元で起こるトラブルについて見てみましょう。

1つのファイル中の混在

テキストファイルを連結した場合など、1つのファイルの中に複数の改行コードが混在してしまうことがあります。最初の1行はLF(`0x0A`)なのに2行め以降はCRLF(`0D 0A`)になっている、といったケースです。

例として、改行コードにCRLFを用いているCSV(*Comma-Separated Values*)ファイルがあったとします。このCSVファイルにはヘッダ行が付いていないことに気付いたので、別途、1行のみからなるヘッダ行のファイルを用意して、連結するとします。

このとき、Unixの`cat`コマンドなどで単純に連結すると、1行めの改行コードはLFで、2行め以降はもとのファイルのとおりにCRLFが使われている、ということになってしまいます。

LFとCRLFが混在している場合は、ある種のテキストエディタでは表示上の特徴から気付くことがあります。たとえばEmacsで開いたときには、

LFとCRLFが混在していると、CRLFの行の末尾に^Mという印が付いていて気付きます。^Mの印は、CRのコード値(0x0D)の意味です。しかし、エディタによっては何も問題がないかのように表示され、改行コードの混在に気付かないことがあります。

改行コードが混在していると、そのテキストファイルを処理するプログラムにおいて問題が発生することがあります。

■——想定外の改行コードの使用

プログラムによっては、想定外の改行コードがくると正しく動作しないことがあります。これもまた、改行コードが元で起こるトラブルです。

例として、次のシェルスクリプトがありUnix環境で動かすとします。Unixでは、改行はLFです。

```
#!/bin/sh
echo "Hello world"
```

何の変哲もないスクリプトですが、改行コードがCRLFだとコマンドとして実行しようとしても動作しません。通常は/bin/shを起動するところですが、「sh」の直後のCRまでを実行すべきプログラム名として解釈し、「sh^M」というコマンドは存在しないというエラーを出します。

正しいはずのスクリプトなのに動作しないというときには、改行コードを疑ってみるのも一つの手です。

改行コードの変換

続いて、対処法として改行コードを揃える方法を紹介します。改行コードに複数の種類があることから、相互の変換が必要になることがあります。文字コード変換だけでなく、ときには改行コード変換も必要になることがあるわけです。

■——nkfコマンドによる改行コードの変換

5.1節で紹介したnkfコマンドは、文字コードだけでなく改行コードの変換にも使えます。以下のオプションを用います。

- -Lu：改行コードをLFに変換　覚え方 Unixのu
- -Lw：改行コードをCRLFに変換　覚え方 Windowsのw
- -Lm：改行コードをCRに変換　覚え方 旧Mac OS[注1]のm

たとえば、次のように実行すると、改行コードをLFに変換できます。

```
$ nkf -Lu windows-file.csv > windows-file-u.csv
```

筆者が試した範囲では、改行コードが混在している場合もこのオプションによって揃えることができるようです。

■——trコマンドによる対応

Unixのtrコマンドを使うと、CRすなわちコード値`0x0D`のみを取り除くことができます。trコマンドはテキストデータの中の文字を変換したり削除したりするコマンドです。たとえば下記のようにします。ここで`\015`とは、16進で`0D`という値の8進記法です。

```
$ tr -d '\015' < windows-file.csv > windows-file-u.csv
```

EUC-JPやShift_JISやUTF-8は、文字コードの値として`0D`というバイトが現れることはないので、単純に値が`0D`のバイトを取り除くだけでうまくいきます。一方、UTF-16は文字コードの値の一部として`0D`というバイトが現れ得るので、trコマンドではうまくいきません。たとえば鰍(かじか)という漢字に対応するUnicodeの符号位置は`U+9C0D`であり、UTF-16では`9C 0D`という2バイトになってバイト値`0D`を含みます。上記のtrコマンドによって、文字データの一部を壊してしまうことになります。trコマンドの使用には注意が必要です。

注1　Mac OS X以降は、一般的にLFが用いられています。

8.4 「全角・半角」問題

日本のPCやスマートフォンのユーザーにとっては、片仮名、英数字、記号などでの「全角」「半角」という区別はすっかりお馴染みです。なにげなく見えるこの区別ですが、たとえばWebフォームからの入力の際など不便さを感じた経験はないでしょうか。ユーザーにとって「全角・半角」の区別は本当に必要なのでしょうか。文字コードの観点から、「全角・半角」について考えてみましょう。

「全角・半角」で何が問題になるのか

日本のPCやスマートフォンを使っていると、同じ「A」や「ア」などの文字について、俗にいうところの「全角のA」「半角のA」、「全角のア」「半角のア」といった区別があります。

同じ「A」という文字に対して「全角・半角」というあたかも2種類の文字があるかのような扱いのため、ちょっとした検索でひっかからないことがあったり、入力し分ける必要があって煩わしいなどの問題があります。

例として、図8.3に示す画面で説明します。Webブラウザの画面に表示されているテキストには「AM」という文字列があります。ブラウザのペー

図8.3　Webページに見えている文字列が検索されない例

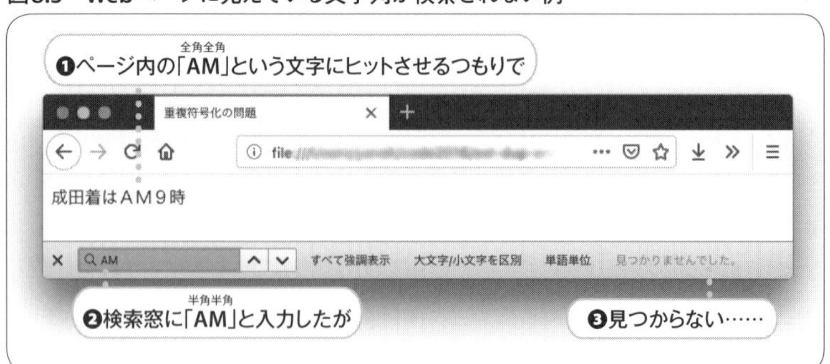

ジ内部の検索機能を使って「AM」という文字列を探そうとすると、ところが、画面に表示されている文中の「AM」という箇所はヒットしないのです。

どういう理由かというと、Webページの文中の「AM（全角全角）」はいわゆる「全角」で記載されていて、一方検索しようと入力した文字列は「半角」なのです。このブラウザでは「全角A」と「半角A」を同一視しないために、入力された「半角」のAMという文字列はテキストの中の「全角」のAMという文字にヒットしなかったという結果になっているのです。

問題の本質

「全角・半角」という区別がなぜ起こったのか、問題の本質を見てみることにします。そして、その区別が文字コード上は本質的でないことについて解説します。

■──区別のはじまり　かつての機器のテキスト表示の制約条件

今よりも性能がずっと低い、漢字が使えるようになる前のPCでは、JIS X 0201ないしASCIIという1バイトコードを使っていました。そこに2バイトコードのJIS X 0208をShift_JISなどの方法によって追加したとき、同じ「A」という文字に対して「1バイトのA」と「2バイトのA」の2種類の符号化表現が対応することになってしまいました。

当時、1980年代あたりのコンピュータの表示能力の制限から、2バイトの漢字は従来の文字の2文字分の幅を取ることになりました。ASCIIの文字を表示するのにたとえば8×16ドットを使っていたとすると、この幅では形の複雑な漢字を表現することはできません。そこで、1文字の枠を2つ並べて、16×16といったドット数で表示することになったのです。

現在のPCではドット単位で画面上の任意の位置に任意のサイズの文字を描画でき、プロポーショナルフォントも自在に使えます。しかし当時主流だったPCの表示能力では、文字用の画面は80文字×25行程度の縦横の格子状の構成をしており、所定の位置に決まったサイズでしか文字表示ができませんでした。漢字1文字が英数字2文字分というのは、当時の機器の制約条件だったのです。1980年代頃のPCのカタログスペックを見ると、表示能力として「テキスト画面80文字×25行」のような記載を見つけることができます。

ちょうど、1バイト文字の倍の幅で2バイト文字が表示されていたため、1バイトのほうを半角、2バイトのほうを全角と呼び習わすことが一般化しました。

■——用語の本来の意味　印刷用語の全角・半角

全角・半角というのは、本来は印刷の用語です。日本の仮名漢字混じり文の印刷に使われる活字は、1文字が正方形の枠に収まります。この枠の長さを全角といいます。半角は全角の半分です。

印字上の長さの単位を示す用語であって、文字そのものの種類のことではありません。たとえば、1文字分の長さの空白を「全角アキ」のようにいいます。

■——文字コードは「全角・半角」を決めていない　1バイトの「A」、2バイトの「A」

文字コードとは文字の符号化表現(ビット組み合わせ)を定義するものであって、文字がどのような幅で表示されるかを決めるものではありません。

JIS X 0201は「A」という文字を`01000001`というビット組み合わせで表現することは定めますが、画面や紙の上で「A」がどのような幅を占めるかは一切決めていません。

したがって、JIS X 0201の「A」を「半角A」と呼ぶのは不適当です。

画面上で**1バイトのA**が**2バイトのA**の半分の幅に見えたとしたら、描画能力の低い1980年代あたりのPCの名残りでそうなっているに過ぎません。他の幅で描画しても一向にかまわないのですし、実際問題、通常使われているPCでも常に「全角・半角」の関係に表示されるとは限りません。

実例を見てみましょう。**図8.4**は、Windows 10のメモ帳を使って、Shift_JISの1バイト・2バイトそれぞれの「A」を表示したものです。用いているフォントはMS Pゴシックです。上段が1バイトの、下段が2バイトのAです。

2つの文字は、まったく「全角・半角」の関係になっていないことがわかるでしょう。両者の幅はほぼ同じで、よくよく注意して見れば2バイトのAのほうがほんのわずかに長いことに気付きます。もし「全角・半角」という区別を言葉通りに適用するならば、1バイトのAが2バイトのAの半分の幅で表示されなければならず、この表示結果はおかしい、MS Pゴシックあるいはメモ帳の実装は間違っている、ということになってしまいます。しかしもちろん、MS Pゴシックやメモ帳が間違っているわけではありません。文字の印字幅はフォント次第であり、文字コードとはまた別の問題です。

1バイトであれ2バイトであれ、ラテン文字Aという本質的に同じ文字を指しているのです。JIS X 0208:1997規格票の「解説」においても、「中には、この規格ではJIS X 0201とは異なって、“全角”文字についてだけ規定しようとしているとの解釈もあるが、この解釈は、〔…中略…〕完全に誤解である」(解説3.8.2項より)としています。

■──「(いわゆる)全角・半角」の存在は便利なのか

ここまで、規格として文字コードが(言葉の本来の意味での)全角・半角を決めていないこと、実装上も必ずしも全角・半角になっていないことを説明しました。それでは、言葉の本来の意味とは異なる、文字コードとしての擬似的な「全角・半角」のような区別があることにするほうが便利なのかを検討してみましょう。もし1バイトのAと2バイトのAが別字であるかのような区別を設けたほうが実用上便利であるならば、便宜的に「(いわゆる)全角・半角」のような区別を文字コードとして別字扱いしたほうが良い

図8.4　1バイト(上)と2バイト(下)の「A」

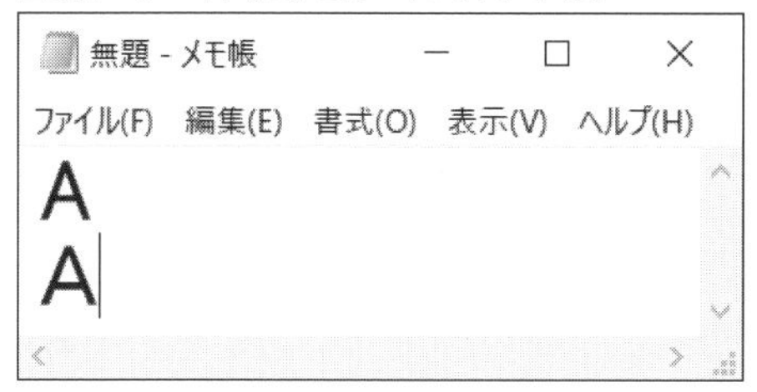

可能性があるからです注2。

「(いわゆる)全角A、半角A」のような区別を文字コードとして設けることは、はたして便利なのでしょうか。実際には、いわゆる「全角・半角」という区別は、利便性よりも不便をもたらしていることのほうが多いように見受けられます。第5章でも例として挙げましたが、Webのフォームで「全角で入力」「半角で入力」などの指定がなされていることがあります。こうした区別は不便でこそあれ便利だと歓迎されることはありません。環境によっては「全角・半角」の見た目の区別がつきにくかったり、「全角・半角」の入力の仕分けに特別な手間が必要だったりすることもあります。

なお、画面上のスペースの節約のために「半角片仮名」を使いたいという意見もあるでしょう。しかし、そうした調整はフォントのサイズ指定などで行うものです。大体において「(いわゆる)半角片仮名」のフォントは綺麗でなく、見た目に劣るという現実的な問題もあります。画面のレイアウト上の問題を、文字コードの使い分けで解決しようとすることには限界があるのです。

「全角・半角」問題への対応　利用者に「全角・半角」を意識させない

一般の利用者を対象とするアプリケーションでは、「全角・半角」のような非本質的な違いを人に意識させないような作りになっているのが便利です。

原則としては、重複符号化をせず一種類の文字には唯一の符号化表現を用いることが重要です。「A」という文字の符号化表現はただ一つであり、1バイトのAと2バイトのAとが混在したりしないということです。しかし、現実にはそうはいかないこともあるので、アプリケーション側で対処して重複符号化の影響を最小限に留める必要があります。

以下では、IMEにまつわる問題と求められる対応と、(IME以外の)アプリケーションでの対処方法を順に考えることにします。

注2　ここでは印刷上の幅という全角・半角の本来の意味ではなく、文字種としてあたかも2つの「A」があるかのように区別することをいっています。印字上の幅やフォントはここでは問題にしません。

■――求められる文字入力プログラム　文字コードにおける一意な符号化という原則

アプリケーションの文字入力の画面において、「半角片仮名は使わないでください」のような断り書きはしばしば見かけます。それはそれで正しいのですが、IME(文字入力プログラム)によって入力できてしまう以上、利用者が絶対に使わないということは保証できません。使用環境によっては、画面に出ている文字が「全角」か「半角」のどちらなのか区別の容易でないこともあるので[注3]、利用者に区別を強いるのは人にやさしいシステムとはいえません。

一般の文字入力においては、利用者の文字入力操作に対して符号化表現を決定する役割を担っているのはIMEです。一方、文字の符号化表現を定める規格すなわち文字コード規格は、第1章で述べたような、一意な符号化という原則を持っています。「A」という文字を符号化するときには、対応する符号化表現が一意に決まるべきということです。文字「A」に対して生成される符号化表現に1バイトのものと2バイトのものとの両方があるのは、この原則に反します。

つまり、「全角英数字」や「半角片仮名」の問題は、IMEの問題として考えられるのです。IMEが「全角英数字」や「半角片仮名」を出力しなければ、問題はかなりの程度解決します。

たとえば、利用者がキーを押してラテン大文字の「A」という文字を入力する操作をしたら、そのとき生成されるバイト列は`0x41`という1バイトであって決して`8260`という2バイトにはならない(Shift_JISの場合)、というようにプログラムされていればよいということです。`0x41`で表現される文字「A」がどのような幅で表示されるか(全角・半角など)は、文字コードの問題ではなく、見やすい幅に表示系が出力すれば良いことです。文字入力プログラムの開発には、こうしたことを考慮する必要があります。

とはいえ、読者の多くは文字入力プログラムの開発者ではないでしょう。アプリケーションの開発においては、IMEが「全角英数字」や「半角片仮名」を出力し得るという前提のもとで、それらの弊害を軽減するように開発する必要があります。

注3　文字コードが本質的に「全角」「半角」という表示幅を決めていない以上、そうした実装は十分に妥当です。

■——入力文字の検証　アプリケーション側の対処法❶

IMEでなくアプリケーション側で考えられる対処法として、文字入力を監視して、適正な範囲の文字でなかったら弾いて入力されないようにするという方法があります。数値の入力欄に数字以外の文字が入力できないようになっていることがありますが、それと同じ要領です。

ユーザーインターフェースにおいて、文字入力フィールドが「全角英数字」や「半角片仮名」を受け付けないようにするということです。これによって、業務ロジックに渡されてくる値に重複符号化がないようにできます。

ただし、場合によってはUI部品に手が入れられず、今挙げたような措置がとれないこともあります。キー入力以外の経路で文字列が渡される場合にも、上記の方法では防止できません。

また、結局のところ利用者に対して「全角・半角」を入力し分けることを要求することになるので、あまり使い勝手が良くないという見方もできます。あくまで対処法の一つとして紹介しておきます。

■——重複符号化された文字の同一視　アプリケーション側の対処法❷

IMEから入力された「全角A」「半角A」という違いはそのままアプリケーションに通したうえで、内部処理上は同一視するということが考えられます。方法としては、入力された時点で「全角・半角」の違いを正規化したうえで保存する手もありますし、違いは保存しておいたうえで検索機能などにおいて違いを同一視する手もあります。

住所などのデータを入力するようなアプリケーションならば、入力されたときに正規化してしまってかまわないでしょう。5.2節で説明した「JIS X 0208とASCII/JIS X 0201の間の変換」と同様の変換処理を施すことになります。正規化のために行う変換の内容は、保存に用いる符号化方式に依存します。Shift_JISであれば英数字をJIS X 0201に、片仮名をJIS X 0208に揃えます。もしJIS X 0208の漢字用7ビット符号で保存するのであれば、全部JIS X 0208に変換します。**図8.5**に例を示します。

一方、テキストエディタなどで編集されたテキストから文字列を検索す

図8.5　文字列を正規化する例

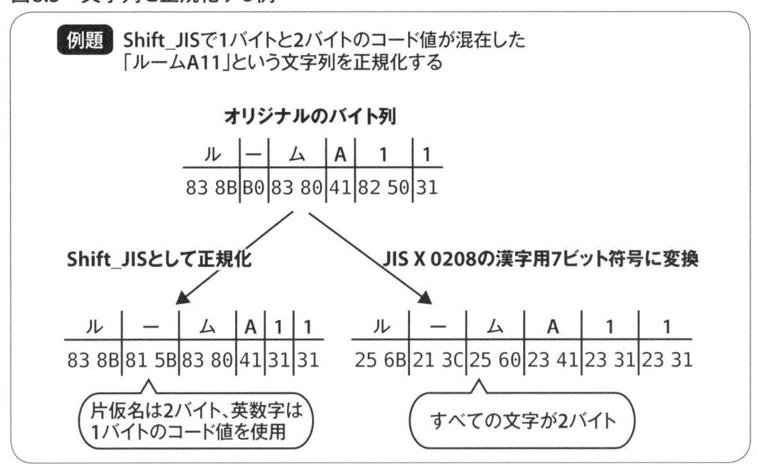

るのであれば、内部的に違いを保持したうえで、「全角・半角」を同一視するのが適当でしょう。テキストエディタやワープロソフトなどの文字列検索機能に「全角と半角を区別しない」のようなオプションがあるのが典型例です。

8.5 円記号問題

円記号問題は、昔からよく聞きます。そして、いまだに存在する問題です。円記号は円記号として、バックスラッシュはバックスラッシュとして扱われる、互いに入れ替わらないようにする、こう聞くと単純な問題のようですが、実はかなり複雑なのです。本節では、抱える問題と、問題解決について可能性を含めて考えていきます。

円記号問題とは何か

円記号問題とは、日本の通貨の円記号(¥)とバックスラッシュ(\)とが、

1バイトコードにおいて、互いに入れ替わることのある現象です。円記号を入力したつもりだったのに、いつのまにかバックスラッシュになっている、あるいはその逆になる、という現象が発生します。これは、第3章などですでに何度か触れた、ASCII(ISO/IEC 646国際基準版)とJIS X 0201ラテン文字との差異による問題です。

以下、円記号問題とはどういう問題なのかを詳しく見てみましょう。見た目だけの問題のように思われるかもしれませんが、そうとは限りません。

ASCIIとJIS X 0201の違い

JIS X 0201は、ISO/IEC 646の日本版として開発された文字コードです。ASCIIとの違いはただ2ヵ所だけです。それが`0x5C`のバックスラッシュと円記号と、`0x7E`のチルダとオーバーラインであることは第3章で説明しました。

JIS X 0201そのものを直接使うことは今日では少ないかもしれませんが、Shift_JISはJIS X 0201を拡張した符号化方式なので(4.2節を参照)、Shift_JISを使うと自動的にJIS X 0201ラテン文字を使うことになります。一方、EUC-JPはASCIIを拡張した符号化方式です。このため、`0x5C`の意味の違いはShift_JISとEUC-JPにも受け継がれていることになります。

円記号問題の顕在化

かつては、円記号とバックスラッシュの違いが問題になることはあまりありませんでした。理由はいくつか考えられます。一つにはプラットフォームを越えたデータの移動が少なかったことがあるでしょう。また、単に表示上のちょっとした違いとして片付けることができたためでもあるでしょう。バックスラッシュをよく使うのは、C言語などのプログラミング言語ですが、この場合記号の形にはあまり意味がないため、「\記号はわが国のキーボードやディスプレイでは¥で表されることが多い」[注4]といった程度の説明で済ませられていました。

注4　B. W. Kernighan、D. M. Ritchie著、石田 晴久訳『プログラミング言語C 第2版 ANSI規格準拠』(共立出版、1989)のp.9、訳注より。

しかし、コンピュータが専門家以外の利用者を獲得するようになって一般化すると、ものの値段を表すのに`¥100`と書いた文がいつのまにか`\100`に変わってしまうのは困ることになりました。

■——Webブラウザ上の表示

UTF-8はASCIIの上位互換なので、`0x5C`は当然バックスラッシュであり、円記号ではありません。しかし、WebブラウザでUTF-8のテキストを表示すると、`0x5C`が円記号に見えることがあります。リスト8.1のHTML文書を例題としてみましょう。

UTF-8で符号化されたHTML文書において、コード値`0x5C`のバックスラッシュを4つ、箇条書きリストの中に入れています。ただ違うのは、それぞれのリスト項目のli要素に設定されたlang属性です。第6章でも出てきたように、lang属性は中身のテキストの言語を明示するためのもので、属性値jaは日本語、koは韓国語、zhは中国語、enは英語を表します。

リスト8.1のHTML文書を、Windows 10バージョン1709のMicrosoft Edgeで表示すると図8.6のようになります。同じ`0x5C`というバイト値であるにもかかわらず、lang属性によって円記号だったり、韓国の通貨のウォン記号だったり、あるいは正しくバックスラッシュだったりと、表示が全然異なっています。とても同じ字を表示した結果には見えません。韓国語でウォン記号になるのは、日本の円記号問題と同様の問題が韓国にもあるためです。韓国版のISO/IEC 646では`0x5C`にウォン記号があるのです。

リスト8.1のHTML文書をmacOSのSafari 11で表示すると、先の例とは異なり、4つともバックスラッシュとして表示されます。文字コードの定義に則った正しい表示です。

実は、こうした挙動は用いるブラウザやその実行環境、フォントなどに依存します。実装の挙動を観察していえることは、Shift_JISやEUC-JPやUTF-8における`0x5C`が日本語環境でどのように見えるかは、実際に試してみないとわからないということです。本来はそのようなことがないようにJISやISOの標準が定められているのですが、残念ながら十分尊重されているとはいえません。

■── Unicodeとの変換による問題　単なる表示上の問題では済まなくなる

Unicodeとの変換が絡むと、円記号問題は単に表示上の問題では済まなくなります。コード変換によって、どのような問題が起こり得るかを考えてみましょう。

西ヨーロッパの文字コードであるLatin-1（ISO/IEC 8859-1）にも円記号があります。Latin-1の円記号をUnicodeに変換すると、`U+00A5`になります。それをさらにShift_JISに変換すると、`0x5C`になります。

このことが何を意味しているかというと、次のような現象が発生するこ

リスト8.1　ブラウザのlang属性

```
<!DOCTYPE html PUBLIC "-//W3C//DTD HTML 4.01//EN">
<html>
 <head>
  <meta http-equiv="Content-Type" content="text/html; charset=UTF-8">
  <title>0x5C</title>
  </head>
 <body>
  <ul>
   <li lang="ja">\</li> ←jaは日本語
   <li lang="ko">\</li> ←koは韓国語
   <li lang="zh">\</li> ←zhは中国語
   <li lang="en">\</li> ←enは英語
  </ul>
 </body>
</html>
```

図8.6　Microsoft EdgeでUTF-8の0x5Cを表示した画面

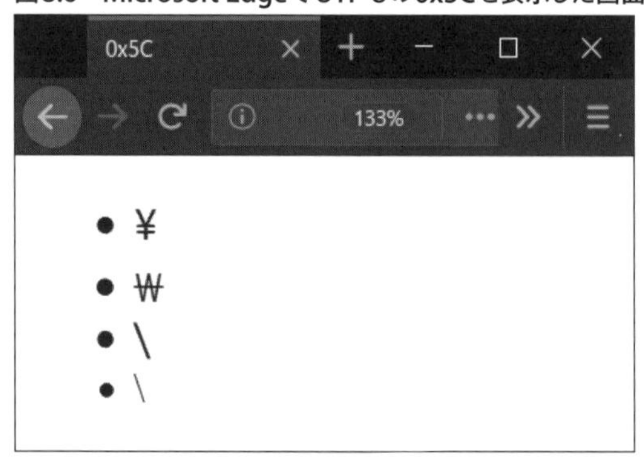

とになります。

まず、Latin-1のテキストとして、¥nという文字列があるとします。この場合、円記号には特殊な意味はまったくありません。Latin-1で符号化されたプログラムやスクリプトにおいて、メタ文字の表現に使われるのはバックスラッシュ(0x5C)であって円記号(0xA5)ではないからです。この文字列をUnicodeに変換してさらにShift_JISに変換すると以下のようになります。

- Unicodeに変換する
  ➡¥nはU+00A5 U+006Eという列になる
- そこからShift_JISに変換する
  ➡U+00A5の円記号はShift_JISにおいて0x5Cなので、5C 6Eという2バイトが変換結果として得られる

0x5Cというバイトが出てきました。このバイト値は、ASCIIではバックスラッシュにあたるため、スクリプトなどでメタ文字の表現に使われます。ASCIIでいうところの\nと同じになってしまうのです。もしこの文字列を\を特別に解釈するPerlなどのプログラムにそのまま与えると、予期せぬ結果を引き起こすことになります。

もし仮に、Perlを実行するコマンド、

```
perl -e 'print "<埋め込まれる文字列>"'
```

のような文字列を生成するプログラムがあり、<埋め込まれる文字列>の部分が上記のようにUnicodeからShift_JISに変換された文字列だったとしましょう。そして元のUnicode文字列の終わりがたまたま円記号(U+00A5)であったとします。Shift_JISへの変換によって円記号が0x5Cというバイト値になり、すなわち文字列終端に\が置かれることになると、

```
perl -e 'print "...\"'
```

という意味になってしまいます。二重引用符をエスケープしていることになり、文字列が閉じていないというエラーが発生する結果となります。

この例はつまり、元々特殊な意味を持たない純然たる円記号が、コード変換を経るうちにエスケープの意味を持つバックスラッシュに置き換わっ

てしまったということです。

この現象は、メタ文字を思わぬ経路から注入され得ることを意味します。セキュリティ上の脆弱性ともなり得る懸念があり見逃せません。

対策としては、文字列をUnicodeから変換した後で特殊文字のエスケープを行うことが考えられます。上記の例であれば、Shift_JISに変換したのちに、`0x5C`を探して`\\`のようにエスケープ処理を施すということです。Unicodeの段階で`U+005C`を探しても、この例ではエスケープされないことに注意が必要です。Unicodeの段階ではまだ円記号が`U+005C`になっていないためです。

対処のための注意点

円記号問題に対処するうえでの注意点を、整頓しておきましょう。

■── EUC-JPの場合

EUC-JPの`0x7E`以下のバイトはJIS X 0201ではなくASCIIなので、上記のようなJIS X 0201に起因する問題から逃れられると期待したいところです。

ところが、Unicodeから変換するプログラムにはEUC-JPのこの特性を正しく反映せず、Shift_JIS同様JIS X 0201ラテン文字であるかのように扱うものがあります。たとえば、iconvはUnicodeの`U+00A5`(円記号)をEUC-JPの`0x5C`(バックスラッシュ)に変換してしまいます。この現象は、コード変換の際に単なるコード変換だけでなく、円記号からバックスラッシュへの文字変換を行っているものと解釈できます。

したがって、EUC-JPであっても、`0x5C`がバックスラッシュとして扱われるはずという予断を持つことはできません。自分のプロジェクトで用いるUnicode変換プログラムがバックスラッシュや円記号をどう変換するかを事前に試してみるなど、注意してかかる必要があります。

■——文字入力の際の注意

文字を入力する際のトラブル回避手段としては、Shift_JISやEUC-JPの円記号とバックスラッシュは、常に2バイトのほうを使うというのが、手っ取り早くて比較的確実な方法といえるでしょう。

ただし、この方法は、文字コードの仕様として必ずしも望ましいやり方とはいえません。なぜなら、重複符号化の排除の観点から、Shift_JISの仕様においては円記号は818Fではなく0x5Cのほうを使うべきことに定められているからです。

とはいうものの、実装の挙動を観察するならば、Shift_JISで2バイトのほうの円記号を使うことは、バックスラッシュに変換されてしまわないという意味で安定しており、実用上やむを得ない措置といえるでしょう。

■——チルダとオーバーラインについての注意

本節では「円記号問題」と題して円記号とバックスラッシュの間の問題を説明していますが、すでに述べたとおり、コード値0x7Eの‾(オーバーライン)と~(チルダ)についても同様の問題があります。

本質的な原因は円記号の場合と同じなのでチルダについての説明は省略しますが、円記号と相違する点についてのみ、特記しておきます。現実問題としてあまり表面化しませんが、ごくまれに問題となることがあります。

円記号とバックスラッシュの問題では、Shift_JISとEUC-JPとの双方が、問題となるいずれの文字をも含んでいました。つまり、0x5Cが円記号であるShift_JISは2バイトコードの中にバックスラッシュを含んでいますし、0x5CがバックスラッシュであるEUC-JPは2バイトコードの中に円記号を含んでいます。

しかし、オーバーラインとチルダについて見ると、0x7EがチルダであるEUC-JPは2バイトコードにオーバーラインを含んでいる一方で、0x7EがオーバーラインであるShift_JISは2バイトコードにチルダを含んでいません。Shift_JISという文字コードは、実はチルダという文字を持っていないのです。

このため、定義に厳密に従おうとすると、EUC-JPからShift_JISに変換する際に0x7Eのチルダの行き先がなくなってしまうのです。また、Shift_JISの0x7Eすなわちオーバーラインは、厳密にはUnicodeの（U+007Eではなく）U+203Eに対応するため、URLなどにチルダを書いたつもりで0x7Eというバイト値が使われていると、コード変換によってU+203Eに移ってしまい、チルダとして解釈されない可能性があります。

ただ、現在出回っているコード変換の実装は、Shift_JISとEUC-JPの1バイトコード部分に手を付けず、0x7Eは一律にチルダとして扱うものがほとんどなので、この問題はあたかも存在しないように見えます[注5]。

もっとも、JIS X 0201のオーバーラインはチルダのような字形をとることも許容されているため、コード変換でEUC-JPの0x7EをShift_JISの0x7Eに移すことは、それなりに妥当であるともいえるのです。

円記号問題は解決できるか

長いこと日本語環境につきまとっている円記号問題ですが、根本的に解決することは可能なのかどうかを考えてみましょう。

問題の本質　0x5Cの意味の違いを厳密に運用する

問題の根本は、コード値が同じ0x5Cだからといって JIS X 0201の円記号とASCIIのバックスラッシュを同じものであるかのように扱っていることです。

論理的に考えれば、ASCIIとJIS X 0201は別の符号化文字集合であり、文字とコード値の対応付けに違いがあるのだから、違いを正しく認識して扱うことが必要になるはずです。

解決のための思考実験

考えられる一つの解決方法は、0x5Cの意味の違いを徹底的に厳密に運用することです。後に述べるようにあまり現実的ではありませんが、思考実

注5　macOS等のiconvコマンドで入力にSHIFT_JISやSHIFT_JISX0213を用いると、0x7EをU+203Eに移します。この挙動が不都合ならば、出力結果のU+203EをU+007Eに置換する手があります。

験として検討してみましょう。

違いを厳密に運用するとは、「Shift_JISの0x5Cは円記号であり、EUC-JPの0x5Cはバックスラッシュである」という事実を徹底するということです。

この方針に従うと、Shift_JISで符号化されたプログラムに

```
print "¥n"          ←¥は0x5C
```

のように記されていたら、それは改行を出力するのではなく、円記号と小文字nという2つの文字を単に出力するのだということです。もし改行の意味にしたければ、次のように書く必要があります。

```
print "＼n"          ←＼は815F
```

ここで＼はShift_JISで815Fという2バイト文字です。この表記がプログラム中で特別な意味を持つというのはプログラマの方には強烈な違和感があると思いますが、文字コードの定義に照らして至って正当なバックスラッシュの表現方法です。実際、Shift_JISの815Fという値はUnicodeのREVERSE SOLIDUSすなわちU+005Cに対応するのです。「全角バックスラッシュ」ではないのかという声があるかと思いますが、Shift_JISでは1バイト文字にREVERSE SOLIDUS（バックスラッシュ）が存在せず、重複符号化でないため、2バイトの815Fは全角形にはマッピングされないのが本来の姿なのです[注6]。

前述のようにプログラムを記したうえで正しくコード変換すれば、先ほどのバックスラッシュはU+005Cと解釈され、つまりASCIIのバックスラッシュと同じとみなされるのです。

要は、プログラムの中だからといって特別扱いせずに、バックスラッシュはバックスラッシュとしてShift_JISの815Fによって表すということです。

この際、Shift_JISとUnicodeの変換のうえではShift_JISの0x5Cは円記号なのだからU+00A5に変換されるものであって、決してU+005Cにしてはなりません。また、Shift_JISからEUC-JPに変換するには、Shift_JISの0x5CをEUC-JPのA1EFに、0x7EはA1B1（オーバーライン）に変換してやります。厳

注6　念のため付け加えると、Shift_JISでなくEUC-JPであれば、2バイトのバックスラッシュは全角形にマッピングされます。

密な運用のためには0x7F以下のバイトを素通しにしてはいけないのです。

以上の規則を徹底すれば、円記号は円記号として、バックスラッシュはバックスラッシュとして、一貫した扱いがなされることになります。これによって円記号問題は解決できます。

しかしながら、現実にはここで述べた解決策がとられることはおそらくないでしょう。0x5Cの円記号とバックスラッシュは曖昧に運用するものだという観念とそれに基づく実装が、あまりにも広く行き渡っているためです。結局のところ、円記号問題への対処としては、自分の用いるソフトウェアが円記号をどのように扱うか、挙動を注意深く観察することでトラブルを未然に防ぐしかありません。

8.6 波ダッシュ問題

Unicodeの扱いでしばしば話題にのぼる波ダッシュ問題とは何でしょうか。本節では問題を把握するための概要と原因、対処案について考えます。

波ダッシュ問題とは何か

波ダッシュ問題とは、JIS X 0208の1区33点にある記号〜(波ダッシュ)が、Unicodeに変換されたときにU+301CになったりU+FF5Eになったりすることによって発生する文字化けの問題です。同様の問題は波ダッシュ以外にも数種類の記号で発生しますが、使用頻度の高さから、とくに波ダッシュについて起こる問題として知られています。前章のJSPの項においても一部この問題を取り上げました。ここではJSPに限定せず、より一般的な説明を行います。

以下では、波ダッシュ問題によってどのような事象が発生するかを述べたうえで、問題の背景として、波ダッシュやチルダとはそもそもどのような文字(記号)なのかを明らかにしておきます。

■——現象の例

Shift_JISやEUC-JPで符号化した波ダッシュをUnicodeに変換し、またShift_JIS等に変換しようとしたときに、元の波ダッシュに戻らず、?等に置き換わることがあります。これが波ダッシュ問題の典型パターンです。

たとえば、波ダッシュを含むEUC-JPのテキストをiconvでUTF-8に変換してWindowsに持っていき、メモ帳で開いてShift_JISで保存しようとしたとします。期待としては〜(波ダッシュ)も含めてShift_JISに変換のうえ保存されてほしいところですが、実際には変換できない文字があるという警告が出てしまいます。これは、Windowsが認識する〜(波ダッシュ)とは異なるUnicode文字が渡されたということを意味します。

また、同じファイルをInternet Explorer 11で開いてShift_JISとして保存すると、波ダッシュが文字そのものでなく`〜`という文字参照の形式になります。`12316`とは16進では`301C`であり、波ダッシュのUnicodeでの符号位置にあたります。Windowsの認識としては、`U+301C`という符号位置はShift_JISに含まれないということだと解釈できます。

■——波ダッシュとは

波ダッシュとは、ダッシュと同じように使われる記号で、ただし、形が波打っているものです。期間や区間を示すために頻繁に用いられます。波ダッシュの使用例をいくつか挙げてみましょう。

- 月曜〜金曜
- 9:00〜17:00
- パリ〜ロンドン

横書きでの形状としては図8.7の❷のような形をとることがほとんどですが、❸の形でも間違いとはいえず、手書きの場合にはとくにこだわらないこともあります。図形の上下の相対的な位置としては、後述のチルダのように上付きになることはなく、中央に置かれます。

縦書きにした場合は、図8.8の❷のようになることが多くありますが、❸

の形に印刷されたものを見かけることもあります。

形が波打っていることは、長音を表す音引き「ー」等との混同を避けるのに便利と考えられます。

■——チルダとは

チルダ(英：tilde。チルド、ティルデ)とは、アルファベットの上に付くダイアクリティカルマークの一種です。つまり、記号の種類としてはウムラウトやアクサンなどの仲間です。スペイン語やポルトガル語等の表記に見られます。次のように使われます。

- español(スペイン語で「スペイン語」の意味)
- São Paulo(ポルトガル語、都市名「サンパウロ」)

チルダはアルファベットの上について意味を持つものなので、文字コードにおいてはLatin-1やJIS X 0213やUnicodeが行っているようにñ ãなど、基底文字と組み合わせた形で符号化するか、あるいはUnicodeで可能なように直前のアルファベットに合成する結合文字として符号化されます。

ASCIIには、結合文字でない単体のチルダがあります。Unixでホームディレクトリを表したり、プログラミング言語で演算子として用いられるといったように、コンピュータの分野では特殊な記号としての用法があります。数学記号としては、否定の意味で使われることがあります。

チルダの字形は、アルファベットの上に付くものであることから、中央よりも上に寄った形で描画されることが多くあります。ただし、コンピュータのフォント(とりわけASCIIのフォント)としては中央に描画されることもあります。チルダには、縦書きという概念はありません。ウムラウト

図8.7　波ダッシュの横書き字形例

図8.8　波ダッシュの縦書き字形例

やアクサンに縦書きがないのと同じです。

問題の原因　WAVE DASHとFULLWIDTH TILDE

Shift_JISなどJIS系の符号化方式から、UTF-8などのUnicode系の符号化方式にコード変換を行う際、JISの1区33点の波ダッシュを、U+301C（WAVE DASH）に対応付ける実装とU+FF5E（FULLWIDTH TILDE）に対応付ける実装とがあります。

たとえば、コード変換器**A**はU+301Cに、コード変換器**B**はU+FF5Eに対応付ける実装だとします。このとき、波ダッシュを含むShift_JISのテキストをコード変換器**A**でUnicodeに変換すると、波ダッシュはU+301Cになります。変換後のUnicodeテキストを今度はコード変換器**B**によってShift_JISに戻すとします。すると、コード変換器BにおいてはU+301CをShift_JISに対応付ける先がなく、文字化けする結果となります。行き先のないU+301Cがどうなるかは実装依存ですが、?に置き換わるなどすることがあります。

この様子を図8.9に示します。お気付きかもしれませんが、図8.9は第7章の図7.5と本質的に同じ内容を表しています。つまり、Unicodeとのコード変換に複数の種類があり、異なる変換を行うものを組み合わせると、変換先が定義されずに文字化けという結果になるということです。

では、なぜ波ダッシュという1つの文字について2種類のコード変換があるのか、どちらかが正しいのか、あるいは両方とも正しいのか、という疑問が生じることになります。そこで、波ダッシュの2種類のコード変換の妥当性を詳しく見てみましょう。

図8.9　変換の違いによって波ダッシュが文字化けする様子

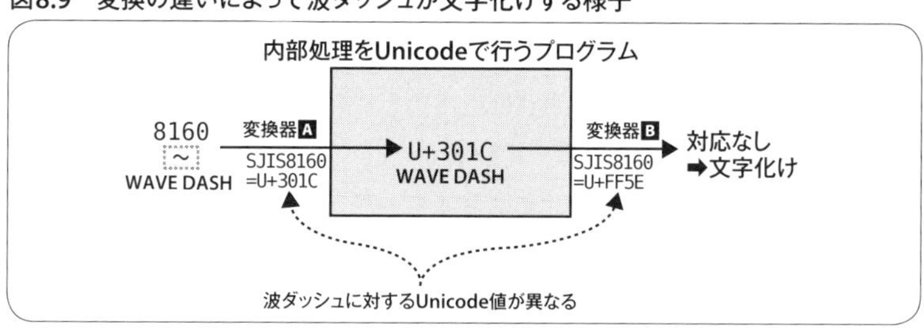

■――変換の妥当性を検証する　JISの1区33点とU+301Cの対応付け

第5章で、コード変換の原則として、「コード変換が正しく行われたかどうかは、変換元・変換先の双方の文字コードの定義に照らして判断する必要がある」と述べました。この原則は波ダッシュ問題にも適用できます。変換元のJIS、変換先のUnicodeの仕様を照らし合わせて、同じ字にマッピングされていることが確認できてはじめて妥当なコード変換だといえるのです。そこで、JISとUnicodeがそれぞれどのようにこの文字を扱っているか見てみましょう。

- JIS X 0208:1997の定義では1区33点はダイアクリティカルマークのチルダではなく記述記号の波ダッシュとしている。WAVE DASHという文字名が与えられており、この文字名はUnicodeのU+301Cに該当する
- Unicode仕様のU+301C(WAVE DASH)はCJK Symbols and Punctuationに分類され、説明には「JIS punctuation」という注意書きが付けられている。JISの波ダッシュに対応する記号である意図が読み取れる

つまり、JISとUnicodeの両方から見て、JISの1区33点をU+301Cに対応付けることは十分に妥当です。単にJISの変換表にそう書いているからという理由だけではなく、変換元・変換先それぞれの文字コードにおける文字の定義として合致するのです。

すでに見たとおり、波ダッシュとチルダは用法やとり得る字形が異なるので、別の字とみなされます。波ダッシュをFULLWIDTH TILDEに移してしまうのは、コード変換というよりも文字変換(第5章参照)であるとみなせます。

Unicodeの例示字形

ただし、Unicode 8.0以前の仕様書のU+301Cの例示字形は、日本で通常印刷される(そしてJISの例示字形に見える)波ダッシュとは波形の位相が異なっており、図8.7の❺の形を取っていました。この形は波ダッシュとして間違いとまではいえないまでも、あまり一般的ではありません。このことが、波ダッシュをU+301Cに対応付けない実装の出現した原因かもしれません。

U+301Cの例示字形がJISのものと異なっていたからといって、別字であ

るかのように考えるのは不適当です。同じ文字かどうかは、単に例示字形だけでなく、文字の用法や字形のとり得る範囲も勘案する必要があるので、例示字形に違いがあることをもって、ただちに別字だと判断することはできないのです。第1章で述べたように、文字とは単なるインクの染みではなく、総合的な判断によって識別されるものです。

FULLWIDTH TILDEの存在

さて、もう一方のU+FF5EすなわちFULLWIDTH TILDEとは何であるかについて触れておきましょう。この符号位置は、1バイト文字と2バイト文字が混在する符号化方式における重複符号化を救済するための互換用に導入された符号位置です。

具体的な用途としては、EUC-JPにおいてASCIIのチルダとJIS X 0212のチルダが重複してしまうのを解決するために、JIS X 0212のチルダに対応付けるための互換用として用いるのが妥当です。実際、JavaのEUC-JPのコンバーターはJIS X 0212のチルダをFULLWIDTH TILDEに対応付ける動作をします。同様に、EUC-JIS-2004においては、ASCIIとJIS X 0213との間でチルダが重複するために、JIS X 0213のチルダ(面区点番号1-02-18)をFULLWIDTH TILDEとして用いることができます。

■――Windowsの実装

コード変換においてJISの波ダッシュをU+FF5Eに対応付けるのは、Windowsとその関連製品が中心です。ただし、近年ではWindowsでも波ダッシュがU+301Cに対応するという認識で実装された製品が出てきています。

Windows XPに同梱のフォントのU+301Cの字形は、Unicodeの例示字形に近い形(図8.7の❺)をしているため、表示されると少々違和感があるかもしれません。

Windows Vista以降のフォントでは改められて、通常の形(図8.7の❹)になったため、U+301Cが使用されても違和感はないでしょう。Windows 10でも同じです。

また、Windows 10付属のMicrosoft IMEのIMEパッドでは、JIS X 0213

の1面1区33点とU+301Cとが対応するものとして実装されています。

Vista以降のフォントやIMEパッドのこうした実装は、Microsoft製品でもJISの波ダッシュがU+301Cに対応するという認識に基づいてきている証拠といえます。

それでも、Shift_JISとのコード変換器は影響が大きいためか変更は難しいようで、Windows 10でもXP同様に波ダッシュをU+FF5Eに変換する実装になっています。ただし、Windows 10のWSLを利用してiconvコマンドを使えば、シフトJISの波ダッシュを正しくU+301Cに移すことができます。

三つの対処案

波ダッシュ問題に対処するための三つの考え方を説明します。三つの考え方とはすなわち、❶Unicodeに変換しない、❷コード変換を揃える、❸Unicode間で変換する、です。これらはどれか一つが最も良いという性質のものではなく、状況に応じて適当な方法を選ぶことになります。

❶Unicodeに変換しない

対処法の一つとして、Unicodeに変換せず、Shift_JISなりEUC-JPなりのままデータを交換するということが挙げられます。Unicodeに変換しなければ問題は発生しないのですから、非常に強力な対処法といえます。

もっとも、後ろ向きな対処法であることは否めません。今日のプログラミング環境では内部コードとしてUnicodeを用いることが多く、その場合この対処法は不可能です。

❷コード変換を揃える

コード変換の違いが波ダッシュ問題の原因なのですから、違いをなくせば文字化けはなくなります。つまり、1区33点をU+301Cに対応付けるような変換に揃える、あるいは、U+FF5Eに対応付ける変換に揃えるということです。変換表の取り換えが可能な場合には有効です。

なお、1区33点をU+FF5Eへと変換する変換器であっても、逆方向すなわちUnicodeからJISへの変換の際にはU+FF5EだけでなくU+301CをもJISの1区33点に変換することがあります。つまり、多対一の変換になっているということです。このような場合は対処がしやすくなります。例として、iconvのCP932変換器[注7]はUnicodeからの変換においてU+FF5EとU+301CのいずれもShift_JISの8160(1区33点)へと変換します。この変換器をUnicodeからの出力に使うならば、入力時に用いるUnicodeへの変換は、波ダッシュをU+301CにしようとU+FF5Eにしようと、どちらでも文字化けは起こらないことになります。

コード変換の定義を自由に選べない場合は、コード変換を揃えることが困難になります。その場合は、次に述べる方法を用いることになります。

■───❸Unicode間で変換する

波ダッシュに対応するUnicodeの符号位置が2つ存在するのが問題なので、どちらか片方のみを用いると決めておき、使わないほうの符号位置が現れたら当初決めた符号位置のほうに変換してしまうという方法です。ここで変換とは、UnicodeとShift_JIS等との変換ではなく、Unicodeのコード値を変えてしまうことを指しています。

たとえば、波ダッシュとしてU+301Cを用いると決めるとします。つまり、コード変換においてはJISの1区33点はU+301Cに変換されるものを用います。このとき、もし外部からの入力が、波ダッシュに対応するUnicode値としてU+FF5Eという符号位置を渡してきたら、強引にU+301Cに置き換えてしまうのです。こうすれば、全体として整合性が保たれることになります(図8.10)。

内部的に波ダッシュをU+301CにするかU+FF5Eにするかは、用いるプログラムの都合の良いほうに決めてかまいません。ただし、インターネットなどで不特定多数に向けてUnicodeのデータを出力する場合には、標準に則ってU+301Cを波ダッシュとするのが好ましいと筆者は考えます。たとえばAppleのWebサイトのテキストでは、温度の範囲を表す「0℃〜35℃」のよう

注7　CP932コンバーターとも呼ばれます。

な波ダッシュをU+301Cとして出力していますが、標準に則った妥当なやり方だといえます。

波ダッシュ以外の文字 変換による問題が発生しがちな文字

本節では代表例として波ダッシュを取り上げていますが、同様の現象は他の文字にも存在します。同様の問題を持つ文字を、波ダッシュも含めて**表8.2**に掲げます。表8.2で「標準のUnicode文字」というのは、JIS X 0208で定義されている対応付けです。

表8.2には、ベンダー依存の定義で「FULLWIDTH」に移すものが波ダッシュ以外に4種類あります。Shift_JISやEUC-JPではこれら4文字はいずれも重複符号化されないので、全角形になる理由がありません。

双柱(そうちゅう)については、JISの区点の並びや記号の分類、例示字形から、数学記号の並行ではなく一般記号のDOUBLE VERTICAL LINEと解釈するのが妥当です。

なお、JIS X 0213では平行記号すなわちPARALLEL TOが双柱とは別の数学記号として1-02-52に追加されています。またHYPHEN-MINUSが1-02-17に追加されていることから、Shift_JIS-2004等の符号化方式では1バイトコードとの重複符号化のためにこの1-02-17がFULLWIDTH HYPHEN-MINUSとなります。

波ダッシュ問題とは若干事情が異なりますが、コード変換の際に混同されやすい文字に、JISの通用名称として「ダッシュ(全角)」と名付けられている「―」(1-29)があります。Unicodeで対応するのは同じダッシュの名前を

図8.10 Unicode間の変換

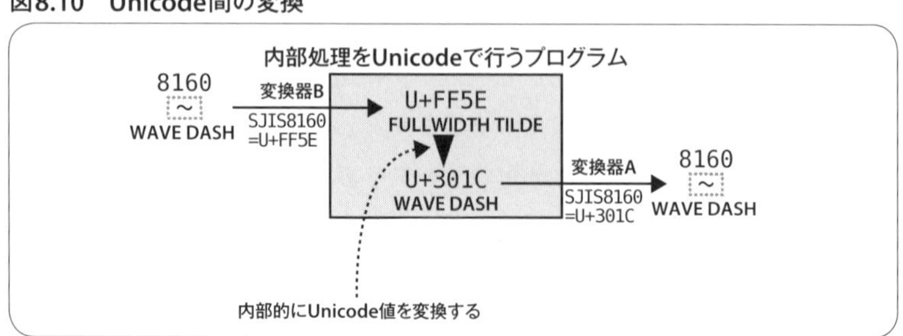

表8.2 ベンダー依存の変換の問題の発生する代表的な文字

名称	文字	区点	標準のUnicode文字 一部の実装が変換するUnicode文字
波ダッシュ	〜	1-33	WAVE DASH (U+301C) FULLWIDTH TILDE (U+FF5E)
双柱	‖	1-34	DOUBLE VERTICAL LINE (U+2016) PARALLEL TO (U+2225)
負符号	−	1-61	MINUS SIGN (U+2212) FULLWIDTH HYPHEN-MINUS (U+FF0D)
セント記号	¢	1-81	CENT SIGN (U+00A2) FULLWIDTH CENT SIGN (U+FFE0)
ポンド記号	£	1-82	POUND SIGN (U+00A3) FULLWIDTH POUND SIGN (U+FFE1)
否定記号	¬	2-44	NOT SIGN (U+00AC) FULLWIDTH NOT SIGN (U+FFE2)

持つEM DASH(U+2014)であるようJIS X 0208では定義されているのですが、コード変換の実装においてはしばしばU+2015のHORIZONTAL BARに移されます。JISの通用名称「ダッシュ(全角)」とは、1文字分の幅をとるダッシュであることを意味します。一方、UnicodeのEM DASHにおけるEMとは活字1文字分のサイズのことであり、意味的に「ダッシュ(全角)」にちょうど合致します。しかし、形が紛らわしくなおかつ符号位置が隣り合っているためか、HORIZONTAL BARに変換する実装が多いのです。この文字についても注意が必要です。

8.7 まとめ

本章では、文字コードの運用上に多い問題を取り上げて原因と対処法を示しました。トラブル対処のためによく使う道具として、16進ダンプツールを取り上げました。表示された文字だけを見てもわからないといったときにはぜひとも必要です。あわせて、改行コードの違いもトラブルの元となることを理解しておくと、問題が起こったときに原因を発見しやすくなるでしょう。

日本の環境で多い問題としては、「全角・半角」問題と円記号問題、波ダッシュ問題の三つを取り上げました。

「全角・半角」問題については、「全角・半角」という言葉の本来の意味と、文字コードは本当は文字幅を決めているわけではないことを説明しました。アプリケーション開発においては、利用者の不便にならないような「全角・半角」の取り扱い方が必要です。

円記号問題は、単に表示だけでなく、Unicode変換との関係も含めて、どのような現象が起こり得るか把握しておきたい問題です。

波ダッシュ問題については、文字化けの原因として波ダッシュという1つの文字がUnicodeへの変換において実装によって2通りのいずれかの符号位置に移されることを説明しました。

本章では上記の各種トラブルについて、文字コードの原理原則に立ち返ったうえで現象の意味を考察しました。こうしたやり方は一見迂遠で理屈っぽいように映るかもしれません。しかし、小手先の対症療法でない本質的な解決のためには、原則に立脚した議論が必要であるはずです。

本章で述べていない別のトラブルに遭遇したときにも、文字コードの原則に基づいた考察方法は確かな視野を与えてくれるはずです。読者が新たな問題に出会ったときに文字コードの原則に基づいて論理的に筋の通った解決法を導くことができたなら、本書の意図は十二分に達成されたといって良いでしょう。

Appendix

本編で扱わなかった、より進んだ内容をまとめて掲載します。
各節は独立していますので、気になる話題から順不同に読んでいっても差し支えありません。

A.1 ISO/IEC 2022のもう少しだけ詳しい説明 ……… p.328
A.2 JIS X 0213の符号化方式 ……… p.333
A.3 諸外国・地域の文字コード概説 ……… p.342
A.4 Unicodeの諸問題 ……… p.349
A.5 Unicodeの文字データベース ……… p.366
A.6 規格の入手・閲覧方法ならびに参考文献 ……… p.368

A.1
ISO/IEC 2022のもう少しだけ詳しい説明

第2章で、ISO/IEC 2022の基本的な概念を紹介しました。第2章の説明はごく基本的なアイディアを述べただけであり、あまりにも簡略化し過ぎています。本節では、もう少しだけ詳しく説明します。通常はここに記すだけのことを知っていれば十分足りるはずですが、詳しく知りたい方は規格(ISO/IEC 2022ないしはその日本語版のJIS X 0202)にあたってください。

符号化文字集合のバッファ

第2章の説明では、符号化文字集合を8ビット符号表のGL領域やGR領域に直接に呼び出すものとしていました。

しかしISO/IEC 2022の概念では、間に一段階バッファのようなものを設けて、間接的に呼び出す格好になっています。バッファは4つあり、それぞれG0、G1、G2、G3という名前が付けられています。

G0〜G3のバッファは、符号化文字集合が一つ収まる入れ物のようなものだと思えばよいでしょう。ただし、コンピュータの記憶装置上に本当にバッファがあるのではなく、仮に想定する概念上の存在です。

指示と呼び出し

したがって、ある符号化文字集合を8ビット符号表に割り当てるには、符号化文字集合をいずれかのバッファへといったん割り当てたのちに、特定のバッファを8ビット符号表のGLやGRへと割り当てるという、二段構えの手順を踏むことになります。

符号化文字集合をG0からG3までのいずれかのバッファに割り当てることを、「指示する」(*designate*)といいます。たとえば、ISO/IEC 646国際基準版(ASCII)をG0に指示するとか、JIS X 0208をG1に指示するといった言い方をします。

G0やG1に指示した符号化文字集合を8ビット符号表のGLやGRに割り当てることを、「呼び出す」(*invoke*)といいます。たとえば、「G0をGLに呼び出す」「G1をGRに呼び出す」といった使い方をします。

例として、G0にASCIIを、G1にJIS X 0208を指示したうえで、GLにG0を、GRにG1を呼び出すならば、結果として、GLにはASCIIが、GRにはJIS X 0208が割り当てられたことになります。

指示と呼び出しの二段構えで符号化文字集合を8ビット符号表に割り当てる構造を図A.1に示します。

典型的な使い方としては、G0にASCII相当の符号化文字集合を指示してGLに呼び出しておき、G1〜G3には各国・地域で用いる符号化文字集合を指示して適宜GLやGRに呼び出す、という形態があります。

94文字集合と96文字集合

バッファに指示する符号化文字集合には、94文字からなるものと96文字からなるものとがあります。94文字の集合とは、ASCIIの`0x20`(SPACE)と`0x7F`(DELETE)との位置に文字を割り当てないものです。一方、この2つの符号位置も図形文字の符号化のために用いるのが96文字の集合です。

たとえば、JIS X 0201のラテン文字集合や片仮名集合は94文字集合です。

図A.1　二段構えの構造

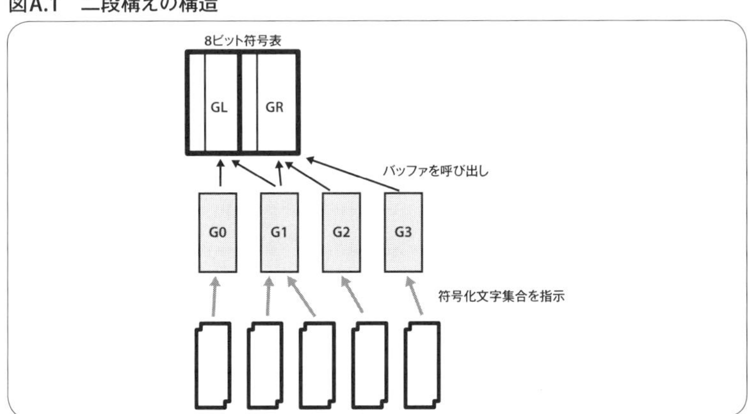

JIS X 0208やJIS X 0213漢字集合1面・2面はいずれも94^2文字の集合なので、96文字集合との対比という意味において94文字集合に含めます。一方、ISO/IEC 8859の各パートのGR相当の符号化文字集合は、`0xA0`と`0xFF`にも文字を割り当てるので96文字集合です。

ISO/IEC 2022の決まりでは、G0には96文字集合を指示できないことになっています。よって、ISO/IEC 8859-1(Latin-1)等をISO/IEC 2022の枠組みで他の文字集合と組み合わせるときは、G0ではなくG1などに指示して使うことになります。たとえば、RFC 1554で定義されているISO-2022-JP-2では、Latin-1やISO/IEC 8859-7(ギリシャ文字集合)という96文字集合をG2経由でGLに呼び出して使用します。

エスケープシーケンス

エスケープシーケンスは、これまでは単に符号化文字集合の切り替えという意味として説明してきました。しかし、ISO/IEC 2022のしくみに即していうならば、エスケープシーケンスとはG0〜G3のバッファのいずれかへと符号化文字集合を指示するものです。G0にASCIIを指示する、G1にJIS X 0208を指示する、などです。ISO-2022-JPで用いるエスケープシーケンスは、すぐ後で見るように、いずれもG0に当該の符号化文字集合を指示するものです。

JIS X 0208などの94文字集合はG0からG3のいずれにもエスケープシーケンスで指示できます。一方、Latin-1などの96文字集合に対しては、G0に指示するエスケープシーケンスは存在せず、G1からG3までだけです。

符号化方式の実際

第4章で説明したEUC-JPとISO-2022-JPについて、先述の枠組みがどう適用されているかを見てみましょう。

本来は以下に示すような構成をしているのですが、それぞれの符号化方式の内容を知るだけであれば、本節で説明する二段階の呼び出し構造を省略しても実は説明できてしまうため、第4章では省略していたものです。

■—— EUC-JP

第4章ではEUC-JPの説明として、GLにASCII、GRにJIS X 0208を呼び出すというように、GLやGRに直接符号化文字集合が呼び出されるように説明しました。これをISO/IEC 2022のしくみに則って説明すると以下のようになります。まず、

- G0にASCIIを指示
- G1にJIS X 0208を指示
- G2にJIS X 0201片仮名集合を指示
- G3にJIS X 0212を指示

という指示が前もってなされているとみなします。そのうえで、

- G0をGLに呼び出し
- G1をGRに呼び出し

という呼び出しを行った状態が固定されているのがEUC-JPなのです。これによって結果的に、ASCIIがGLに、JIS X 0208がGRに呼び出されることになります。

G2とG3の使用については、

- 制御文字SS2によって後続の1文字分だけG2をGRに呼び出し
- 制御文字SS3によって後続の1文字分だけG3をGRに呼び出し

というシングルシフトによってなされます。SS2とSS3の「2」「3」というのはG2、G3のことだったのですね。図A.2にEUC-JPの構造を示します。

■—— ISO-2022-JP

ISO-2022-JPについてはどうでしょうか。ISO-2022-JPで用いるエスケープシーケンスは、実は、G0に符号化文字集合を指示するためのエスケープシーケンスなのです。

つまり、G0をGLに呼び出すという関係は常時固定されているとしたう

えで、エスケープシーケンスを用いて、

- G0にASCIIを指示
- G0に83JISを指示
- G0に78JISを指示
- G0にJIS X 0201ラテン文字集合を指示

という操作を行うことによって、結果的にGLに呼び出される符号化文字集合を切り替えるということをしているわけです。図A.3に構造を示します。

図A.2　EUC-JPの構造

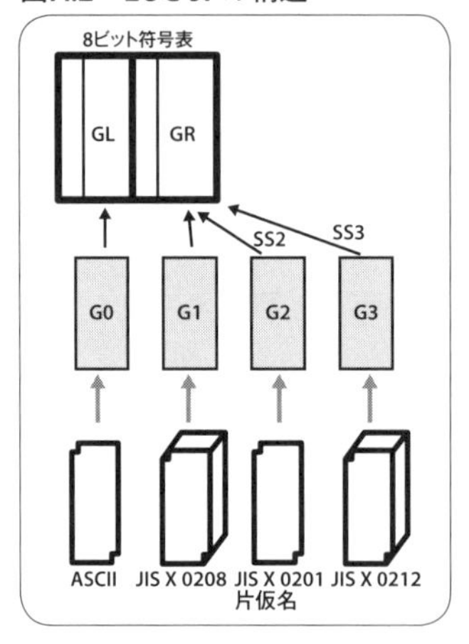

図A.3　ISO-2022-JPの構造

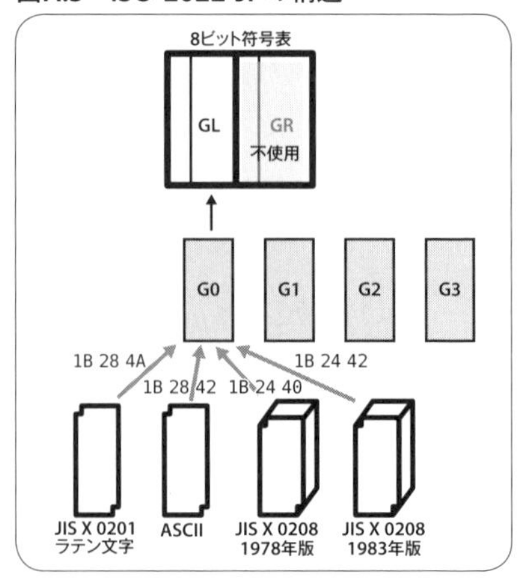

A.2 JIS X 0213の符号化方式

JIS X 0213については第3章で取り上げました。本節では、本編では詳しく取り上げなかったJIS X 0213の符号化方式について、重要度の高いものをピックアップして説明します。

既存の資産を活かしつつJIS X 0213の利点を享受するために

JIS X 0213の9種類の符号化方式のうち、以下のものについて説明します。

- 漢字用8ビット符号
- EUC-JIS-2004
- ISO-2022-JP-2004
- Shift_JIS-2004

ただし、EUC-JIS-2004の説明の中で「国際基準版・漢字用8ビット符号」にも触れます。

これらの符号化方式は本書執筆時点であまり広く普及していないためAppendixに記すことにしましたが、いずれの符号化方式も場面に応じて極めて有用なものです。今後、JIS X 0213の文字レパートリーの重要性が認識されるにつれて、これらの符号化方式の必要性も高まるかもしれません。

Unicodeは JIS X 0213の文字を全部表現可能なため、JIS系の符号化方式を使わずUnicodeだけで済む場面も今後増えていくでしょう。しかし、既存の符号化方式による資産を活かしつつJIS X 0213の利点を享受するためには、ここで紹介する符号化方式がうってつけです。JIS X 0213の利点とは何かといえば、第3章で紹介したように、JIS X 0208に欠けていた現代日本の文字に対応することです。現代日本の文字に対応したければ、Shift_JISよりもShift_JIS-2004に対応するのがよいということです。

また、Unicodeに特有の問題を避けるためにもこれらの符号化方式は使えます。Unicodeに特有の問題には、鼻濁音用の仮名文字など25文字について結合文字を用いて2つの符号位置で1文字を表す必要があることや、Unicodeの正規化によって互換漢字が変換されてしまうことなどがあります。JIS X 0213の符号化方式においては、これらの問題は存在しません。

漢字用8ビット符号

漢字用8ビット符号は、JIS X 0213のすべての文字を2バイト固定で表す符号化方式です。ASCII等の1バイトコードとの混在はありません。

8ビット符号表に対して、以下の割り当てを行った符号化方式です。

- GLに、JIS X 0213の漢字集合1面
- GRに、JIS X 0213の漢字集合2面

したがって、0x21〜0x7Eの範囲は2バイトで漢字集合1面の文字を表し、0xA1〜0xFEの範囲は2バイトで漢字集合2面の文字を表します。図A.4に漢字用8ビット符号の構造を示します。

漢字用8ビット符号はJIS X 0208の「漢字用7ビット符号」(4.2節を参照)の上位互換です。7ビットだけでなく8ビットの範囲(0xA1〜0xFE)をも文字の表現に用いることが異なります。

漢字用8ビット符号で「そのチェプは𩸽」を符号化する例を図A.5に示します。すべての文字が2バイトで符号化されていることが見てとれます。

図A.4　漢字用8ビット符号の構造

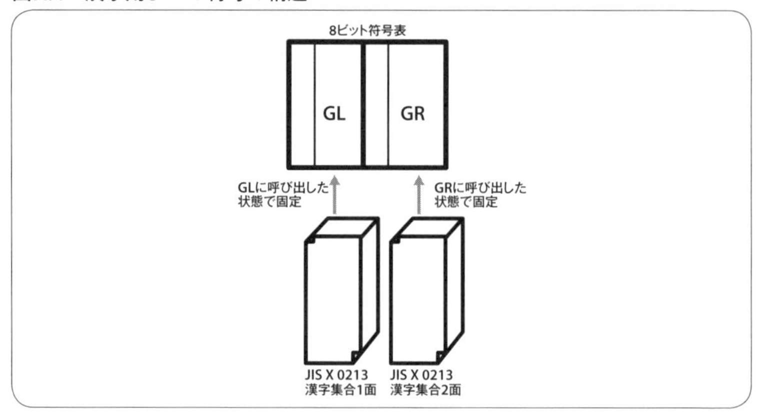

Unicodeでは結合文字を使う必要のあった「ㇷ゚」も、ごく普通に単独の符号位置で表現されます。また、第4水準漢字(漢字集合2面)の「䲥」には第8ビットの立った値が使われているのがわかります。

■──適した用途

データフォーマットとしてJIS X 0208の漢字用7ビット符号を用いているアプリケーションを拡張してJIS X 0213に対応させるのに向いています。

JIS X 0213の漢字用8ビット符号を採用することで、バイト長になんら影響を与えることなくJIS X 0213対応を実現することができます。

EUC-JIS-2004

EUC-JIS-2004は、EUC-JPのJIS X 0213版といえる符号化方式です。EUC-JPからJIS X 0212を除いた部分に対しては上位互換になります。

GLにASCIIを、GRにJIS X 0213の漢字集合1面を呼び出した状態で固定されています。ただし、GRには、制御文字SS2の直後1文字分はJIS X 0201片仮名集合が、SS3の直後1文字分はJIS X 0213の漢字集合2面が呼び出されます。

別の言い方をすれば、EUC-JPのG1バッファをJIS X 0208から(JIS X 0208の上位互換である)JIS X 0213の漢字集合1面へと差し替え、G3バッファをJIS X 0212からJIS X 0213の漢字集合2面へと差し替えたのがEUC-JIS-2004ということになります。

ただし、SS2で呼び出されるJIS X 0201片仮名は、互換性のために限定し

図A.5　漢字用8ビット符号による符号化の例

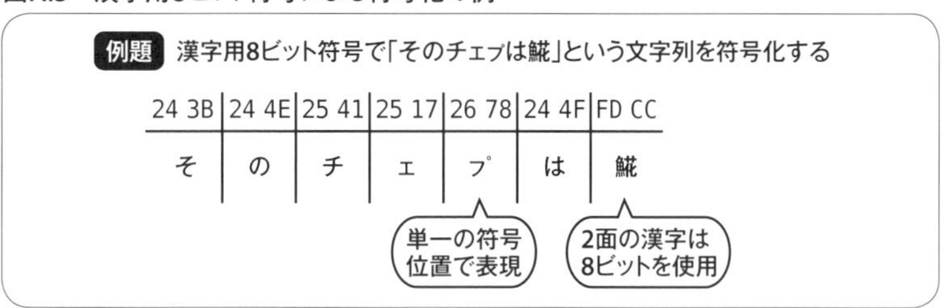

て使うものであり、原則として使用しないことになっています。また、漢字集合1面の文字のうち、ASCIIと重複しているものについてはASCIIのほうを用います。ASCIIと重複している2バイト英数字は互換性のためにのみ使うことができます。

図A.6にEUC-JIS-2004の構造を示します。第4章に示したEUC-JPの構造（図4.7）と比較してみてください。EUC-JIS-2004によって「そのチェㇷ゚は鮱」を符号化する例を図A.7に示します。Unicodeの符号化方式とは違い、「ㇷ゚」

図A.6　EUC-JIS-2004の構造

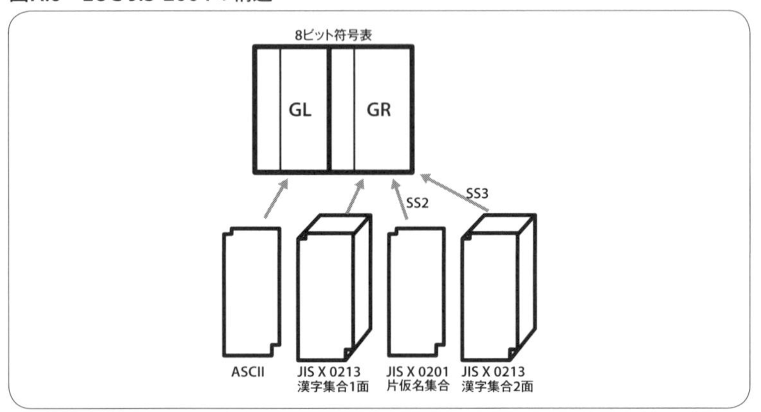

図A.7　EUC-JIS-2004による符号化の例

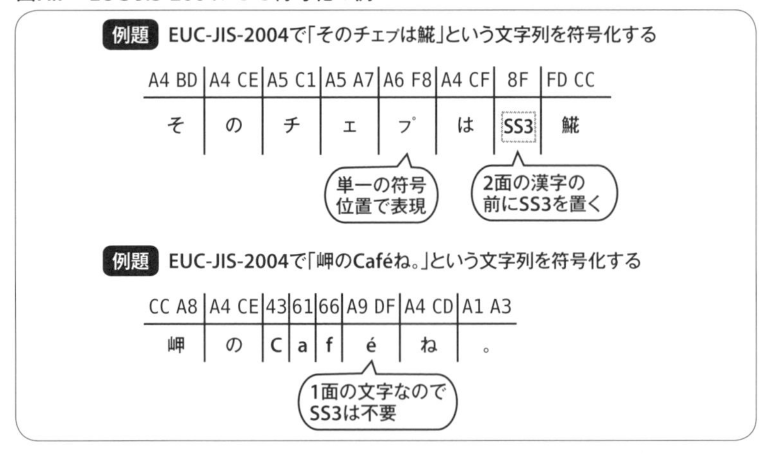

も単一の符号位置で表現されているのがわかります。また、第4水準漢字の「鮱」はSS3の直後2バイトで表します。

第4章でEUC-JPの例文として用いた「岬のCaféね。」をEUC-JIS-2004で符号化する例も同じく図A.7に示しています。éを表すのにEUC-JPではJIS X 0212を使うのでSS3が必要でしたが、EUC-JIS-2004では漢字集合1面に含まれるためSS3なしに平仮名等と同じく単なる2バイトの値で表します。

なお、JIS X 0213の2000年版では、この符号化方式はEUC-JISX0213と命名されていました。JIS2004の追加10文字の有無だけが異なります。一部のソフトウェアでは、EUC-JIS-2004をEUC-JISX0213の名前で使えることがあります。macOSやUbuntu等のiconvが該当します。

■───「国際基準版・漢字用8ビット符号」との関係

EUC-JIS-2004は、JIS X 0213の本体で定義されている「国際基準版・漢字用8ビット符号」という符号化方式に、JIS X 0201片仮名集合を追加したものです。

したがって、EUC-JIS-2004で符号化されたテキストのうち、JIS X 0201片仮名を含んでいないものについては、「国際基準版・漢字用8ビット符号」のテキストであるともいえます。

■───適した用途

EUC-JIS-2004は、EUC-JPの資産(プログラム、データ)を活かしつつJIS X 0213に対応するのに適した符号化方式です。

EUC-JPのうち、SS3で呼び出されるJIS X 0212の部分には互換性がありませんが、JIS X 0212を使ったEUC-JPのデータは極めて少なく、問題になることはあまりないと考えられます。

今後は、日本語用のEUCというときに、EUC-JPでなくもっぱらEUC-JIS-2004を使うという手もあります。JIS X 0212が必要でないときは、EUC-JIS-2004だけの対応で十分でしょう。

ISO-2022-JP-2004

ISO-2022-JP-2004は、ISO-2022-JPと同様の枠組みによってJIS X 0213を符号化する方式です。ISO-2022-JPと同じく、7ビットのコードであり、エスケープシーケンスを用いてGLに呼び出される符号化文字集合を切り替えます。

ISO-2022-JP-2004で用いるエスケープシーケンスを**表A.1**に示します。ASCIIとJIS X 0213の漢字集合1面・2面を切り替えます。ISO-2022-JPと比べると、JIS X 0201ラテン文字とJIS X 0208-1978が削除されているという違いがあります。

JIS X 0213の2000年版では、この符号化方式はISO-2022-JP-3という名前で定義されており、使えるエスケープシーケンスとしては表A.1からJIS X 0213:2004漢字集合1面を取り除いたものでした。

ISO-2022-JP-2004による符号化の例を**図A.8**に示します。䲆の字を表すために漢字集合2面に切り替えています。その他の文字は漢字集合1面です。

表A.1　ISO-2022-JP-2004で用いるエスケープシーケンス

符号化文字集合	エスケープシーケンス	文字列表現
ASCII (ISO/IEC 646国際基準版)	1B 28 42	ESC (B
JIS X 0213漢字集合1面(2004年版)	1B 24 28 51	ESC $ (Q
JIS X 0213漢字集合2面	1B 24 28 50	ESC $ (P
JIS X 0208 1983年版	1B 24 42	ESC $ B
JIS X 0213漢字集合1面(2000年版)	1B 24 28 4F	ESC $ (O

図A.8　ISO-2022-JP-2004による符号化の例

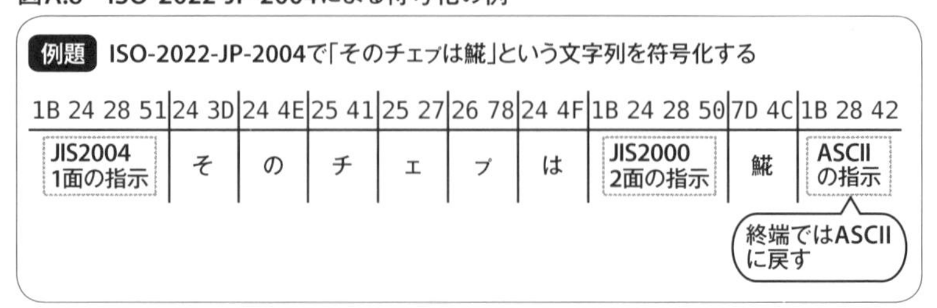

■——包摂規準の変更による旧規格使用の制限

ISO-2022-JP-2004では、互換性のため、JIS X 0208-1983とJIS X 0213:2000漢字集合1面のエスケープシーケンスを一部制限付きで用いることができます。制限とは、おもに、JIS X 0213で包摂規準の変更があった符号位置は使うことができないというものです。

たとえば、JIS X 0208の福(42-01)については、JIS X 0213において人名用漢字の対応のため、従来包摂されていた福の字体が別符号位置に分離されています。つまりJIS X 0208の42-01とJIS X 0213の1-42-01とでは、例示字形は同じでも、表現可能な字体の範囲が異なっているということです。

ISO-2022-JP-2004で83JISを指示した状態では、42-01のようにJIS X 0213で解釈が変わった符号位置は使えないことになっています。このため、常用漢字に含まれるごく一般的な漢字、「僧」や「海」や「状」や「歩」などが83JISの状態では使用不可となっています。これらの文字を使うには、83JISではなくJIS X 0213の漢字集合1面を指示する必要があります。

ISO-2022-JP-2004における83JISのエスケープシーケンスはおまけ程度のものであり、JIS2004のエスケープシーケンスを用いるのが本筋なのです。また、JIS X 0213:2000を指示した状態ではJIS2004の10文字追加に対応する既存の字体、噓、叱、痩など10の符号位置が使用不可となっています。

こうした包摂規準の変更による使用禁止事項は、理屈としては理解できなくもないのですが、結果としてISO-2022-JPの単純な上位互換ではなくなってしまったことで、使い勝手という点でいまひとつになっていることは否めません。

■——適した用途

ISO-2022-JP-2004は7ビットの環境に適します。従来ISO-2022-JPを使っていた応用分野がおもな用途となるでしょう。ISO-2022-JPと同様の構成なので、ISO-2022-JPを処理するプログラムの大枠は活かして、新しいエスケープシーケンスを解釈するようにすれば対応は可能です。

ただ、上記のように、ISO-2022-JPの単純な上位互換になっているわけではないことには注意が必要です。

Shift_JIS-2004

Shift_JIS-2004は、Shift_JISの上位互換で、JIS X 0213の文字をすべて表現する符号化方式です。

Shift_JISと同じく、JIS X 0201の8ビット符号の隙間にJIS X 0213の2バイトコードを変形のうえ詰め込んだ形をしています。

重複符号化への対処もShift_JISと同様に決められています。1バイト英数字と2バイト英数字とで重複している文字については1バイトのほうの、1バイト片仮名と2バイト片仮名とで重複している文字については2バイトのほうの符号化表現を用いることになっています。重複している2バイト英数字や1バイト片仮名は互換性のためにのみ使用できます。

2バイトコードの第1バイトの範囲は、0x81〜0x9Fならびに0xE0〜0xFCです。Shift_JISと比べると、0xF0〜0xFCまでが追加されていることが違います。この範囲は漢字集合2面の文字の表現に用います。第2バイトの範囲はShift_JISと同じく、0x40〜0x7Eならびに0x80〜0xFCです。

JIS X 0213の面区点番号からShift_JIS-2004の第1・第2バイトを得る式を以下に示します。

面番号をm、区番号をk、点番号をtとします。また、記号÷は整数除算(小数点以下切り捨て)を表します。

第1バイト(S_1)は、以下によります。

m=1で$1 \leqq k \leqq 62$のとき、$S_1 = (k + 0x101) \div 2$

m=1で$63 \leqq k \leqq 94$のとき、$S_1 = (k + 0x181) \div 2$

m=2で、k=1、3、4、5、8、12、13、14、15のとき、

$S_1 = (k + 0x1DF) \div 2 - (k \div 8) \times 3$

m=2で、$78 \leqq k \leqq 94$のとき、$S_1 = (k + 0x19B) \div 2$

第2バイト(S_2)は、以下によります。

- kが奇数の場合

$1 \leqq t \leqq 63$のとき、$S_2 = t + 0x3F$

$64 \leqq t \leqq 94$のとき、$S_2 = t + 0x40$

• kが偶数の場合

$S_2 = t + 0x9E$

第2バイトについては1面も2面も同じ計算ですが、第1バイトの求め方は1面と2面とで異なっているのがわかります。

Shift_JIS-2004による符号化の例を図A.9に示します。JIS X 0213の各文字が、第4水準漢字の鮱も含めて各々2バイトで表現されています。文字集合の切り替えのような機構は存在しません。

■——適した用途

Shift_JIS-2004はShift_JISの資産と互換性を保ちつつJIS X 0213に対応するのに適した符号化方式です。第4章で述べたShift_JISの問題をそのまま受け継いでいる一方、JIS X 0213の文字がすべて2バイトで表現されるという利点があります。

今後は、Shift_JISというときにもっぱらShift_JIS-2004を用いるという手もあります。上位互換なので、Shift_JIS-2004に対応すればShift_JISにも対応したことになります。macOSやUbuntu等のiconvではShift_JISX0213、Javaではx-SJIS_0213の名前で使用できます。PythonやPHPでは本来のShift_JIS-2004の名称で指定できます。

図A.9 Shift_JIS-2004による符号化の例

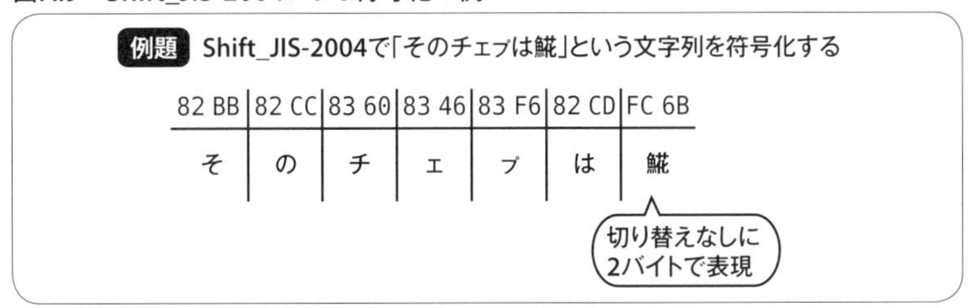

A.3
諸外国・地域の文字コード概説

日本の周辺各国・地域で使われる文字コードのうち代表的なものを概説します。

中国　GB 2312とGB 18030

日本でいうJISにあたる中国(中華人民共和国)の国家規格をGBといいます。中国にはGBとして制定された文字コード規格が多数存在しますが、普通はGB 2312とGB 18030を知っておけば十分です。

▪――GB 2312

GB 2312は、現代中国で使われる漢字を中心とした2バイトの符号化文字集合規格です。ISO/IEC 2022に準拠した94×94のコード空間に文字を配置しています。1980年に制定されました。

中国の規格なので漢字としては簡体字を収録しています。また、漢字以外の文字としてラテン文字や平仮名、片仮名、ギリシャ文字、キリル文字も収録しているのは日本のJIS X 0208に似ています。ただし、仮名の音引き「ー」がありません。中国語の発音を示すための文字も含まれています。漢字はJIS X 0208同様に16区以降に配置されています。使用頻度の高い漢字を第1水準、それ以外を第2水準と分けて配置しているのもJIS X 0208と共通しています。GB 2312の文字コード表はWebで参照できます[注1]。

今日の中華人民共和国の領域には、漢字を使う漢民族とはまったく異なる文化や歴史を持つチベット人やウイグル人、モンゴル人といった人々の居住地も含んでいます。しかし、GB 2312にはこれらの人々の用いるチベット文字やアラビア文字やモンゴル文字は含まれていません。これらの文字の符号化については、それぞれ異なるGB規格が作られています。

GB 2312をPC等で使うときには、8ビット符号表のGL領域にASCIIを、

注1　URL https://www.itscj.ipsj.or.jp/iso-ir/058.pdf

GR領域にGB 2312を配置した、EUC-CNと呼ばれる符号化方式で使われることが非常に多くあります。ちょうど日本のEUC-JPと同様の構造です。単にGB 2312というと、EUC-CNのことを指すこともしばしばあります。

GB 18030

GB 18030は、GB 2312の上位互換として、最大4バイトの可変長で100万以上の文字を符号化可能にした文字コード規格です。ISO/IEC 2022には準拠していません。2000年に制定されました。

GB 18030より前に、GB 2312を拡張したGBKという文字コードが提案されました。GBKはGB 2312の制御文字領域も文字の符号化のために利用して、Unicodeの漢字をGB 2312の上位互換として使えるようにした文字コードです。GBKは国家標準とはなりませんでしたが、GB 18030はGBKの上位互換であるように設計されています。

GB 18030はその広大なコード空間を使ってUnicodeの文字を全部収容することが可能です。しかし、GB 2312の上位互換だということからもわかるように、変換表を引かなければUnicodeと相互の変換はできません。

韓国 KS X 1001

韓国(大韓民国)で使われる文字としては、朝鮮半島で成立した文字であるハングルと、中国からもたらされた漢字とがあります。韓国の代表的な文字コードであるKS X 1001は、ハングルと漢字等をISO/IEC 2022準拠の94 × 94の文字コード表に収めた2バイト符号化文字集合です。KSというのは日本でいうJISに相当する国家規格です。

ハングルは、韓国語(朝鮮語)の子音と母音を表す字母を規則的に組み合わせることで1文字を構成します。理論的に可能な組み合わせは1万文字を超えますが、ISO/IEC 2022準拠の2バイトコードでは全部は入りません。そこで、よく使われる2,350文字のみがKS X 1001に収められています。のちにUnicode 2.0には現代ハングルの全組み合わせが入ることになりました。

KS X 1001は、ハングルをはじめ、漢字、平仮名、片仮名、ラテン文字、ギリシャ文字、キリル文字といった文字を含んでいます。ただし仮名文字用の音引き「ー」がないのはGB 2312と同じです。ハングルが16区から始まるのはJIS X 0208の漢字に似ています。漢字は42区以降に配置されています。

漢字は、韓国語における発音順に分類されており、複数の発音を持つ漢字は重複して出現します。たとえば、「見」という漢字は44-24と90-70の2ヵ所に出現しますし、「率」という漢字は65-67と55-43と75-50の3ヵ所に出現します。この問題についてUnicodeでは互換漢字を用いて対処していることは3.7節でも触れました。

KS X 1001の文字コード表はWebで参照できます[注2]。

KS X 1001をPC等で使うには、8ビット符号表のGL領域にASCIIを、GR領域にKS X 1001を呼び出したEUC-KRという符号化方式がよく使われます。日本のEUC-JPと同様の構造です。

7ビットの環境で使用可能なISO-2022-KRという符号化方式も考案されました(RFC 1557)。エスケープシーケンスとシフトイン・シフトアウトを用いてGLの文字集合を切り替える方式です。インターネットの電子メールに適すると考えられますが、しかし、のちに韓国ではインターネットの電子メールでもEUC-KRを使うようになったようです。

EUC-KRの制御文字の領域も使用して文字を追加したUHC(*Unified Hangul Code*)という拡張文字コードもあります。これはISO/IEC 2022には則っていません。

北朝鮮　KPS 9566

北朝鮮(朝鮮民主主義人民共和国)でも1990年代になって独自の文字コードが作られました。KPS 9566といいます。韓国のKS X 1001と類似の構造でやはりハングルや漢字、平仮名、片仮名、ラテン文字、ギリシャ文字、キリル文字等を収録しています。収録文字や並び順はKS X 1001と異なっており、互換性はありません。94 × 94の2バイト符号化文字集合として、ISO/IEC 2022で使うためのエスケープシーケンスも登録されています。

注2　URL https://www.itscj.ipsj.or.jp/iso-ir/149.pdf
ただし、旧規格番号のKS C 5601という番号が記されています。

KPS 9566(1997年版)の文字コード表はWebで参照できます[注3]。

この符号化文字集合では、北朝鮮の指導者の「金日成」「金正日」という人名表記に相当するハングル6文字が、この順番に、通常のハングルとは別の独立した区点位置(04-72以降)に用意されています。のみならず、文字コード表に掲載の字形は太字に強調されています。この6文字が通常のハングルよりも前に配列されていることから、人名をソートした際に金親子の名前が必ず最初に現れることになるという指摘もあります[注4]。1997年版の文字コード表を見る限りでは、「金正日」の直後は空き領域になっており、なおも追加が可能なように見えます[注5]。

ただし、実際にこの文字コードで符号化されたテキストデータを日本の開発者が扱う機会はまずないでしょう。KPSにあってUnicodeになかった文字についてはUnicodeに提案され一部は取り入れられていますが、上記の特別な人名用ハングルは入りませんでした。

台湾　Big5とCNS 11643

日本や中国が20世紀になって、それぞれ独自の仕方で簡略化した字体の漢字を使うようになった一方で、台湾(中華民国)では康熙字典以来の伝統的な字体の漢字が使われています。中国の簡体字に対する意味で、繁体字あるいは伝統字などと呼びます。

▪―― Big5

台湾の文字コードとしてよく知られているのは、有力ベンダー5社が共同で開発したBig5です。ASCIIの上位互換となる1バイトと2バイトの混在するコードであり、1万3千文字余りを定義しています。ISO/IEC 2022には準拠していません。

コード空間の構成はShift_JISに類似していますが、Shift_JISにあるよう

注3 URL https://www.itscj.ipsj.or.jp/iso-ir/202.pdf

注4 三上 喜貴『文字符号の歴史 アジア編』(共立出版、2002)。

注5 本書初版執筆時2009年の状況。

な1バイト片仮名がないため、Shift_JISよりも広い領域が2バイトコードのために割り当て可能となっています。

1バイトコード部分はASCIIをそのまま用います。2バイトコードの第1バイトは`0xA1`〜`0xF9`、第2バイトは`0x40`〜`0x7E`および`0xA1`〜`0xFE`の範囲をとります。第2バイトの範囲が1バイトコードの範囲と重なるのはShift_JISと同様の問題を引き起こします。

■—— CNS 11643

Big5は企業が中心となって決めた業界標準であり、法的な位置付けのある公的規格ではありませんでした。Big5を追いかけるように、Big5と同等の文字をカバーするISO/IEC 2022準拠の公的標準が1992年に策定されました。それがCNS 11643です。

CNS 11643には第1面から第7面までが定義されています[注6]。各面は94^2の2バイト文字集合です。Big5相当の文字は第1面と第2面でカバーされます。

漢字やラテン文字やギリシャ文字を収録していますが、平仮名・片仮名やキリル文字は入っていません。漢字の開始が16区でないのもJIS X 0208やGB 2312と違います。

CNS 11643-1992の第1面から第7面の文字コード表はWebで参照できます[注7]。

CNS 11643の符号化方式としては、GL領域にASCIIを置いてGR領域にCNSの漢字集合を呼び出すEUC-TWがよく知られています。GRには第1面がデフォルトで呼び出されています。面の数が多いため第2面以降を使うためには、SS2(`0x8E`)の後に`0xA0`に面番号を足したバイト(例：第3面なら`0xA3`)を置き、その直後2バイトでその面の文字を表すという手法がとられています。つまり第2面以降の文字の表現には都合4バイトが必要です。

そのほか、ISO-2022-CNやISO-2022-CN-EXTという、エスケープシーケンスやシフトアウト・シフトインでCNSの各面を切り替える7ビットの

注6 1992年版において。その後、19面まで拡張されています。
URL https://www.cns11643.gov.tw/AIDB/welcome_en.do

注7 以下において文字列「CNS」で検索。URL https://www.itscj.ipsj.or.jp/itscj_english/iso-ir/ISO-IR.pdf

符号化方式も定義されています(RFC 1922)。この方式では中国簡体字のGB 2312も符号化できます。

PC等で使われる文字コードとしては、CNSベースのコードよりも、Big5のほうが多数派のようです。

香港 HKSCS

香港では、台湾と同じく伝統的な字体の漢字が使われてきました。コンピュータで用いる文字コードとしても台湾のBig5が使われるようになりました。

しかし、Big5は香港で使われる漢字に不足があります。このため、Big5をベースに香港政府が独自に文字を追加した拡張コードが作られました。これがHKSCS(*Hong Kong Supplementary Character Set*)です。1999年に制定されたのち、数度にわたり拡張されています。HKSCS-2016は5,033文字を含み、そのうち4,591文字が漢字です。日本の平仮名や片仮名も含みます[注8]。

ロシア KOI8-R

ロシアでは、ロシア語の表記のための文字としてキリル文字が使われています。キリル文字はラテン文字と同様にギリシャ文字から発展した文字体系であり、ギリシャ文字やラテン文字と似た形状をしています。ロシア語用のキリル文字としては大文字小文字それぞれ33文字ずつを用います。

ロシア語を表記するためのキリル文字を収録した文字コードとして、よく知られているのはKOI8-Rです。8ビットの1バイトコードですが、ISO/IEC 2022には準拠せず制御文字の領域にあたる`0x80`〜`0x9F`の範囲も文字として使用します。第8ビットが1のバイトは`0x80`から`0xFF`まですべて文字として用います。アルファベットだけでなく罫線素片(けいせんそへん)[注9]のような記号類も含んでいるのが特徴です。`0x7E`以下の7ビットの範囲はASCIIと同じです。

KOI8-Rはロシア語を前提としており、同じくキリル文字を用いるウクラ

注8 URL https://www.ogcio.gov.hk/en/our_work/business/tech_promotion/ccli/hkscs/development.html

注9 表の罫線を引くのに用いる┐┤┼│└などの記号です。

イナ語の表記のためには若干の不足があります。そこで、KOI8-Rをアレンジしてウクライナ語に対応した文字コードがKOI8-Uです。

同じくキリル文字を収めた1バイトコードとして、ISO/IEC 8859-5があります。これはもちろんISO/IEC 2022準拠です。KOI8-Rにある罫線素片のような記号類は含まず、代わりにウクライナ語などの言語に必要な文字を含んでいます。ISO/IEC 8859-5の文字コード表はWebで参照できます[注10]。

注10 URL https://www.itscj.ipsj.or.jp/iso-ir/144.pdf

A.4
Unicodeの諸問題

Unicodeについて、この先(あるいは今すでに)落とし穴になりそうな話題をいくつか取り上げます。

正規化　いつのまにか別の文字に変わる?

Unicodeでは1つの文字を符号化するのに、合成の有無によって複数の方法が存在します。それを一通りの方法に揃えるのが正規化ですが、合成の有無にとどまらず、別の文字に変わる文字があるといった問題も同時に発生します。

■――問題

第3章で見たように、Unicodeでは結合文字を用いて複数の符号位置の組み合わせによって1文字を表現することが可能です。ラテン文字oと合成用の¯(マクロン)を並べることでōという文字を表すといった具合です。一方、合成済みのōという文字も独立した符号位置として用意されています。

したがって、同じ文字が複数の符号化表現を持ってしまうことになります。このことは、本当は同じ文字なのに同じと認識されないといったトラブルの元になり、問題です。

実例として、Webブラウザを使った実験をしてみましょう。

たとえば、Webブラウザで表示したページの中から、「プロ」という文字列を探そうとして、ブラウザのページ内検索の機能に対して「プロ」と文字を入力したとします。しかし、ブラウザの画面に「プロ」という文字が見えているにもかかわらず、検索に引っかからない場合があります。実際に、やってみた画面例を図A.10に示します。

この例では実は、テキストの中の「プ」という片仮名が実はU+30D7ではなく、「フ」(U+30D5)と合成用半濁点U+309Aの組み合わせによって表現されて

図A.10　あるはずの文字が検索に引っかからない例

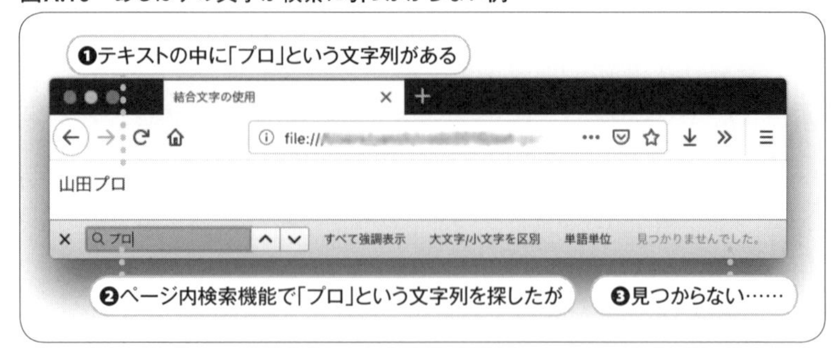

いたのです。検索語として入力した「プ」はU+30D7である一方、Webページのテキストの「プ」がU+30D5 U+309Aという2つの符号位置の連続からなっていたため、両者が同一視されなかったのです。この例はWindows 10で実験しています。

このように、同じ「プ」に2種類の符号化表現があるというのは、検索漏れなどの問題を引き起こす原因となるのです。

■── 正規化

こうした問題を防ぐためには、文字の符号化表現を一通りに揃えることが有効です。結合文字を用いた「ド」と合成済みの「ド」が混在しないように、片方の表現方法に揃えるということです。これを**正規化**(*normalization*)といいます。

それでは、合成済みの「ド」にするのか、それとも分解して「ト」+合成用半濁点の形にするのか、どちらの方式に揃えるのかが問題になります。

Unicodeの正規化では、合成(*composed*)と分解(*decomposed*)の両方の正規化形式を用意しています。それぞれ、NFC、NFDと呼ばれます。NFはnormalization formの意味で、CとDはそれぞれcomposedとdecomposedの頭文字です。

NFCは合成済みの表現を用い、NFDは分解した形式です。先の「ド」の例ならば、次のとおりです。

- NFC：U+30C9という単独の符号位置で表す
- NFD：U+30C8とU+3099の列によって表す

NFDは結合文字によって表現可能な限り分解し、NFCは合成済みの符号位置がある限り（後述の例外を除いて）合成します。

ただし、注意しなければならないのは、合成済みの符号位置を用いるNFCに正規化したからといって、文字列から結合文字がなくなるわけではないということです。

具体的にいえば、合成済みの符号位置が用意されていない文字については結局結合文字を使って表現するしかありません。鼻濁音を表すカ゚などが該当します。合成済みの符号位置を持たないこの文字はどの正規化形式によっても、「カ」（U+30AB）と合成用半濁点（U+309A）の列によって表現されます。

また、正規化はUnicode 3.0（1999年）が基準となるので、Unicode 3.0において合成済みの形式がない文字については、たとえ後のバージョンで合成済みの符号位置が導入されてもNFCの表現には採用されず、結合文字を使った表現が正規化形式となります。これは正規化結果がUnicodeのバージョンによって変わらないようにするための措置です。

したがって、NFCで正規化しても、結合文字への対応はやはり必要となります。

NFKC、NFKD

上でNFCとNFDという二つの形式を紹介しましたが、NFKCとNFKDと呼ばれるもう一組の正規化形式もあります。これらは互換用の文字などを、一般的な文字に正規化するものです。Kはcompatibilityの意味ですが、頭文字のCは合成（*composed*）の意味に使われているので代わりにKを使っています。CとDはやはり合成・分解の意味です。

NFKC、NFKDで正規化対象となるものには、たとえばShift_JIS等との互換用に導入された全角・半角形があります。NFKC、NFKDの正規化によって、「全角A」が「半角A」に、「半角ア」が「全角ア」に置き換えられるということです。また、「半角カ＋半角濁点」はNFKDでは「全角カ＋合成用濁点」、NFKCにすると「全角ガ」になります。本来は合成用ではない「半角濁点」があたかも結合文字のような扱いをされています。

ほかにも、ローマ数字のⅡが大文字アイ2文字のIIになったり、fiの合字[注11]を1つの符号位置としたU+FB01をｆｉの各文字に分けたりといったことも行われます。

さらには、①がただの1になったり、…（三点リーダー）が...（ピリオド3つ）になったりと、かなり踏み込んだ変換を行います。

NFKCやNFKDは、いつでも使うようなものではなく、使いどころに気を付ける必要があります。

■——正規化によって別の文字に移される文字

NFCに正規化する文字列に、オングストローム記号Å（U+212B）が含まれているとどうなるでしょうか。結合文字を含んでいないのだから何も起こらないように思うかもしれませんが、実はU+00C5という異なる符号位置に変換されてしまいます。U+00C5というのは上リング付きのA（Å）です。NFDに正規化したときはU+212BもU+00C5も同じ列（U+0041 U+030A）になります。本来オングストローム記号はU+005Cによって表されるべきで、U+212Bという符号位置は何かの間違いだったということかもしれません。Unicodeの自己否定的な仕様です。

同様の文字としてオーム記号U+2126があり、正規化によって常にU+03A9のギリシャ文字Ω（オメガ）に変換されます。

この考えに従うと、マイクロ記号U+00B5はギリシャ文字μ（ミュー、U+03BC）に変換されてもよさそうですが、なぜかそうはなっていません。理由は明らかではありませんが、Latin-1相当の符号位置は元のまま保存されるよう特別な配慮が働いているのかもしれません。

注11　リガチャ。欧文組版ではしばしば「ﬁ」や「ﬂ」などを1文字のように組み合わせます。

■——日本語環境への影響

上に挙げたオングストローム記号はJIS X 0208に含まれるので、日本での使用に影響があります。

たとえば、Shift_JISからUnicodeに変換してNFCに正規化すると、元のテキストに含まれていたオングストローム記号が上リング付きのA(U+00C5)に変換されます。しかし、この文字はJIS X 0208に含まれないので、再びShift_JISに変換しようとすると行き先が存在せず、文字化けを引き起こしてしまいます。

つまり、Shift_JISで「長さは10Å」と書いたテキストをプログラムで読み込み、Unicodeに変換してNFCに正規化したうえで再びShift_JISに変換して保存すると、Åが文字化けして「長さは10?」などとなってしまうのです。

JIS X 0213であれば上リング付きのAを含むので(面区点番号1-09-28)、元データとは値が変わってしまうとしても、ともかく出力することは可能です。

図A.11に正規化によるオングストローム記号の文字化けのしくみを示します。後述のJavaの正規化用クラスを使うと、この現象を自分で発生させてみることができます。

図A.11　正規化によるオングストローム記号の文字化け

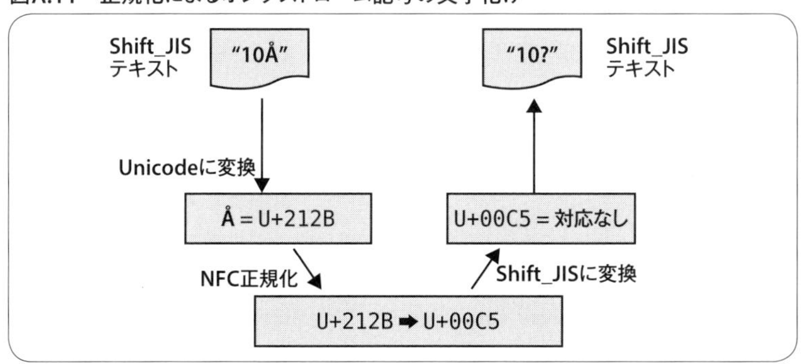

■——互換漢字の扱い

日本の漢字を処理するうえで重要なこととして、正規化を施すと互換漢字が対応するCJK統合漢字に置き換えられてしまうということがあります。

たとえば、中が点2つの海(U+FA45)は、どの正規化形式においても統合漢字の「海」(U+6D77)に置き換えられてしまいます。

せっかくJIS X 0213で人名用漢字対応がなされたのに、Unicodeの正規化によって区別が失われてしまう文字があるということです。このような例にはほかには福(U+FA1B)➡福(U+798F)、僧(U+FA31)➡僧(U+50E7)、渚(U+FA46)➡渚(U+6E1A)など数十文字があります。

ファイル名にNFD正規化形式を用いているmacOSでは、この問題を避けるため、ファイル名の正規化では互換漢字の置き換えをしないよう実装されています。海と海が同一視されないようになっているということです。Unicodeの正規化の仕様にはありませんが、現実的な対応といえます。

なお、互換漢字の領域にある文字でも、例外として﨏(U+FA0F)など12文字は統合漢字とみなされることを第3章で紹介しました。これらの文字はあくまでも統合漢字なので、正規化によって別の符号位置に置き換えられることはありません。

■——Javaにおける正規化

正規化の処理はJavaにおいてもJDK 6から導入されています。文字列が勝手に正規化されてしまうことはもちろんありませんが、ユーザープログラムで容易に正規化が行えるため、開発者の意向次第でいつでも正規化され得る状態にあります。

java.text.Normalizerクラスを使うと正規化が行えます。NFC、NFD、NFKC、NFKDの4つの正規化形式に対応しています。

たとえば、以下のようにNormalizer.normalize( )メソッドを呼び出すと、文字列strをNFDに正規化します。

```
String result = Normalizer.normalize(str, Normalizer.Form.NFD);
```

メソッドの第2引数に与えている定数が正規化形式を表します。上の例ではNFDとなっていますが、NFC、NFKC、NFKDに変えればそれぞれの方式で正規化します。

■――ファイル交換の際のトラブル

macOSのファイル名としてはNFDに正規化した形式を用いますが、一方Windowsのファイルでは合成済みの符号位置を用います。

このことが、一部のソフトウェアにおいて、macOSとWindowsの間でファイルを交換したときにトラブルの元になることが知られています。

たとえば、同じ「カボチャ.jpg」というファイル名に画面上では見えたとしても、「ボ」の文字について片方のファイルでは分解した形式、もう片方では合成した形式を採用していたとしたら、同じファイル名とはみなされないということです。

通常、USBメモリなどでファイルを移動するだけならそうしたトラブルは起こりませんが、用いるソフトウェアによっては問題になることがあります。たとえば、バージョン管理システムのSubversionにはこの問題があったことが知られています。リポジトリとローカルファイルとでの表現形式の違いのために、同じファイル名が同一視されずに、リポジトリに存在しないファイルが作業ディレクトリにあるかのように扱われてしまうというものです。

なお、この問題の文脈で、NFDで正規化されたUTF-8が俗にUTF-8-MACと呼ばれることがあります。NFDは別段macOS専用ではありませんが、macOSのファイルシステムで使われているためにこう呼ばれるものです。

器問題　統合漢字と互換漢字の複雑な関係

JIS X 0213は人名用漢字への対応として、従来包摂していた字体差のわずかな漢字の分離を行っています。たとえば、JIS X 0208では符号位置19-04に「海」と海の両方を包摂していましたが、JIS X 0213では1-19-04を「海」とし、海に対しては独立した符号位置1-86-73を与えています。ただし、

Unicodeでは JIS X 0208と同様の包摂を行っているCJK統合漢字の「海」を分離することはせず、JIS X 0213の海にあたる互換漢字を定義することで対応しています。このことは第3章で説明しました。

「器」という字についても同様に、従来JIS X 0208では同じ符号位置20-79に包摂されていた器に対して、JIS X 0213は独立した符号位置1-15-22を与えています。Unicodeでは、JIS X 0213の1-15-22に対応する互換漢字としてU+FA38を設けています。対応するCJK統合漢字はU+5668です。U+5668は「器」と器の両方の字体を、CJK漢字統合によって元々包摂しています。

したがって、器器という文字列をUnicodeで表現すると、U+5668 U+FA38という列になるはずです。少なくともJISとUnicodeの変換表を使う限りはそうなります。

拡張B 日本風、台湾風の器器

しかし、そう単純にいかせてくれないのが「拡張B」の存在です。

Unicodeはバージョン3.1において、面02に「CJK統合漢字拡張B」という4万字を超える大規模な漢字の追加を行いました。

この拡張Bの中には、BMPのCJK統合漢字に包摂されるはずの字にしか見えない文字がいくつか存在しています。その一例が「器」です。U+20F96という符号位置に、「器」という漢字が存在しているのです。台湾の規格に基づいて収録されています。

日本から見ると、字体「器」に対応するのがU+5668であり、字体器に対応するのがU+FA38でした。一方、台湾では、器に対応するのがU+5668であり(なぜなら、U+5668の元になった台湾規格の例示字形が器だから)、「器」に対応するのがU+20F96だということになります。

そうすると、先に挙げた器器を符号化するのに台湾風のやり方ではU+20F96 U+5668となります。同じ文字列を同じUnicodeで符号化するのに、日本風と台湾風とで異なるコード値になってしまうことになります。

■── Webブラウザの表示例

机上の理屈だけでなしに、Webブラウザを使って実験してみることができます。リストA.1のようなHTML文書で試してみましょう。

リストA.1のHTML文書を表示するには、JIS X 0213相当の文字レパートリーならびにUnicodeの拡張Bに対応したフォントが必要です。

macOSのFirefox 63.0.3で表示すると図A.12のようになります。1行めと2行めは、いずれも点なしと点ありの「器」が同じ順番で並んで見えます。しかし、実はHTML文書の中では、1行めと2行めの文字列は異なっているのです。1行めの点なしの「器」はU+5668ですが、同じ符号位置が2行めでは点ありの器として使われています。ただし、環境によっては異なる表示結果になることがあります。

つまり、異なるUnicode文字列なのに、lang属性の値によって、あたかも同じ文字列であるかのように見えているということです。

リストA.1　器器の表示

```
<!DOCTYPE HTML PUBLIC "-//W3C//DTD HTML 4.01//EN">
<html>
 <head>
  <title>ambiguity</title>
 </head>
 <body>
  <ul>
   <li>ja-jp: <span lang="ja-jp">&#x5668;&#xfa38;</span> (U+5668 U+FA38)</li>
   <li>zh-tw: <span lang="zh-tw">&#x20f96;&#x5668;</span> (U+20F96 U+5668)</li>
  </ul>
 </body>
</html>
```

図A.12　同じ文字列を異なる符号位置で表した例

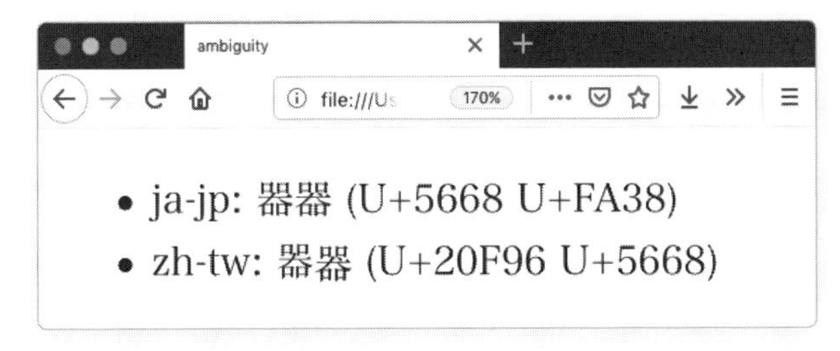

同じ文字を符号化するのに異なる方法があるということは、検索にひっかからないなどの問題の元になり得ます。

上で日本語用の点ありの器として用いたU+FA38は、互換漢字であるので、正規化を施すと統合漢字のU+5668に置き換わってしまうという問題があります。すると、点なしの「器」を表すのにはもっぱらU+20F96を用い、U+5668は点ありの器専用として用いるほうが安定だという考え方もあり得ることになってしまいます。しかし、この考え方を採用すると、従来の日本語のUnicodeテキスト、すなわち点なしの「器」をU+5668で符号化していたものを否定することになってしまいます。

日本の文字コードに対応するUnicode、台湾の文字コードに対応するUnicodeというのはそれぞれに運用可能です。しかし、両者を突き合わせると整合性のとれない箇所が出てきてしまうのです。

異体字セレクタ 「正しい字体」への欲求

Unicodeで、1つの符号位置に包摂されている細かな字体差を区別するためのしくみが用意されています。ここでは、その概要を説明します。

■——文字コードは文字の形を抽象化する

Unicodeを含めて文字コードというものは一般に、文字の形を詳細に決めるものではありません。文字コードによって符号化されたテキストは、字形の細部を抽象化したものです。

たとえば、第3章で90JISの変更点の例として、漢字の例示字形の筆押さえの有無について述べました。図3.8に示した筆押さえの有無の違いは、文字コードでは表現できません。明朝体の筆押さえのようなデザイン差を表現し分けることは、文字コードの任ではないのです。

■――異体字を指定する

しかし、文字コードで捨象されるような文字の形の細部を、文章の中に再現したくなることがあるのもまた確かです。文字の形そのものについて説明するような文章では、とくに顕著です。文書作成上のポリシーとして、漢字の特定の形にこだわりたいケースもあるでしょう。

そこで、Unicodeの1つの符号位置に包摂されるような細かな違いを示すしくみがUnicodeに設けられました。たとえば、「丈」(U+4E08)について、「筆押さえのある『丈』」だ、ということを示したければ、U+4E08の後にU+E0101という特殊文字を置くのです。逆に「筆押さえのない『丈』」であれば、U+4E08 U+E0100という列で表します。

ここに挙げたU+E0100のように、文字の後に置いて文字の細かな形を指定する特殊文字を、**異体字セレクタ**[注12](*variation selector*)といいます。異体字セレクタそれ自体は、単なるID番号のようなものでしかありません。前に置かれる文字との組み合わせによってはじめて意味する字体が決まります。つまり、「丈」(U+4E08)の直後にU+E0101を置いて修飾すると筆押さえのある「丈」であることを意味しますが、U+E0101という符号位置自体には筆押さえの意味はなく、別の文字に対しては別の意味を持ちます。たとえば、「商」(U+5546)という字の直後にU+E0101を付けると、1画めの点が縦線でなく横線で描かれる字体を意味し、この場合筆押さえは関係ありません。

漢字の異体字セレクタとして用いる符号位置には、面0EのU+E0100からU+E01EFまでの240個が用意されています。つまり、1つの漢字に対して240の異体字を定義できることになります。

■――IVS

CJK統合漢字に異体字セレクタを付けた文字列を、とくにIdeographic Variation Sequence(IVS)と呼ぶことがあります。先のU+4E08 U+E0101とい

注12 このしくみによる区別の対象には、字体差とは通常みなさないようなデザイン差もあるので、「異体字」という用語はあまり適さないように考えられます。しかし、ほかに適当な語がないので、ここでは異体字としておきます。

う列もIVSです。

どのようなIVSがどのような字体に相当するかは、Ideographic Variation Database(IVD)において定義されます。IVDはUnicodeコンソーシアムのWebサイトから参照できます[注13]。

異体字セレクタが付けられるのはCJK統合漢字に限られることになっており、互換漢字には付きません。

現在定義されているIVSには、互換漢字に相当する字体も含まれています。たとえば、第3章で微小な字体差の例において挙げた「勉」のいわゆる康熙字典体勉は、互換漢字を使っても表現できる(U+FA33)一方、IVSによっても表現可能(U+52C9 U+E0100)になっています。先ほど「器問題」として取り上げた「器」の2つの字体も、U+5668に異体字セレクタを付けることで、器-器を表現し分けることができます。

異体字を選択するしくみは漢字だけでなくモンゴル文字や数学記号、絵文字にも用意されています。これらの文字の字体選択には、面0EでなくBMPの中の符号位置を用います。

■——互換漢字の代替手段としての異体字セレクタ

CJK互換漢字は、Unicode正規化によってCJK統合漢字の符号位置に置き換えられます。しかし、JIS由来の互換漢字は本来、統合漢字に包摂される字体を別符号位置に区別するのに設けられたものですから、正規化によって区別が失われるのは困ります。

そこで、互換漢字の代替手段として、互換漢字の示す字体をとくに指定するための「標準化異体シーケンス」(筆者による仮訳。英語ではStandardized Variation Sequence。以下SVS)が用意されました。統合漢字の符号位置に異体字セレクタを付けて表現するものです。これは正規化の影響を受けません。

たとえば、上記の互換漢字勉(U+FA33)は、対応する統合漢字に異体字セレクタを付けたU+52C9 U+FE00というSVSとして表されます。対して、常用漢字体のほうの「勉」はU+52C9 U+FE01です。こちらの字体にはU+2F826と

注13 URL http://www.unicode.org/ivd/

して台湾規格由来の互換漢字があり、それに対応するSVSとして定義されています。SVSに用いられる異体字セレクタはBMPのU+FE00からU+FE0Fに用意されています。漢字以外の文字にも使用されます。SVSの一覧はUnicodeコンソーシアムのWebサイトから得られます注14。

この方法による字体区別が新たに定義された一方、互換漢字も相変わらず存在し、またIVSによる字体指定もあります。今後、どの方法が一般的になるかは不透明です。

■──プログラム上の対処

異体字セレクタはまだあまり普及していません。描画プログラムとフォントの両方の対応が必要になるので、いつでもどこでも使えるという状況にはなかなかならないでしょう。しかし、今後利用が増えるかもしれません。

プログラム上は、テキストデータの中にU+E0101のような今まで見たことのない値が入ってくることに気を付ける必要があります。文字単位の処理をするには、合成用の濁点等と同様に、前の符号位置と合わせて1文字として扱う必要があります。

異体字セレクタ自体はBMP外にあるので、UTF-16ではサロゲートペア、UTF-8では4バイトのUTF-8を正しく扱える必要があります。そのうえで、直前の漢字と合わせて1文字のように扱う結合文字と同様の扱いが必要になるわけです。

Javaでは、7.1節で取り上げたBreakIteratorクラスを使うと、文字単位に区切る際に異体字セレクタまで含めて1文字として認識してくれるので、異体字セレクタが泣き別れになることがありません。

書字方向の制御によるファイル名の偽装

Unicodeの制御文字を使ってファイル名の拡張子を偽装し、悪意のあるプログラムを実行させようとする手口が知られています。ここではそのしくみと、Windowsにおける対策を紹介します。

注14 URL https://www.unicode.org/Public/UCD/latest/ucd/StandardizedVariants.txt

■——右から左に書く文字

漢字や仮名文字、ラテン文字、算用数字といった文字を横書きするときは左から右に文字が流れますが、逆方向に、つまり、右から左へと書く文字もあります。アラビア文字やヘブライ文字です。

そうした文字を正しく処理・表示するためには、右から書くのか左から書くのかを描画プログラムが認識する必要があります。とくに、アラビア文字で書かれたアラビア語文の中に一部分だけラテン文字で書かれた英文が入るといったように、向きの異なる文字列が混在する場合には、書字方向を正しく制御することが必要になります。

Unicodeには、そうした書字方向制御のための特殊な文字がいくつか用意されています。右から左に書くことを表したり、あるいは現在の書字方向とは逆向きの文字列を埋め込むことを表したりするための印です。

■——ファイル名の偽装

書字方向の制御を行う特殊文字が、ファイル名の偽装のために悪用されることがあります。なぜ偽装するかといえば、トロイの木馬のような悪意のあるプログラムを利用者に実行させるためです。

偽装とはたとえば、本当は`.exe`という拡張子なのに、表示上はあたかも`.txt`のように見せかけるといったことです。`.exe`と表示されていれば利用者は警戒して実行しませんが、`.txt`ならばテキストエディタが起動するだけだとたかを括ってダブルクリックするといった効果が期待されます。

偽装のしくみ

たとえば、`foo_txt.exe`というファイル名があるとします。このファイル名の`_`と`t`の境目に、Unicodeの制御文字`U+202E`を挿入します。`U+202E`はRIGHT-TO-LEFT OVERRIDEという文字名を持っており、以降の書字方向を右から左の方向へと上書きする機能があります。RLOと略されます。RLOを挿入すると、論理的な順序としては、

```
foo_[RLO]txt.exe
```

となりますが(ここで[RLO]はU+202Eの1文字を表すものとします)、表示上はRLO以降が左右反転して、

```
foo_exe.txt
```

と見えることになります。あたかも拡張子が.txtのように見えます。RLO自体は表示制御用の文字なので見えません。

Windowsによる実験

Windowsを使って実際に試してみることができます。以下に、再現可能な手順を示します。

まず、中身は空(から)でもいいので、foo_txt.exeという名前のファイルを作ります。Windows 10では図A.13のようにアイコンとファイル名が表示されます。

次に、エクスプローラからこのファイルの名前を変更する操作を行います。ファイル名の編集状態で、カーソルを_の次に持っていき、右クリッ

図A.13　ファイル名の通常の表示

クで[Unicode制御文字の挿入]を選択、サブメニューからRLOを選びます。

すると、表示上、_よりも右側の文字の並びが反転して、foo_exe.txtのように見えます。この状態でファイル名を確定すると、アイコンはアプリケーションのままなのに、ファイル名の拡張子があたかも.txtのように見えてしまいます(図A.14)。

この画面では、アイコンやファイル種別の表示がテキストファイルでなくアプリケーションのものになっているので何か変だと気付くことができますが、ファイル名しか見なければ、テキストファイルだと思ってしまうことでしょう。

元に戻すには、再びファイル名の変更を行ってRLOを消します。ファイル名の編集状態で_の直後にカーソルを持っていくとあたかも見えない文字があるかのような挙動を示す箇所があるので、それを Delete キーや Back space キーで消せばRLOが消えます。

■── Windowsにおける対策

Windows 10のエクスプローラーではファイル名をクリックして変更可能

図A.14　拡張子が「.txt」に見える

状態にしたときに、拡張子を除いた部分が選択されます。RLOによって左右反転されていると、偽装された拡張子の部分(この場合は「txt」)を含めて選択されるので、おかしいと気づけます。

別の対策としては、RLOを含むような名前のファイルの実行を禁止するという方法があります。これにより、悪意のあるプログラムが拡張子を偽装して送りこまれてきても、実行をくいとめることができます。以下ではWindows 7を前提として説明します。OSのバージョンやエディションによって使えないことがあるため、以下の手順は参考情報としてください。

スタートメニューから「secpol.msc」と入力し、[ローカルセキュリティポリシー]を開きます。左側の[ソフトウェア制限のポリシー]の右クリックメニューから、[新しいポリシーの作成]を選びます。[追加の規則]の右クリックメニューから、[新しいパスの規則]を選びます。

すると規則を定義する画面が開くので、[パス]のところに、RLOを含むファイル名を禁止する規則を記します。具体的には、[パス]欄に**と記し、2つのアスタリスクの間にカーソルを置いて右クリックメニューを出し、先ほどと同様にRLOを入力します。すなわち「*[RLO]*」という3つの文字が入力されていることになります。その下のセキュリティレベルが[許可しない]になっていることを確認してOKすると、規則が追加されます。

この規則の追加によって、RLOを含んだ名前のファイルを実行しようとすると、ダイアログが出て実行が許可されていない旨が表示され、実行がブロックされます。

A.5 Unicodeの文字データベース

UnicodeData.txtとUnihan Database

ここでは、Unicodeの文字データベースを紹介します。

UnicodeData.txt

プログラムの中では、大文字・小文字や数字といった文字の種類の判別が必要になることがあります。ASCIIのような小規模な文字コードならば、「0x61から0x7Aまでは小文字」のようなロジックを自前でプログラムに埋め込むのは難しくないことですが、何万文字も持つUnicodeほどの規模になるとそのようなやり方は非現実的です。

そこで、各文字がどのような属性を持つものかを記したテキスト形式のファイルがUnicodeコンソーシアムによって提供されています。このデータを文字の種類の判別に利用することができます。

Unicodeの文字データベースとして、以下に多数のファイルが用意されています。各符号位置について文字名や各種属性を記したファイルは、このディレクトリの中の「UnicodeData.txt」です。

URL https://www.unicode.org/Public/UNIDATA/

文字の種別の判別

第7章で説明したJavaの文字種別判定の機構は、このUnicodeData.txtに基づいています。

他のプログラミング言語でJavaのような機構が用意されていない場合には、UnicodeData.txtを利用することで、大文字・小文字や、数字、結合文字などの種別をプログラム上で判断することができるでしょう。

たとえば、UnicodeData.txtの中でマクロン付きラテン小文字o(ō)の符号位置U+014Dの行を見ると、

```
014D;LATIN SMALL LETTER O WITH MACRON;Ll;0;L;006F 0304;;;;N;LATIN SMALL LETTER O MACRON;;014C;;014C
```

のように記されています。

各フィールドはセミコロンで区切られていて、先頭のほうに符号位置と文字名が見えます。ここでは各フィールドの詳細は省きますが、たとえば文字名の直後の「Ll」はこの文字が小文字であることを示し、右から3つめの「014C」はこの文字に対応する大文字がU+014Cにあることを示しています。途中の「006F 0304」というフィールドは、この文字を結合文字によって分解すると、「U+006F(小文字o) U+0304(合成用マクロン)」という符号位置の列として表されることを示します。

Unihan Database

Unicodeの漢字については、「Unihan Database」というかなり巨大なファイルに各国の文字コード規格との対応関係や文字の読みなどが記載されています。

Unicodeの文字データベースの詳しい説明は、Unicode Standard Annex #44「Unicode Character Database」に記されています。

URL https://www.unicode.org/reports/tr44/

A.6 規格の入手・閲覧方法ならびに参考文献

文字コードについて理解を深めようとするなら、規格にあたることは避けて通れません。

日本の文字コードについて知りたいならば、芝野 耕司編著『増補改訂JIS漢字字典』(日本規格協会、2002)は大変に重宝する一冊です。JIS X 0208:1997とJIS X 0213:2000の規格票の縮刷版を「解説」も含めて収録しています。規格票を2冊買うよりもずっと安価に入手できます。

この字典は文字入力に携わる人にももちろん大いに役立ちます。非漢字を含むJIS X 0213の全文字について、読みや用例、関連する異体字への参照、それに面区点番号やコード値が載っているので、文字(とりわけ使用頻度の低い漢字)を入力する際にどの符号位置が最も適切なのかを調べることができます。Webサイトを見ていると時折、JIS X 0208にある字でも外字扱いしていることがありますが[注15]、この字典があればそのようなことはなくせます。

ただし、JIS X 0213の2004年改正には対応していないので、必要に応じて別途JIS X 0213の追補1:2004を購入ないし閲覧する必要があります。JIS X 0213の2004年改正は、JIS X 0213:2000に対する追補の発行によって一部を変更するという形式をとっています。このため、JIS2004を読むには1冊の規格票で済むわけではなく、JIS2000と追補1の2冊を用意する必要があります。

JISとISOの規格票は、日本規格協会のJSA Webdesk[注16]からオンラインで購入できます。紙の冊子はもちろん、PDF形式の電子データをダウンロード購入することもできます。ただし、添付品のある規格はダウンロード購入ができません。符号表のシートがあるJIS X 0208:1997がこれにあたります。

注15 ある新聞社のWebサイトでは、韓国人名に使われていた鎬という文字をPCで入力できないと判断したのか「金ヘンに高」という表記をしていたことがありました。実際にはJIS第2水準の79区14点にあります。

注16 URL https://webdesk.jsa.or.jp/

また、一般の書店でも、注文すればJISの規格票を取り寄せることができます。書店の店頭ではJISハンドブックが販売されていることが多くあります。ハンドブックにはページ数の多い規格は一部分しか載っていないことがありますが、複数の規格の概要を一冊で知ることができます。

日本規格協会[注17]ではJISやISO規格、諸外国・地域の規格の閲覧が可能です。神奈川県立川崎図書館では全JISの最新版を揃えており閲覧可能です。

一部のISO規格は、Publicly Available StandardsというWebサイト[注18]からPDF版のダウンロードが可能です。文字コード規格としてはISO/IEC 10646とその追補(Amendment)が入手できます。

日本工業標準調査会(JISC)のWebサイト[注19]では各種JISがオンラインで閲覧可能です。ただし、保存や印刷はできないようになっています。

以下に、本書で取り上げたおもなJISとISO規格を掲げます。調べる際の参考にしてください。

- JIS X 0201-1997「7ビット及び8ビットの情報交換用符号化文字集合」
- JIS X 0202:1998(ISO/IEC 2022に対応するJIS)「情報技術 — 文字符号の構造及び拡張法」
- JIS X 0208:1997「7ビット及び8ビットの2バイト情報交換用符号化漢字集合」
- JIS X 0212-1990「情報交換用漢字符号 — 補助漢字」
- JIS X 0213:2000「7ビット及び8ビットの2バイト情報交換用符号化拡張漢字集合」
- JIS X 0213:2000/AMENDMENT 1:2004「7ビット及び8ビットの2バイト情報交換用符号化拡張漢字集合(追補1)」
- JIS X 0221:2014(ISO/IEC 10646に対応するJIS)「国際符号化文字集合(UCS)」
- ISO/IEC 646:1991「Information technology — ISO 7-bit coded character set for information interchange」
- ISO/IEC 2022:1994「Information technology — Character code structure and extension techniques」
- ISO/IEC 8859-1:1998「Information technology — 8-bit single-byte coded graphic character sets — Part 1: Latin alphabet No. 1」

注17 URL https://www.jsa.or.jp/

注18 URL https://standards.iso.org/ittf/PubliclyAvailableStandards/index.html

注19 URL https://www.jisc.go.jp/

- ISO/IEC 8859-2:1999「Information technology — 8-bit single-byte coded graphic character sets — Part 2: Latin alphabet No. 2」
- ISO/IEC 10646:2017「Information technology — Universal Coded Character Set (UCS)」

Unicodeコンソーシアムが定めるUnicodeの仕様書は、Webサイト[注20]にてPDF形式で公開されています。Webサイトでは文字コード表や各種データ、技術報告等も公開されています。Unicode仕様に日本語版はありません。

参考文献

本文中に出てきたものも含めて、参考になる書籍等を掲げます。

本書であまり詳しく取り上げなかった諸外国・地域の文字コードについては、下記の2冊が参考になります。後者は、文字コードに関するさまざまな記事を収載したムック形式になっており、各種文字コードの紹介はその一部となっています。

- 安岡 孝一、安岡 素子『文字コードの世界』(東京電機大学出版局、1999)
- 小林 龍生、安岡 孝一、戸村 哲、三上 喜貴編『インターネット時代の文字コード』(bit別冊、共立出版、2001)

また、第2章の冒頭で紹介した2冊の書籍は文字コードの歴史を知るうえで大変役立ちます。「アジア編」では日本の読者に比較的馴染みの薄い地域の文字コードも多く紹介されています。

- 三上 喜貴『文字符号の歴史　アジア編』(共立出版、2002)
- 安岡 孝一、安岡 素子『文字符号の歴史　欧米と日本編』(共立出版、2006)

さらに、文字コードに限らず東アジア地域の情報処理を扱った本として、

- Ken Lunde著、小松 章、逆井 克己訳『CJKV日中韓越情報処理』(オライリー・ジャパン、2002)

注20 URL https://www.unicode.org/

もあります。基本的に欧米の読者向けに書かれた本なので、日本の文字が西洋からどう見えるかという興味もそそられます。日本語訳の元になった原書(『CJKV Information Processing』)は1999年発行ですが、原書の改訂版が2008年に出ています。

Unicodeを用いた多言語対応が必要となるソフトウェアの国際化の技法については、❶の書籍によく解説されています。

Ruby 1.9の多言語化の機構については、❷の記事が参考になります。

携帯電話絵文字の標準化については、❸のCNET Japanの連載記事に経緯が詳しく記されています。

❶西野竜太郎『ソフトウェアグローバリゼーション入門 国際化I18Nと地域化L10Nによる多言語対応』(インプレス、2017)

❷成瀬ゆい「Rubyist Magazine - Ruby M17Nの設計と実装」

URL https://magazine.rubyist.net/articles/0025/0025-Ruby19_m17n.html

❸小形克宏「絵文字が開いてしまった『パンドラの箱』」

URL https://japan.cnet.com/sp/column_emojipandora/

漢字の字体の違いについて一般向けに解説した本としては、下記の3冊が参考になります。書体による字体の違いを知ることで、「この字体が正しくこっちは間違い」といった安易な判断に待ったをかけてくれるでしょう。

- 江守 賢治『解説　字体辞典』(普及版)、(三省堂、1998)
- 大熊 肇『文字の骨組み　字体/甲骨文から常用漢字まで』(彩雲出版、2009)
- 小池 和夫『異体字の世界　最新版　旧字・俗字・略字の漢字百科』(河出文庫、2013)

フォント関連技術の基本用語については、以下が参考になります。

- 「フォント情報処理用語」(TR X 0003:2000)

URL http://www.y-adagio.com/public/standards/tr_fnttrm/main.htm

索引

記号・数字

! 264
"(ASCII) 二重引用符 79, 192, 214
番号記号 225
$ 24, 25, 269, 293
$KCODE 267
% 216
%0D%0A 222
%3B 225
%23 225
%25 216
%26 225
& アンパサンド 214, 217, 225
& 214, 217
&apos 214
© 206
> 214
< 214
" 214
&zwj 119
' アポストロフィ 80, 214
, カンマ 8
- HYPHEN-MINUS 177, 192, 324
-Kオプション(Ruby 1.8) 267
. ピリオド 8
... ピリオド3つ 352
/ スラッシュ 197
/> 215
: コロン 12, 191
; セミコロン 12, 192, 225
< 不等号(より小)(小なり) 214
= 196, 263
== 278
> 不等号(より大)(大なり) 214
\ バックスラッシュ 49, 143, 166, 171, 175, 212, 307, 311
\\ 312
\A/\z 269
\u Unicodeエスケープ 231, 279
^ 269
^M 298
_ アンダースコア 192
__ENCODING__ 277
| 縦線 12, 31
~ チルダ 25, 47, 49, 52, 56, 69, 79, 80, 104, 166, 171, 175, 313
～ ➡波ダッシュ 参照
＝ ➡ダブルハイフン 参照
々 繰り返し記号 55, 235
ー 長音 57
¤ 不特定通貨記号 24, 25, 293
¢ セント記号 325
£ ポンド記号 24, 325
¥ 円記号 51, 94, 139, 166, 171, 175, 307, 311
€ ユーロ記号 75, 96
Ⅱ 352
ß エスツェット 48, 78, 234, 257, 258
µ マイクロ記号 / ミュー(ギリシャ文字) 69, 78, 106, 235, 352
σ シグマ 55
ς ファイナルシグマ 55
ϕ ファイ 102
Ω オーム記号 / オメガ 352
´ アキュートアクセント 56, 79
〽 庵点(歌記号) 75
¨ ウムラウト 30, 48, 56, 78, 79, 257, 318
¯ オーバーライン 25, 47, 49, 52, 139, 166, 171, 175, 275, 308, 313, 315
〃 同じく記号 235
∠ 角記号 156
∵ 学術記号なぜならば 156
¡/¿ 逆感嘆符 / 逆疑問符 69
«» ギュメ 76
` グレーブアクセント 56
√ 根号 59
ˆ サーカムフレックスアクセント 56
“” (左右を区別した二重引用符) 79
… 三点リーダー 352
∩∪ 集合演算の記号 59
÷/× 除算記号 / 乗算記号 94, 106
␣ スペース記号 75
∫ 積分記号 59
¸ セディーユ 79
‖ 双注 325
— ダッシュ(全角) 324
〝〟 ダブルミニュート 76
© 著作権表示記号 69, 75, 94

～　波ダッシュ……175, 249, 316
＼　バックスラッシュ(2バイト)……315
¬　否定記号……325
−　負記号……325
∞　無限大……55, 235
≧　より大きいか又は等しい(大なりイコール)……55
≦　より小さいか又は等しい(小なりイコール)……55
☀……75
☃……75
☗☖　将棋の駒……75
♠　スペードマーク……75, 231
✓　チェックマーク……75
▨　ます記号……75
⏎　リターン記号……75
00 00 FE FF……151, 181
0x0A……18
0x0B……18
0x0D……18, 298
0x0E……129
0x0F……129
0x1B……18
0x5C……25, 143, 166, 170, 171, 172, 175, 212, 271, 308, 309, 310, 311, 312, 313, 315
0x07……18
0x7E……25, 47, 49, 52, 166, 170, 171, 175, 308, 312, 313, 314
0x7F……29, 329
0x20……11, 17, 29, 132, 139, 170, 329
0x80……138, 168, 170
0xA0……127, 135, 170, 346
0xA5……263, 311
1バイト片仮名……136, 293
1バイトコード……23, 34, 92, 301, 314
　～と組み合わせて運用する……35
　8ビットの～……36
1バイト文字……302
1バイト文字集合……47, 49
1文字……26, 29, 39, 230, 260, 282
16進ダンプ……156, 291
2バイトコード……26, 29, 36, 40, 301
2バイト文字……29, 302
2バイト文字集合……9, 29, 52, 53
4バイトコード……40
7ビット符号(JIS X 0201)……126, 128
78JIS……58, 71, 86
8ビットコード……26
8ビット符号(JIS X 0201)……126, 127
8ビット符号表……27, 28, 53, 92
815F……315
818F……313
83JIS……44, 58, 71, 139
90JIS……60, 138, 139, 358
94文字集合 / 96文字集合……329
97JIS……61, 62, 63, 86
　～の符号化方式……130

アルファベット

A1B1……171, 315
A1EF……171
accept-charset属性……222
ACMS AnyTran……92
AddCharsetディレクティブ……221
Android……204
Apache……220
Apple……121, 323
ASCII……10, 23, 47, 100, 170, 176, 189, 308
　～+自国用の文字集合……33
　～とバイト単位で互換でない文字コード……218
　～の上位互換の文字コード……218
B符号化……199
base64……195, 197
Basic Latinブロック……235
BEL……18
Big5……259, 345
BMP……44, 98, 100, 109, 111, 113, 117, 205, 232
BOM……149, 151, 154, 180, 216
BreakIteratorクラス……261, 272, 361
C言語……308
C#……228
catコマンド……297
CESU-8……155
CGI……188, 222
char値……237
char型……230, 238, 263
charset(用語)……194
　私用のcharset名……193
Charsetクラス……243

charsetパラメータ........188, 191, 214, 294, 295
Chrome........221
character set(用語)........194
Characterクラス........230, 232
CIIシンタックスルール........133
CJK Unified Ideograph........109
CJK UNIFIED IDEOGRAPH........106
CJK統合漢字........101, 108
CJK統合漢字拡張A........101
CJK統合漢字拡張B........44, 103, 356
CJK統合漢字拡張C........103
CL........27
CNS 11643........346
CollationKeyクラス........259
Collatorクラス........257
Content-Transfer-Encoding........195, 203
Content-Type........191, 219, 247
contentType属性........247
CP932........144, 156
CP932変換器........323
CR........18, 28, 298
CRLF........195, 297
CSI........228, 276
CSS........211
CSVファイル........297
Cygwin........160, 291
DEL........17
DIN 66003........48
Dingbats........118
DOUBLE VERTICAL LINE........324
DTD........205
each_grapheme_clusterメソッド........282
EBCDIC........23, 70, 219
Eclipse........245
Edge........135, 183, 186, 309
EDI........133
EF BB BF........181
Emacs........91, 92, 297
EM DASH........325
Emoticons........117
Encode-JIS2K........91
Encoding::Converterクラス........287
Encodingクラス........278, 285
ESC........18, 31
ESC $ B........138, 169, 181, 338
ESC $ (Q........181, 338
ESC (B........138, 169, 181, 338
EUC-CN........218, 343
EUC-JIS-2004........78, 88, 272, 321, 333, 92
EUC-JISX0213........337
EUC-JP........31, 35, 56, 68, 72, 88, 126, 130, 133, 168, 216, 218, 219, 308, 312, 331
EUC-KR........185, 218, 344
EUC-TW........346
Excel........202
Extended Unix Code........133
FE FF........149, 180
FF FE........149, 180
FF FE 00 00........151, 181
fi/fl(合字)........352
FileReaderクラス/FileWriterクラス........240
Firefox........221, 224, 357
FULLWIDTH........107, 324
FULLWIDTH TILDE........175, 319, 321
GB........342
GB 2312........218, 259, 342
GB 18030........42, 343
GBK........343
GL........27, 36, 53, 66
Google........121, 223
GR........28, 36, 53
HALFWIDTH........107
hdコマンド........292
hidden........224
HKSCS........42, 347
HORIZONTAL BAR........325
HT........18
HTML........191, 204, 217, 287
　～の文字参照........206, 224
HTMLフォーム........222
HTTP........218
http-equiv属性........220
I　アイ........12
iモード........117, 144
IANA........141, 192, 193, 208, 212, 242, 252
iconv........91, 92, 158, 159, 160, 173, 275, 285, 292, 312, 314, 317, 322, 337, 341
Iconvクラス........275
IEC........10
IETF........194

II 352
IME 156, 304, 305
InputStreamReaderクラス /
InputStreamWriterクラス 241
input要素 224
int型 238
Internet Explorer 186, 224, 225, 252, 317
iOS 204
IOクラス 283
ISO 10, 194
ISO-2022-CN / ISO-2022-CN-EXT 346
ISO-2022-JP 35, 56, 65, 76, 88, 126, 130, 137, 168, 331
ISO-2022-JP-1 .... 70, 72
ISO-2022-JP-2 .... 33, 330
ISO-2022-JP-3 338
ISO-2022-JP-2004 .... 88, 333, 338
ISO-2022-KR 344
ISO/IEC 646 .... 23, 47
ISO/IEC 646基本符号表 24
ISO/IEC 646国際基準版 10, 47
～の文字コード表 11, 17
ISO/IEC 2022 .... 25, 26, 30, 52, 71, 92, 328
ISO/IEC 2022準拠 53
～と符号化方式 32
ISO/IEC 8859 .... 36, 92
ISO/IEC 8859-1 .... 37, 93, 330
ISO/IEC 8859-2 95
ISO/IEC 8859-5 348
ISO/IEC 8859-7 330
ISO/IEC 10646 .... 26, 39, 97, 369
Annex S 101
IVD 360
IVS 359
jarファイル 254
Java 91, 101, 116, 146, 155, 229, 294, 321, 341, 354, 361
javacコマンド 230
～で扱える文字コード 241
jcode 266
JDK 229, 236, 238, 239, 242, 244, 246, 253, 354
JDK 8 .... 229, 242, 247, 259
JDK 9 247
～が対応していない文字コードを使いたい 254
JIS C 6220 22
JIS C 6226 53
JIS X 0201 .... 22, 25, 49, 170, 176, 308
～片仮名集合 178
～片仮名集合の文字コード表 51
～の符号化方式 126, 127
～ラテン文字集合の文字コード表 50
～をベースにしているShift_JIS 52
JIS X 0208 .... 33, 52, 88, 174, 176
JIS X 0208:1997 .... 43, 88
～の符号化方式 65
～の符号化方式 126, 130, 168
JIS X 0212 68
～と符号化方式 71
JIS X 0213 .... 41, 72, 91, 297, 333, 335
JIS X 0213:2000 .... 84, 112
JIS X 0221 97
JIS X 7012 133
JIS漢字 33
JISコード 53
JIS2000 73
JIS2004 .... 73, 89, 91
JISAutoDetect 243
JISC 369
Jonathan Swift 149
JSON 216
JSP 247
Kconvクラス 273, 274
KDDI 67, 121
KOI8-R 218, 347
KOI8-U 348
KPS 9566 344
KS C 5601 344
KS X 1001 .... 259, 343, 344
kterm 161
l　エル 12
lang属性 208, 309, 357
Latin-0 96
Latin-1 .... 36, 37, 78, 93, 218, 219, 330
～の文字コード表 93
Latin-2 95
～の文字コード表 95
Latin-9 96
LF 18, 297, 298
limited or specialized use 252
Linux 228, 231, 241

Macintosh 67, 76
MacJapanese 67, 144
macOS 92, 228, 290, 293, 295, 309, 337, 341, 354, 355
META-INF 254
metaタグ 207, 215, 247
meta要素 207, 220
Microsoft IME 321
MIME 162, 188, 190
MIMEタイプ 191
Miscellaneous Symbols and Pictographs 117
mlterm 91, 92, 161
Modified UTF-8 155
MS Pゴシック 302
MS漢字コード 141
MS932 .... 144, 230, 243, 248
　MS932変換表 248, 251
MS-DOS 51
native2ascii 244
NBSP 78, 94, 149
NFC/NFD 350
NFKC/NFKD 351
nkf 158, 159, 162, 173, 180, 200, 223, 273, 285, 299
NKFモジュール 273
NNTP 137
Normalizerクラス 354
NTTドコモ 121
odコマンド 291
OS 15
　～の内部コード 42
OVERLINE 52
pageディレクティブ 247
pageEncoding属性 247
PDF 191
Perl 91, 222, 228, 311
PHP 91, 341
PNG 191
PostgreSQL 91
print "¥n" 172
print "¥n"/print "＼n" 315
print "表" 143
Propertiesクラス 246
puts "表" 271
Python 91, 152, 228, 341
Q符号化 200
quoted-printable 195, 196
RFC 1468 .... 126, 137
RFC 1468符号化表現(附属書2) 88, 130
RFC 1554 .... 33, 181, 330
RFC 1557 344
RFC 1922 347
RFC 2045 195
RFC 2047 .... 200, 202
RFC 2231 202
RFC 2237 72
RFC 2781 146
RFC 2978 194
RFC 3629 152
RFC 3986 217
RFC 8259 216
REPLACEMENT CHARACTER 287
REVERSE SOLIDUS 315
RLO 362
Ruby 91, 173, 222
　Ruby 1.8 262
　Ruby 1.9以降 276
　Ruby 2.0 276
　Ruby 2.4 264
rubyコマンド 285
Safari 92, 293, 309
Servlet 247
SGML 205
shebang 277
SHIFT-IN 129
Shift_JIS 35, 49, 56, 88, 126, 128, 130, 140, 170, 218
　JIS X 0201をベースにしている～ 52
　Shift_JIS-2004 .... 87, 243, 272, 333, 340, 341
　Shift_JISX0213 341
　～で扱えない 71
　～の1バイト部分 51
　～の計算方式 142
　～の構造 141
　～のベース 49, 128
　～の問題点 143
　～変種 144
　SJIS変換表 248, 251
SHIFT-OUT 129
SHY 78, 94

SI 129
SIP 103
SKK 91, 92
SMAP 84
SMP 102
SO 129
SP 17
ss 257
SS2 / SS3 133, 331
stateful / stateless 140
Stringクラス(Java) 229, 234, 236
Stringクラス(Ruby 1.8) 263
Stringクラス(Ruby 1.9以降) 277
Subversion 355
SVS 360
TILDE 52
TIS-620 96
trコマンド 299
Twitter 121
U+ 99
U+00A5 310
U+301C 316
U+FE0E 119
U+FE0F 118
U+FEFF 149, 151
U+FF5E 316
U+FFFE 149
Ubuntu 231, 243, 337, 341
UCS 97, 145, 228
　UCS正規化 228
UCS-2 98, 124, 145, 148
UCS-4 98, 145, 151, 205
UHC 344
Unicode 15, 38, 39, 89, 97, 116, 124, 174
　ASCIIと互換性がある〜 152
　Unicode 2.0 343
　Unicode 3.0 102, 351
　Unicode 3.1 44, 238
　Unicode 3.2 112
　Unicode 8.0以前 320
　Unicode 10.0 102
　Unicodeエスケープ 231, 244, 245, 279
　Unicodeコンソーシアム 120, 360, 361, 366, 370
　〜で実装 70
　〜とUTF-8とUCS-2の関係 124
　〜に単一の符号位置のない25文字 115
　〜の漢字 101, 110, 208
　〜の仕様書 370
　〜の符号化方式 126, 145, 172
　〜の文字データベース 366
　〜の文字名 105
　Unicode変換 249
　Unicode文字の参照 212
　元々の〜 98
UnicodeData.txt 366
Unihan Database 367
Unix 133, 137, 159, 160, 171
URI 217
URL 216, 217
　URL符号化 216, 222
URN 217
USBメモリ 355
UTF 145
UTF-7 146
UTF-8 40, 124, 126, 146, 152, 172, 203, 204, 216, 218, 219, 295, 297, 309
　4バイトの〜 113, 282, 361
　UTF-8-MAC 355
　計算方法 152
　冗長性 154
UTF-16 40, 98, 126, 146, 173, 219
UTF-16BE / UTF-16LE 149
　計算方法 147
UTF-32 126, 150
UTF-32BE / UTF-32LE 151
uuencode / uudecode 189
VT 18
W3C 194, 219
w3m 91
WAVE DASH 175, 249, 319
Windows 51, 67, 76, 92, 110, 113, 121, 124, 159, 171, 228, 230, 248, 249, 253, 291, 317, 321, 355, 361
　Windows 7 365
　Windows 10 160, 290, 291, 302, 321, 322
　英語版 231
　〜の機種依存文字 156, 185
　〜の機種依存文字付きのShift_JIS 144
Windows-31J 144, 156, 248, 251

Windows-1252 ... 231
WORD JOINER ... 149
WSL ... 160, 291
X- ... 193
XHTML ... 214, 215
XML ... 212, 217, 246, 286, 287
　～の文字参照 ... 214
x-SJIS_0213 ... 243, 341
xxdコマンド ... 292
Yahoo! ... 223
YAML ... 215
ZERO WIDTH NO-BREAK SPACE ... 149
ZWJ ... 119

ア行

璦琿条約 ... 84
アイヌ語 ... 80, 101, 114
青空文庫 ... 63, 84
アクサン ... 30, 78, 318
岦 ... 65, 85
岦原 ... 65
アラビア数字 ... 235
アラビア文字 ... 119
アルゴリズム的な変換 ... 168
アルファベット ... 8, 56
李承燁 ... 84
異体字セレクタ ... 103, 359
糸偏 ... 293
入口 ... 183
インド ... 97, 235
鴬／鶯 ... 60
ウクライナ語 ... 347
嘘／噓 ... 90
器／器 ... 356
英語 ... 8
エスケープ ... 18, 287, 312
エスケープシーケンス ... 18, 31, 71, 76, 138, 140, 168, 181, 293, 330
　～の変更 ... 91
絵文字 ... 117, 283
　キャリアメールの～ ... 67
絵文字スタイル ... 118
鴎 ... 59, 63, 71
鷗 ... 59, 63, 71, 87
王貞治 ... 77
往復変換 ... 108
近江源氏鰶講釈 ... 147, 288
大江戸 ... 77
大文字・小文字 ... 233
オクテット ... 5
オングストローム記号 ... 56, 235, 352

カ行

加 ... 102
可 ... 102
が ... 82, 114, 115
海／海 ... 85, 108, 111, 116, 259, 354
改行 ... 18, 286, 298
外字 ... 66
外部コード ... 15
影武者騒動 ... 147
片仮名集合 ... 50
栃谷 ... 65
ガリバー旅行記 ... 149
環境依存文字 ... 67
漢字 ... 70
　漢字圏 ... 35
　漢字コード ... 34, 39, 64
　漢字集合1面／漢字集合2面 ... 73
　第1水準／第2水準 ... 33, 57, 58
　第3水準／第4水準 ... 74, 83, 92
漢字源 ... 92
漢字統合 ... 108, 110
漢字用7ビット符号（JIS X 0208） ... 66, 126, 131, 176, 306, 334
漢字用8ビット符号（JIS X 0208） ... 130, 333
煕 ... 60, 138
萁 ... 67
記号類 ... 75
機種依存文字 ... 67, 76, 88, 144, 156
基底文字 ... 104
帳網代 ... 237
基本多言語面 ... 98, 100
基本符号表 ... 24
生酛 ... 85
尭／堯 ... 60
ギリシャ文字 ... 55
キリル文字 ... 34, 55, 347
区 ... 98
区切り位置 ... 259

区切り記号 51
草冠 / 艹(3画) / 艹(4画) 62, 87
くち亭 64
区点番号 53, 170
群 98
罫線素片 347
結合文字 104, 114, 282, 334
原規格分離規則 108
小綱代 237
獷 67
康熙字典体 85, 360
合字 352
合成用半濁点 114, 261, 282, 349
互換漢字 101, 109, 116, 110, 334, 354, 360
国際基準版·漢字用8ビット符号 130, 333
国際符号化文字集合 39
五胡十六国時代 84
国旗 120
コード単位 239
コード値 6
コード変換 159
コードポイント 10
コマンドプロンプト 161, 293
ゴールデンカムイ 81

サ行

𡋽 112, 236, 354
里見弴 83
サロゲートペア 101, 147, 173, 236, 238, 361
三国志 84
算術演算 11
シェルスクリプト 298
𨉷 147, 236, 287
叱 / 𠮟 44, 91, 113, 339
字形 43
指示する 328
字体 43
～の変更(簡略化) 59
字体記述要素 87
実体参照 206, 217
自動判別 179, 243
シフト符号化表現 88
シフト符号化表現(附属書1) 130
〆 しめ 55, 235
榴 185
集合 8
状態 140
冗長性 173
常用漢字 8, 33
私用領域 99, 101
書記素クラスタ 282
食偏 / 飠 / 𩙿 62, 87
書字方向 361
シングルシフト 134
深圳 84
新潮日本語漢字辞典 92
しんにょう / ⻌(1点) / ⻍(2点) 62, 87, 89, 101
人名用漢字 85, 116, 354
図形文字 17, 27
鯳 70
スペース 107
正規化 105, 112, 116, 334, 354
正規表現 268, 282
制御文字 17, 27
正規化 349
セリフ 13
○ 漢数字ゼロ 55, 235
澶淵の盟 84
全角 106, 137, 143, 156, 178, 300
印刷用語の～·半角 302
全角スペース ➡和字間隔 参照
全角幅 50
ソート 254, 255, 257
ソフトハイフン ➡SHY 参照
ソフトバンク 121

タ行

第1水準漢字 58
第2水準漢字 33
第3水準漢字 / 第4水準漢字 74, 83, 92
ダイアクリティカルマーク 56, 69, 78, 293, 318
大漢和辞典 61, 70
タイトル文字 233
濁点·半濁点 49, 104
丈 60, 359
ダッシュ(全角) 324
縦書き 317
タブ 18

ダブルハイフン……75
チェプ……146
長音……56, 57, 74
重複符号化……51, 77, 107, 143, 156, 306
ちょんちょん……76
辻……89
亭……64
ディレクトリ……154
適合性……16
テキストエディット……92
テーブルによる変換……174
点……98
添付ファイル……201
鄧……67
統合漢字……109, 354
鄧小平……84
仝　どう/同上記号……55
都営地下鉄大江戸線……77
吐噶喇列島……71, 83, 225
斗栱……85
魹ヶ崎……83
トルコ語……234, 264
丼……57
内部コード……15
中内切……83
嫐……67, 156
夏目漱石……84
波ダッシュ……69, 325
二重引用符……79
二重の括弧類……76
ノーブレークスペース　➡NBSP 参照
ノノカギ……76

ハ行

バイト……5
バイト順……148
バイト順マーク……149, 180
ハイフンマイナス……177
函館空港……55
はしご亭……64
枦山南美……65
パス……51
パーセント符号化……217
発音記号……77
バッファ……328
パート……190
半角……50, 106, 137, 143, 156, 178, 300
　印刷用語の全角·～……302
半角片仮名……50, 139
ハングル……101
半濁点　合成用半濁点……114, 261, 282, 349
東アジア……35, 106
非漢字……69
飛驒……71, 87
鼻濁音……82, 114, 333
ビッグエンディアン……146, 149
ビット……5
ビット組み合わせ……6, 11, 53, 70
姫……164
表……143
表外漢字UCS互換……90
表外漢字字体表……89
標準化異体シーケンス……360
平仮名·片仮名……56, 101
ファイル名……355
フィッツパトリック分類……119
フォーム……222
フォント……3, 110
複数バイト文字集合……29
符号……16
符号位置……10, 280
　～の入れ替え……59
符号化……2, 05, 12
符号化方式……32, 126
符号化文字集合……9, 16, 53
　～を実装する……13
復活（字体）……71, 87
筆押さえ……60, 358, 359
不等号……55, 214
部分字体……59, 62
プレーンテキスト……191
ブロック……235
プロパティエディタ……245
プロパティファイル……244
壁……57, 184
ヘッダ……189, 199
ベル……18
勉/勉……86, 360
変換……159
　コード変換……159, 166
　文字変換……166

ベンダー定義外字……66
変体仮名……102
榑……113, 232
包摂……61, 165
　～という概念……64
包摂規準……61, 85, 108, 339
　～の例外規定追加……91
榑木作……113
補助漢字……68
䰠……146, 341
翻字……166

マ行

毎 / 毎……109
マジックコメント……276
マルチバイト文字……29
丸付き数字……69, 75, 76, 297
メインフレーム……23
メタ文字……103, 172, 286, 287, 311
メディアタイプ……191
面……98
面0E……103
面01……102
面02……103
文字……3, 64
文字コード……4, 06, 09, 16, 194
　デフォルトの～……243
　～はなぜ複雑になるのか……18
　プラッフォフォームのデフォルトの～……230
文字参照……206, 214
文字集合……8, 64
文字化け……14, 167, 292
文字名……105
モバイルOS……204
モールス符号……8
諸橋大漢和……61
ユーザー定義外字……66
幽霊漢字……61, 65
ユジノサハリンスク……55
楊潔篪……84
呼び出す……329
ヨーロッパ……36

ラ行

莱 / 萊……63
ラテンアルファベット……8
ラテン文字……49, 56
リガチャ……352
リソースファイル……246
リトルエンディアン……149
凜……60, 138
例示字形……59, 60, 89, 165, 320
ロケール……231
ロシア語……347
ローマ字表記……77, 94

ワ行

吾輩は猫である……84
和字間隔……107

読み不明

彁……65

著者プロフィール

矢野 啓介 Yano Keisuke

北海道札幌市出身、工学修士（北海道大学、システム情報工学専攻）。㈱富士通研究所に勤務し企業向けソフトウェア技術の研究開発に従事するかたわら、ライフワークとして文字の符号化を探求。オープンソースの仮名漢字変換ソフトウェアSKKのJIS第3第4水準漢字辞書の開発に携わる。ソフトウェア工学分野の研究により、情報処理学会から2017年度山下記念研究賞を受賞。

装丁・本文設計……………………… 西岡 裕二
本文レイアウト……………………… 五野上 恵美（技術評論社）
図版………………………………………… 加藤 久（技術評論社）

WEB+DB PRESS plusシリーズ

［改訂新版］プログラマのための文字コード技術入門

2010年3月10日　初版　第1刷発行
2018年1月9日　初版　第7刷発行
2019年1月11日　第2版　第1刷発行

著者……………………………………… 矢野 啓介
発行者…………………………………… 片岡 巌
発行所…………………………………… 株式会社技術評論社
東京都新宿区市谷左内町21-13
電話　03-3513-6150　販売促進部
　　　03-3513-6175　雑誌編集部
印刷／製本……………………………… 日経印刷株式会社

ISBN 978-4-297-10291-3 C3055

Printed in Japan